欧洲人工林培育

PLANTATION SILVICULTURE IN EUROPE

[英国]Peter Savill　[英国]Julian Evans
[法国]Daniel Auclair　[瑞典]Jan Falck　著

王　宏　娄瑞娟　译

中国林业出版社

图书在版编目(CIP)数据

欧洲人工林培育/彼得·萨维尔，朱利安·埃文斯等著；王宏，娄瑞娟译. —北京：中国林业出版社，2018.12

书名原文：Plantation Silviculture in Europe

ISBN 978-7-5038-9497-8

Ⅰ.①欧… Ⅱ.①P… ②王… ③娄… Ⅲ.①人工林-造林-欧洲 Ⅳ.①S725.7

中国版本图书馆CIP数据核字(2018)第057435号

著作权合同登记号：01-2017-9141

出　版　中国林业出版社(100009　北京西城区刘海胡同7号)
网　址　http://lycb.forestry.gov.cn
E-mail　forestbook@163.com　电话　(010)83143543
发　行　中国林业出版社
印　刷　三河市双升印务有限公司
版　次　2018年12月第1版
印　次　2018年12月第1次
开　本　787mm×1092mm　1/16
印　张　19
字　数　316千字
印　数　1~1000册
定　价　60.00元

译　序

森林对人类和社会发挥的供给、调节、服务、支持的作用越来越被认识。保护、修复、重建和利用森林的这些功能，要以科学的森林经营为基础。森林经营是育种育苗、林地整理、造林更新、抚育管理、保护保育、收获利用等营林活动的总称，可以概括为收获、更新、田间管理为基本组分的森林植被经营体系，它覆盖林业活动的全部过程。没有森林经营就没有林业。

现代森林经营要遵循四个重要原则。一是培育稳定健康的森林生态系统。稳定健康的森林能够天然更新，有合理的树种组成、林分密度、直径分布、树高结构、下木和草本层结构、土层结构。现实林分可能没有这样的结构，需要辅以人为措施促进森林尽快达到理想状态。二是模拟林分的自然过程。人类对森林经营理论和技术的探索，始于18世纪德国出现的森林经理学。它倡导的参考当地顶极群落营建高效森林生态系统的近自然多目标的育林理念得到普遍认可，经过200多年的实践与讨论，现在已经成为全球森林经营的总体趋势。三是以全过程、全周期的视角开展经营活动。这是由森林生长的长期性、连续性和森林经营的系统性决定的，人为割裂培育和经营、功能和效益、人力和自然力之间的有机联系，都会影响森林经营的效果。四是重视经营计划的作用。林木的寿命一般超过人类寿命，因此需要在森林资源清查的基础上，审慎制订森林经营规划和森林经营方案，避免长期经营过程中可能出现的风险和不确定因素造成的消极影响，使经营结果接近预定目标。

森林类型众多，培育目标不尽相同，综合特定森林类型、培育目标和发展阶段的营林措施的体系就是营林作业法。营林作业法是森林经营技术体系的集成，森林经营是经营对象（生物多样性、林分结构等），经营条件（立地、政策等）和营林作业法的函数。根据全国第八次森林资源清查结果，全国2.08亿 hm^2 森林的蓄积量只有世界平均水平 $131m^3/hm^2$ 的69%，年均生长量只有 $4.2m^3/hm^2$（其中枯损达 $0.6m^3/hm^2$）。我国森林质量低下，除与森林科学经营起点较低之外，与长期单一树种用材经营导向，忽视利用多种营林作业法构建多树种、异龄结构的森林生态系统有关，这是《全国森林规划（2016～2050）》首次提出七种营林作业法的原因所在。

我国现有育林体系多年来以工业原料林纯林经营为原型，没有充分关注人工林的多目标混交经营，同时缺少对天然林（包括原始林、次生林、过伐林等类型）的森林经营经验。随着我国林业已经转向以生态系统建设为主，需要更广泛地吸收国际上森林多功能经营的经验，尤其是如何协调服务功能、调节功能、支撑功能和供给功能的关系，特别针对生物多样性、森林游憩、景观美化、改善民生、科学和文化教育、流域和水源管理、林产品供应以及应对气候变化等要素要求实施可持续经营，是我国森林经营需要重视的问题。

另一方面，全球经济一体化下的营林劳力价格和机会成本激烈博弈，碳汇等生态服务市场、公共融资等政策不断发展。这一新的业态格局要求森林经营作出适应性调整，也要求政府、科研界、企业界、林地或林权所有人以及广大森林公共效益的消费者，作为统一利益相关方，在景观层面实施森林资源经营与利用，实现共同的地球陆地生态系统的可持续发展。

以习近平同志为核心的党中央，把林业被视为生态文明建设的主体和事关经济社会可持续发展的根本性问题，提出“绿水青山就是金山银山”“森林质量精准提升”“把所有天然林都保护起来”等重要论断和指示。在此背景下，由中国林科院资源信息所首席专家王宏教授级高工、北京林业大学外语学院娄瑞娟副教授，完成的《现代森林经营技术》译丛，介绍了林业发达国家森林经营历史、先进经验和研究进展。相信丛书的出版会对我国森林经营技术现代化起到积极作用，是为序。

中国科学院院士
中国林科院首席科学家
2018年6月14日
唐守正

原版前言

本书是1986年出版的《温带人工林培育》的再版，但它绝非一次简单的修订。为反映最新发展状况，每一章都进行了重写或大幅度的修改。此外，广受欢迎的法国和瑞典作者的加入，增加了本书与欧洲和欧洲林业发展的相关性。事实上，这是本书进行重写的一个主要目的。在保持借鉴英国人工林经验的同时，本书着重欧洲的情况，旨在对整个欧洲大陆有参考价值。

另一主要变化是，人工林培育在很大程度上不再是一个如何成功种植大面积工业原料林的问题。现实中的人工造林还有其他多种类型，包括社区林、农用林、城市森林、能源林、风景林、体育运动林，以及增强对野生动物保护的人工林等。我们认为，本书可以同样用于其他多样化的造林绿化活动，助力林木的健康生长。

本书的重点是营林技术，对这些技术的认知基于林分的生理生态过程。该技术方法的理论基础，融入各部分更详细的描述之中。本书旧版的结构受到欢迎，因此在很大程度上被保留。然而，我们增编了关于环境、生物多样性和社会问题的内容，同时减少了大家比较熟悉的传统人工林业的内容。

我们力求简洁，以便读者能通过阐释获得概观认识。参考文献既表示引用源，又便于读者进一步探讨。希望本书能得到本科生、研究生和研修生的欢迎，得到森林经营管理者的重视，得到任何致力于培育高标准人工林、呵护林地林木的人士的厚爱。

P. S.（牛津）
J. E.（奥尔顿）
D. A.（蒙彼利埃）
J. F.（于默奥）
1997年5月

目　录

第一部分　引　言

第二部分　人工育林的原理

第三部分 特殊用途人工林

第一部分

引　言

第一章
人工林的作用

定　义

人工林

当今，人工林成了高投入、单一树种集约经营的少数工业原料林的代名词。从这个意义上说，人工林发展与农业发展是平行的。人工林业与农业有可比性的前提是土地充裕、人工林经营收入高于其他土地利用方式。但在土地资源不足、时间跨度短，对非木材产品和服务需求强盛的情况下，如果要可持续地经营人工林，扩大人工造林目标的范围并将造林与其他土地用途密切结合，则必不可少。人工林培育活动的多样化，原仅局限于热带地区(Evans，1992)，但现在在温带地区，譬如欧洲，也变得很明显了。为增进对人工林广泛的作用的了解，有必要对Ford-Robertson(1971)提出的简明实用的人工林的定义作一阐述。他提出了“人为播种、栽植实生苗或插穗形成的林木或林分”的人工林定义，而Kanowski和Savill(1992)也提议：

“最为简单的人工林是产品类型有限的集约经营林。在一些情况下该定义是适当的，但很多情况下复杂人工林是一个更好的选择。复杂人工林在实施相对集约的经营管理的同时，控制林分的起源、栽植和生长，使之整合于立地边界内的其他土地用途，促进早期产出和不同类别物资、服务和价值的生产。”

对简单人工林实施优化经营的策略，总体上很易理解但难以实施。复杂人工林的设计目的是最大限度地提高社会效益，而不只是木材生产。相关技术一直在发展之中，需要从范围广泛的经营活动中不断汲取经验，包括复合经营、社区林业、简单人工林业等。这在第214页有进一步讨论。

营造森林的想法，无论出于什么目的，似乎都很简单。但不幸且常不太明确的是，一片种植的森林是否可以被称为人工林。例如，当在草原上种植森林时，这样的植树造林活动是完全人工的，可称之为人工林。相比之下，通过对现有森林补植实现森林更新，即使种植了许多苗木，其外观上通常不是很像人工林（至少在很多年内不像），所以也不称之为人工林。在世界粮农组织召开的“全球人工林及其产业的重要性研讨会（FAO，1967）上，对人工林的定义进行了大量讨论。下文展示的部分随意性较强的定义，大多来自这次研讨会。

起 源

在人工造林和乡土树种天然更新两个极端之间，存在一系列不同干预水平的森林更新的情况。根据起源，森林的形成包括5种主要类型：

（1）裸露土地上造林，立地至少50年内不曾有森林存在。所有英国东南部白垩丘陵地草地上种植山毛榉（*Fagus sylvatica*）、苏格兰高地上种植云杉（*Picea*）（图1-1）和爱尔兰几乎所有的造林活动都属于这一类。对于50年的时间限定有争议，其核心是指在50年期间，以往森林状况的大多数遗迹，包括植物、微生物和动物群会失去，尤其是在土地被用于耕种、放牧、工业或城市发展的情况下。

（2）在过去50年内实施了更新造林，以前的人工林基本上被替代为新的人工林。一个过去常见的例子是，阔叶林地转化成了针叶林人工林地。

（3）在过去50年里实施了造林，新植人工林和以往基本相同。这不如前两种情况普遍，原因是种植人工林还是一个选择高产新树种的良机。例如，日本的柳杉（*Cryptomeria*）人工林，英格兰汉普郡新森林（New Forest）、爱丽丝霍尔特森林（Alice Holt Forest）的栎树（*Quercus* spp.）林，都来自人工种植而不是天然更新。过去的50年内北欧国家营造了大量松杉类人工林。

（4）对天然更新实施审慎的营林干预和促进而形成的森林。例如，法国北部和德国的很多山毛榉和栎树林，斯堪的纳维亚和芬兰的大多数针叶林。

（5）没有任何人工措施的天然次生林。北温带和寒带地区所有的针叶林属于这种情况。

图 1-1　位于苏格兰南部 Eskdalemuir 的大面积人工林

本书中的人工林是指上文的前三种森林形成类型，也就是说，人工更新是人工林的基本标准。

形　状

大多数人工林呈现规整的外形，并有固定而明确的边界。如果宽度在 100m 以上，种植树木的土地通常被称为人工林林地，但本书并未坚持这样一个严格的定义。

立木度(stocking)

立木度指单位面积上可供使用的树木的数量。从严格的林木形成的意义上讲，是强调土地上的林木有合理的稀疏度。普遍认为，在幼龄林首次疏伐之前，保持每公顷 1000 株的最低密度或 75% 以上的栽植成活率是合适的。当然，这一准则有很多例外情况，如用于生产单板的杨树(*Populus* spp.)人工林的株距为 7m(密度为每公顷 204 株)。

归化(naturalization)

新形成的外来(引进)树种森林显然是人工林，因为它们不可能在立地上自然形成。但如果引进后被证明能很好地适应新的环境，能自由结种，能天然更新，例如英国的欧亚槭(*Acer pseudoplatanus*)和欧洲栗

(*Castanea sativa*)，法国的花旗松(*Pseudotsuga menziesii*)，西班牙和葡萄牙的蓝桉(*Eucalyptus globulus*)都是归化树种。然而，许多生态学家认为，即使它们可能已经存在了几个世纪，这样的归化种仍然是外来种。

混合更新制度

对现有林实施补植，如果种植的树木最终超过林木总数的一半，通常被归类为人工林。

温带和北方地区

本书主要涉及温带和寒带地区的人工林培育，特别是气候凉爽的欧洲的人工林。欧洲的气候带地域广阔，位于地中海气候区和极地寒冷气候区之间。其特点是在明显的冬季内，月均温度低于6℃，此时生长几乎停止1个到多个月份。在英格兰低地落叶林从展叶和落叶之间的时间是190~240天，而中欧为140~190天(Jarvis和Leverenz，1983)。

欧洲凉爽的温带气候处于西风带，确切地说，欧洲处在沿极地冷锋一线自西向东运动的低压气旋路径上(Bucknell，1964)。这对西部沿海地区的影响最大，形成强大的海洋性气候，导致稳定而温暖的夏天，温和的冬天和全年性降雨。在远离沿海的地区，气候条件趋于极端或大陆性特征，夏季炎热，冬天寒冷，主要在夏季降雨。在凉爽的温带林地带，人工造林以针叶树为主，特别是云杉、赤松、落叶松，树种主要来自美国西北部，主要是被子植物门4个科的树种：槭树科(Aceraceae)、桦木科(Betulaceae)、壳斗科(Fagaceae)和杨柳科(Salicaceae)。还有一些树种来自暖温带地区，如，辐射松(*Pinus radiata*)已经非常成功地种植，还有桉树和生产珍贵木材、果实常可食用的胡桃科(Juglandaceae)树种。

森林培育

森林培育是为实现不同用途而培育森林的艺术与科学。它与树木的生长有关，正如农业与粮食作物生长有关一样。本书除了开篇的部分章节外，主要讲森林培育技术，不细讲关于管理、经济、政策和收获方面的问题。

森林的用途

人工林能够实现森林的大部分功能(图1-2)，特别适合提供工业产品。

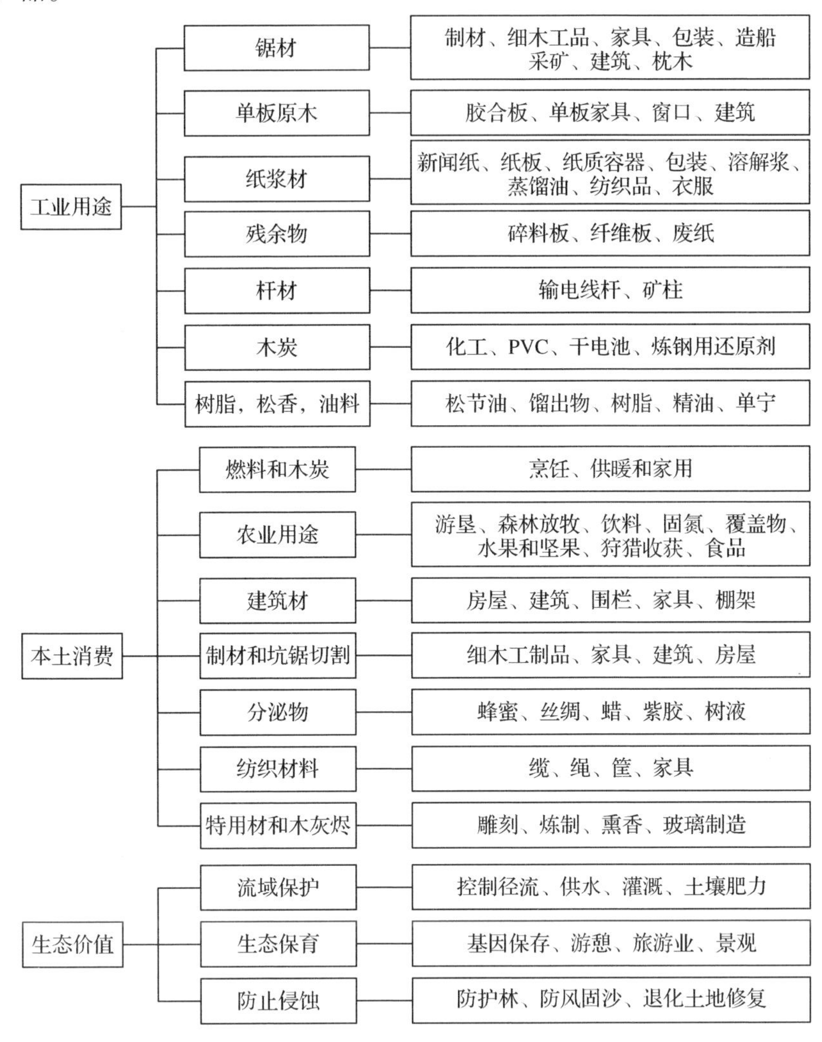

图 1-2　森林的作用（改编自：世界银行，1978）

人工造林的历史

人类栽植树木的历史悠久，例如，《旧约》中有很多关于植树的记录。1664 年 John Evelyn 在《森林志》(Sylva)一书中曾竭力主张修建英国的“边防林(wooden walls)”，这是英国历史上最著名的造林工程。80 年之后，伊丽莎白女王一世因担心日益短缺的海军木材储备，下令在

Cranbourne Chase 种植栎树。同时期的法国和德国，也有很多类似的造林事例和训告。Colbert 及后来的 Pannelier，对 17 和 18 世纪数千公顷的 Foret de Compiegne 造林活动起到了关键作用。到了 19 世纪早期，很多林业教材都包括了绿化和人工林栽培的内容。

直至 19 世纪早期，人工林仍限于在传统林区种植本土树种，比如，英国的新森林(New Forest)，奇尔特恩森林(Chilterns Forest)和迪恩森林(Forest of Dean)；法国的贡比涅森林(Forest of Compiegne)(图 1-3)。但是从那以后，越来越多的荒地被开垦(比如，法国境内荒沙地上栽植海岸松，孚日山脉古原野地栽植云杉和松树)，人们还开始了将阔叶林转化为针叶林的活动。落叶松、欧洲山毛榉以及苏格兰的松树防护林都起源于这一时期。在 Cotta 等的影响下，新型林木栽植形式在德国发展最快，比如，在萨克森州进行的挪威云杉无林地造林。中欧森林培育直到现在都保持着以下特征：高密度(每公顷 5000 ~ 20000 株)，低强度间伐，长轮伐期，谨慎使用外来树种。同当今一样，早在 19 世纪时就存在两个派别，一些学者对育林学持怀疑态度（Jones，1965)，另一些(Simpson，1990)则不乏热情地支持所谓的“新林业(New Forestry)”，并全力推动英国的务林人采用欧洲大陆的育林举措。

图 1-3 法国贡比涅森林(Foreat de Compiegne)百年树龄的栎树和山毛榉混交林

伴随新型造林方式和一系列旨在实现满意的森林更新的营林作业法(Matthews，1989)的提出，还对从世界各地收集引入欧洲的种子和种植材料进行了严格测评。除假山毛榉(*Nothofagus*)外，所有英国现有的外来树种(包括：挪威云杉 *Piea abies*、西加云杉 *P. sitchensis*、欧洲黑松 *Pinus nigra*、美国黑松 *P. contorta*、花旗松 *Pseudotsuga menziesii*、日本落叶松 *Larix kaempferi*)都是在150多年前引进的。在温暖的温带地区进行的树种试验和尝试，最终使辐射松(*Pinus radiata*)在西班牙北部，以及智利、南非、澳大利亚和新西兰这4个南半球国家大规模成功种植。

20世纪以来普遍造林，使人工造林成为全球主要的林业活动。在英国、爱尔兰、新西兰和南非等国，人工林是商品林业的主要形式。很自然地，最先开始大规模造林的是那些天然林严重短缺的国家，如Sutton(1984)所言，“这是他们解决国家木材供应的最后一招”。他们将大量时间精力投入到应对树种选择、裸露地造林的新挑战，以及保护不断扩展的森林资源方面。

20世纪40年代以来，北欧国家主要实施皆伐后更新造林的作业方式，天然更新有限，轮伐期约100年。即使是在加拿大，森林更新也主要靠人工种植完成。众多因素造就了人工林的优势地位和人们对它的依赖，对此下文将有详细讨论。到了20世纪末，温带国家共营造了1.3亿 hm^2 的高产人工林，在木材总供给中所占的比例越来越大。

发展人工林的原因

天然林的匮乏

所有国家都经历过由于农业开垦和其他用途造成的天然林覆盖下降的过程。虽然总体而言，温带区域在森林采伐和森林更新之间保持了一定的平衡，但在很多国家，长期持续的天然林和半天然林的流失，已导致剩下森林远不能满足提供林产品的需要。这是许多国家大力开展森林培育项目的主要原因。然而，天然林的总面积并非唯一标准，如果位置偏僻、难以进入、自然资源品质低下，其开发性价比就较低，这也使人工林发展势在必行。另外，新造人工林还有助于发展农村经济，促进就业。

驯化(domestication)

常用该词描述从简单使用现有森林到定向培育新的人工林的趋势。最为极端的例子是部分杨树的栽培品种，它们来自控制的遗传基础，产品广泛用于生产单板，制造火柴和蔬菜筐架。

人工林的环境影响

有相当大面积的人工林种植的目的不是木材(虽然这也是辅助效益)，而是利用林木产生的其他影响。例如，通过造林恢复废弃的工业用地，通过营建防风林提供保护、固定沙丘以及作为美化城市的设施等。另外，人工林碳汇已被作为减缓大气中二氧化碳水平上升的策略之一。

天然更新存在的问题

从全球层面看，天然更新(无论是否是按计划实施)是迄今为止最常用的森林更新方法。在北方(boreal)区南部的西欧，大约一半的森林更新是天然更新。但英伦三岛的森林主要是在无林地上营造的，天然更新的面积不到1%(Kroth 等，1976)。显然，在这种情况下，天然更新的机会很少。在英国部分地区，一种可能的情况是，在云杉和其他引进树种人工林的第一个轮伐期末，使用天然更新替代更新造林。

一个通常情况是，在存在天然更新机会的地域(例如，在半天然林地)，原有的树种被更具生产力的商业树种替代了。有时会还会清除成功更新的天然更新苗，代之以遗传改良后的同一树种苗木，譬如，英国的北美云杉(Lee，1900)。

天然更新因成本低于人工造林而受青睐。对于那些不希望花高价实施林地清理、人工栽植、长期除草的林地业主，天然更新尤其具有吸引力。虽然它有时比人工造林更为便宜，但天然更新也是需要成本的。需要等待种子年的到来，其时间之长甚至会长于计划的轮伐期。如果天然更新苗太多，需要实施间苗，如过于稀疏，则须补植造林。这种不可靠性使得在瑞典这样的国家里，1948 年以来主要依靠人工造林实施森林更新。

在成功实施天然更新的地域，尤其是在使用前生植被(advanced growth)的情况下，成林的速度可以快于人工造林，也有利于一些多风地区部分人工林增强稳定性(见第 94 页)。天然更新对于遗传资源或特定的林地类型的保育也有重要意义。

虽然许多树种和森林类型的天然更新发生广泛，而且几乎任何一处立地都最终会被木本植物定居覆盖，但即便是在树木不遭受过度啃食的情况下，在所需要的具体时间内实现自然成林仍是困难的。这不是一个新问题，英国南部低地的许多阔叶林，法国和北欧种植的很多针叶林，都已延续了至少两个世纪(图1-4)。然而，正如法国、德国和北欧国家的森林所展示的那样，只要不急于求成并采取保护措施确保有利的立地和地表条件，天然更新终究是可行的。

图1-4　瑞典刚刚疏伐过的云杉人工林

欧洲人工林概况

据最新估计，全球的简单人工林大约在1亿～1.35亿hm^2，约75%位于温带，25%位于热带和亚热带(Kanowski，1995)。全球森林面积的大约25%位于欧洲。

欧洲人工造林面积，无林地造林和人工更新造林的比率，见表1-1。在1980～1990年的10年间，欧洲各国通过栽植和直接播种造林600万hm^2，超过了天然更新成林的面积(420万hm^2)。

表 1-1 欧洲人工林的面积(1980~1990 年)

国 家	千 hm²	
	新造林	更新造林
阿尔巴尼亚	25	—
奥地利	25	132
比利时	—	10
保加利亚	88	361
塞浦路斯	2	—
捷克斯洛伐克	56	532
丹 麦	10	51
芬 兰	35	1301
法 国	455	—
德 国	75	216
希 腊	13	—
匈牙利	91	95
冰 岛	1	—
爱尔兰	48	20
意大利	91	—
卢森堡	0. 5	4
荷 兰	12	—
挪 威	8	—
波 兰	85	615
葡萄牙	138	92
罗马尼亚	2	9
西班牙	44	400
瑞 典	—	1440
瑞 士	3	19
土耳其	—	—
英 国	246	108
南斯拉夫	448	—
合 计	2002	5405

数据来源于 UN~ECE/FAO(1992)，冰岛、挪威的数据来源于 Helles 和 Linddal(1996)，—表示无数据

温带国家的人工林以针叶林为主的，主要是松类、云杉、落叶松和日本柳杉。近年来，乡土阔叶树(如，核桃、杨树和柳树)造林增加，其目的是保持特定的森林类型或获得特殊林产品。随着农业优质土地用

于林业和对于热带硬木供应的减少的担心，欧洲许多国家的人工阔叶林面积在扩大。针叶树得以广泛用于造林的主要原因，首先是它们在各类立地上生长更快，其次也是出于对工业软质木材的需求。

人工林培育

人工林的生活史

虽然人工林木的生命期长，用途多，但都通过类似的操作序列措施经营(虽然各措施的强度不同)。人工林的生命史的主要生产步骤，如图1-5所示。

人工林的机遇和效益

树　种

造林要求经营者实施树种选择，而现在他们已不再依赖从现有森林的无规律更新过程实施这种选择了。如果树种适当，可以最大程度发挥立地的生产力，因此树种选择可视为人工林的最大优势。在每一个轮伐期末，常可通过选择种植不同的品种、种源和遗传改良的苗木，实现效益改进。

立木度

通过造林，可以确保整个轮伐期内在立地上有充足的目的树种，实现现有土地资源的充分利用。

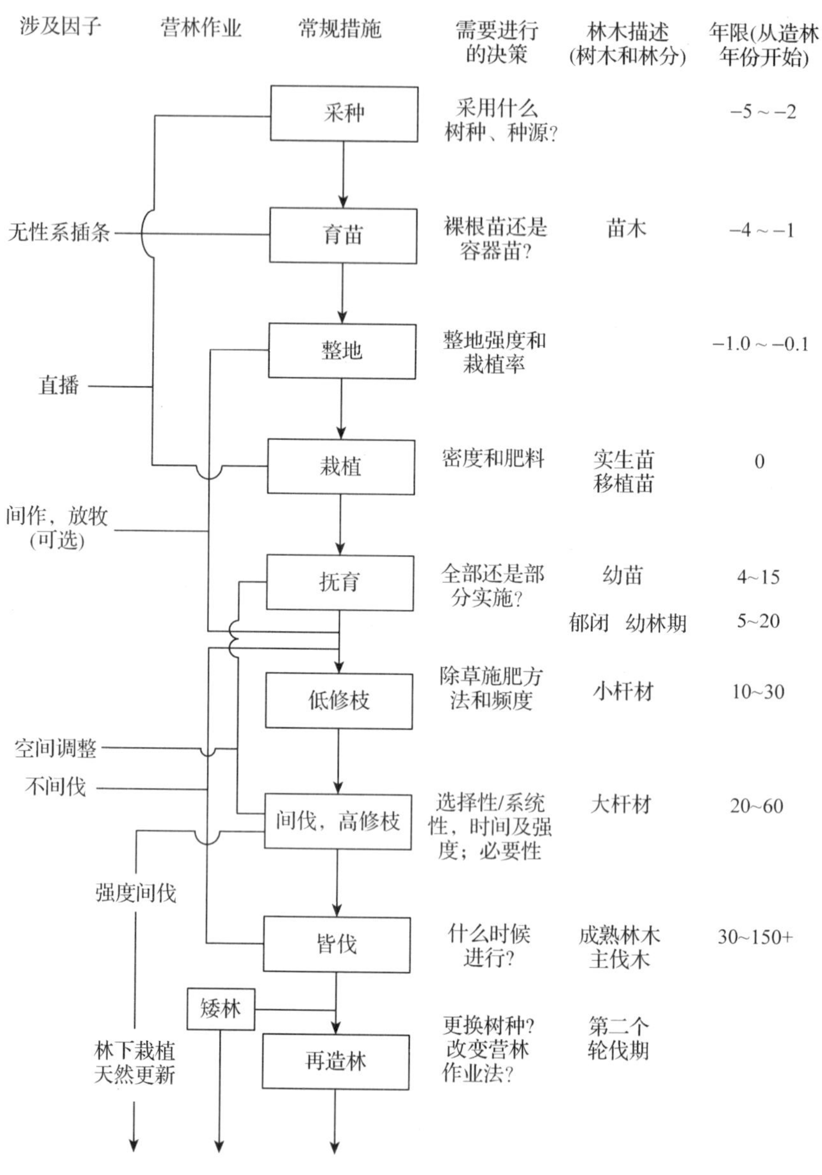

图 1-5　人工林的生活史（据 Evans，1982a）

产品的规整性

传统人工林业中的多个因素导致了最终产品的规整均一，这包括：

（1）林分中只使用一个或几个树种；

(2)对树木实施同龄林经营；

(3)在整个林分范围内使用相同的营林措施。

收获量

由于上述3个因素的影响，人工林的生产力几乎是总是比天然林地高得多，见表2-1(第21页)。

人工林面临的问题

人工林集约经营的本质，要求高水平的前期准备、技能、研究和资源投入。在这些条件都不具备的情况下，需要提供的树种和产品，可以依靠低成本和更广泛的天然更新获得。虽然天然更新的生产力可能更低，但其成功的可能性更高。

人工林的规整性可能带来生物风险，暴露在立地上的树木很不稳定，其他不利方面还包括美学效果差等，如果涉及林地类型转换，可能存在保育价值的损失。另外，人工针叶林的木材质量可能劣于天然林，并导致营销困难。对于生长迅速的人工针叶材尤其如此。第三个方面的担心是人工林拦截大气中污染物导致土壤和河流的酸化。这些缺点将在下文讨论。但是，在注重产量的情况下，多数情况下由人工林提供的木材产量更多。

毫无疑问，人工林将变得越来越重要。我们对人工林的理解不尽完善，但它们带给我们的价值和不计其数的功用，仍是毋庸置疑的。

第二章
人工林的产量和长期生产力

发展人工林业的主要原因，不在于其自然再生系统，而在于其收获的可预见性和生产过程更加便于控制。收获水平和实现这一水平所面临的长期风险是人工林业的根本要素。

林业生产周期长，其土地使用与农业、园艺业等有很大不同。树木常需要在数十年内积累生物质后，才有经济价值；而对大多数其他作物来说，它们收获时间很大程度上是可预见的，有些甚至在几天之内就可收获。但对于林业来说，不同树种的收获期各不相同，有时会相差很多年。

人工林的生产力随地域、立地和树种而有所不同，但是所接受的太阳辐射是衡量生长量上限的标准。太阳辐射还被潜在竞争者利用于进行光合作用。竞争者包括：灌木、草地和草本植物，在这些植物的幼龄期竞争最为激烈。植物间竞争（见第八章和第十章）或水分过多过少都会降低生产力（见第五章），营养不良也会降低生产力（见第九章）。

定　义

初级生产量（primary production）用来表示产量，以干重表示，对于植物群落指的是树木、树皮、树叶、花朵、果实和根部的年产量，而不论收获与否。有关表示方法：

（1）总初级生产量（gross primary production）表示同化总量，包括用于夜间连续呼吸作用的部分。初级生产量与光合作用的速率和光照量呈正相关关系。

（2）净初级生产量是满足呼吸需求和其他自然损失（如捕食和腐烂）后的同化有机物质的剩余量。

总初级生产量和净初级生产量均以年(或更长时间)为周期计算。Jarvis 和 Leverenz (1983) 已对这一问题进行过详细讨论。

从商业角度来看，这类产量的可用部分有所不同。如果人工林是能源林，大部分地上作物的净初级生产量都很高，但大多数情况下，叶、桩、根和枝干的生产量被排除在外。如果只考虑到树干材(譬如，用材林、纸浆原料林)产量，其商用树木的可用木材占初级生产量的35%~40%(Cannell，1988)。在林业中，不同时间的生产量由以下术语表示：

(1)连年生长量(current annual increment，CAI)是指单年的生产量，或生长量。

(2)年均生长量(mean annual increment，MAI)表示较长时间(如，一个轮伐期)内年平均生长量。

任何立地的年均生长量在各个时间段都不相同(图 10-5，第 140 页)：刚栽种的前几年的生长量很低，但随着时间推移，其增长量呈指数增加，最后达到峰值(最大年均生长量，MMAI)，这一时期内的增长量因树种和立地不同而异，之后缓慢递减。当 CAI 曲线与 MAI 曲线相交时，产生 MMAI。

初级生产量通常由每单位面积的干重来表示，商用材生产量由单位面积材积量来表示，尽管重量常常用于表示纸浆林和能源林。干重(t)和材积(m^3)之间的比例随树种不同而不同，例如，欧洲速生云杉的干重－材积比为0.4，栎属为1.2。枝杈较多的树木用作能源林，大枝丫也计入材积收获量，由 Derbholz(枝干材)来衡量，它是个包含干材和枝丫材的德文术语。

生产过程

人工林幼龄期树干材积明显很低，原因是光合面积小造成年材积量很低。连年生长量取决于过去和当年的光合作用量。在这个阶段，由于呼吸损失少，总产量和净初级产量之间的差距小(图 2-1)。

经过一段不受相邻植物影响的增长期，幼树林分最终开始郁闭，原先较高的单木生长速度开始减慢。单位面积而不是单木的基础上的最大连年生长量在几年后实现，通常是年均生长量的 1.5~2 倍。单木的快速增长通过卫生伐或预商业疏伐实现，但在早期过度生长可能会降低木材的质量（参见第十章）。

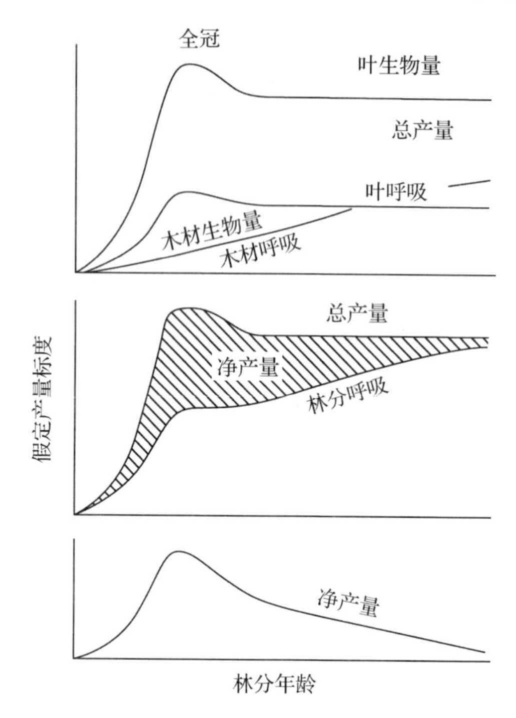

图 2-1 同龄林分总初级生产量和净初级产量之间的关系（Kira 和 Shidei，1967）

在许多欧洲地区，林分在初步郁闭后的 10~20 年内达到最大连年生长量，此时单位面积的生长量开始下降。在此期间，被遮阴的和位置较低的树枝死亡，林分开始自动稀疏。首次疏伐在竞争变得激烈之前开始，此时树木的商业价值通常较低：产品常被卖作纸浆材或能源原材料。较大的树(例如，潜在的锯材)来源于后期疏伐，随着林木平均径级的增加，其价值越来越高，每立方米的收获成本下降。

如果一个林分没能实施疏伐，其总初级生产量和净初级生产总量之间的差距比疏伐林分大(见图 10-6，第 141 页)，其原因是呼吸损失和死亡率的增加(图 2-1)。然而，由于疏伐成本高，特别是远离木材产业的人工林，短轮伐期树木不实施疏伐的情况很常见，潜在的生产损失也可以接受。

实施皆伐的时间是灵活的，通常在数十年之内。就每年每公顷平均产量而言，如果林分达到最大年均生长量时，将会实现最高产量。这个年龄段通常是针叶树的轮伐期，因为它或多或少和最高产量价值，和业主所追求的最大净贴现收入(见第十章)相一致。

人工林的生产力

即使是最速生的树木，也只能将小部分太阳能转化成化学能储存为干物质。在欧洲大部分地区，树木的产量在每年每公顷 5 ~ 20t 之间(Cannell，1988)。以 117.5MJ/m · d 太阳常量(不考虑诸如地球几何学、光合作用活跃期间接受的太阳辐射量、光合作用的量级效率、二氧化碳的扩散量、实际光拦截率、呼吸等因素所引起的减少)计算，林木的理论产量可达平均每年每公顷 26000t。

总初级产量的最高水平已经记录于东南亚雨林中，预计达到 110t/hm^2 · a(Kira，1975)。然而，由于在热带地区呼吸损失比温带地区多，所以净初级生产量很少超过 30t/hm^2 · a。以平均值计算，对于大面积天然林生态系统来说，由于呼吸造成的枯损量可以抵销树木的新生长量，净初级生长常量为零：同年的碳同化量和碳释放量相等。由于收获木材和森林群落中其他产品的效果被忽略，因此自然生态系统中的生长量对人类通过经营提高森林产生的提示意义很小。净初级生产量受木材收获、早期和晚期演替阶段的相对分布、森林结构的差异(尤其是树龄)的影响很大。在成熟天然林被收获，或遭遇风折、火灾时，年龄的平衡改变：幼树占据了空隙且生长量几乎没有损失，因此净初级生产量有了积累。一般来说，当树冠郁闭时，树叶生物量和总初级生产量达到峰值，但是总生物量和群落呼吸随着树龄增长(图 2-1)。树冠郁闭时，净初级生产量立刻达到峰值 25 ~ 35t/hm^2 · a，幼树林分树冠充分郁闭后，净初级生产量开始下降。

从全球情况来看，大多数经营人工林的根部和枝干的平均木材产量少于 15t/hm^2 · a，少部分的产量多于 20t/hm^2 · a(Cannell，1988)。欧洲西北部地区的最大的收获量通常在 10 ~ 12t/hm^2 · a，除爱尔兰外，现有记载已达 13 ~ 17t/hm^2 · a。在南欧，桉树年收获量达到 17 ~ 30t/hm^2 · a。就总干材积而言，欧洲树木的平均值变化范围大。例如，挪威云杉在瑞典的生长速率在 3.6 ~ 14.6m^3/hm^2 · a(Eriksson，1976)，而在英国，正常的最大平均连年生长量的增量范围在 6 ~ 22m^3/hm^2 · a(Hamilton 和 Christic，1971)。已知的最高干材生产量是在巴西的阿拉克鲁兹的巨桉(*E. grandis*)，桉树的基因得到优化，有灌溉的无性繁殖个体年平均连年生长量达到 37t/hm^2 · a(Zobel 等，1983)，意味着如果根部、枝干、树叶等也考虑在内，净初级生产量将超过 70t/hm^2 · a。

人工材生产量和收获量建模

当规划人工林时，随时间变化的潜在商业生产力常是最重要的考虑因素。幸运的是，同龄单一栽培作物非常适于开展生长和收获研究，且科学家对已达到9~13m的优势高度的林分完成大量研究。一些实验已持续跟踪了很长时间。例如，在瑞典南部，挪威云杉疏伐实验始于1911年，该实验从初次测量后，每8年进行一次测量(Carbonnier，1954)。这类实验提供了很多基础数据，也是生产和收获建模的依据。建立的模型对于森林经营者来说必不可少，有助于预测密度和疏伐机制可能产生的影响、生长率对总生长量的影响，以及产品的归类，也有助于对经济轮伐期的长短作出决定(Hägglund，1981)。

人们对欧洲所有商业上重要的树种已建立了类似的模型(见第十章)。例如，Eriksson (1976)，Møller (1933)，Eide 和 Langsaeter (1941)，Braastad (1974)，Wiedermann (1937，1949)，Schwappach (1902)，Assmann 和 Franz (1965)，Décourt (1971，1973)，Hamilton 和 Christie (1971)建立的挪威云杉(*Picea abies*)的模型，Persson (1992)，Andersson (1963)，Braastad (1980)，Décourt (1965)，Vuokila 和 Väliaho (1980)，Wiedermann (1948)，Lembcke 等(1981)建立的欧洲赤松(*Pinus sylvestris*)模型，Agestam (1985)，Ekö (1985)，Söderberg (1986)，Vanniere (1984)对于以上两个树种均已建立模型。

现代的生长和收获模型，可以对初始密度、立地指数、疏伐机制在不同阶段的产量(包括蓄积量、径级、生长量、株数、优势高)等进行估计。在一些例子中提供了对干重的估计(例如 Eriksson，1976)。类似模型的一个案例是生产立地上的挪威云杉，见表2-1。

常绿林和落叶林

不同树种的生产量和收获量差异巨大。就中纬度地区长轮伐期树种而言，落叶林的生产力低于常绿林，但是落叶林对于太阳能的有效利用能力比常绿林高。Schulze(1982)对这种鲜明的对比进行了讨论，他指出，很多落叶林树叶每单位面积干重的光合作用率高于多年生常绿林树叶(前者10~14mg CO_2/g·h，后者4~6mgCO_2/g·h)。就同化碳而言，它们的结构成本较低，所以树木获得的很大部分碳量用于非光合部位的生长，如：茎、根、果实等。如果生长季足够长，落叶林的树叶能够最

表 2-1　挪威云杉的收获量表，瑞典南部立地指数 G36（即：在树龄 100 年时优势木高 36m）

（Eriksson，1976）

		疏伐前				疏伐清除				总产量				年均生长量		年生长量		干物质	
年龄（a）	高度（m）	直径（cm）	株数（ha^{-1}）	BA（m^2）	材积（m^3）	直径（cm）	株数（ha^{-1}）	BA（m^2）	材积（m^2）	N（%）	V（%）	BA（m^2）	材积（m^3）	BA（m^2）	材积（m^3）	A（m^2）	材积（m^3）	平均（t）	当前（t）
20	10.0	9.1	3500	22.6	104	0.0	0	0.0	0	0	0	22.6	104	1.13	5.2	0.00	0.0	1.50	0
26	13.5	11.4	3500	35.5	220	9.6	1693	12.3	74	48	34	35.8	220	1.38	8.5	2.21	19.3	2.26	4.77
30	15.9	14.5	1807	30.0	217	7.8	34	0.2	1	2	0	43.4	292	1.41	9.7	1.64	18.0	2.72	5.72
34	18.0	15.9	1773	35.8	288	14.3	601	9.6	78	34	27	47.9	364	1.41	10.7	1.37	18.0	3.07	5.74
39	20.5	18.7	1173	32.1	298	11.4	17	0.2	2	1	1	54.3	451	1.39	11.6	1.29	17.5	3.35	5.22
44	22.8	20.3	1155	37.4	383	19.0	272	7.7	78	24	20	59.8	538	1.36	12.2	1.09	17.3	3.61	5.65
50	25.1	22.8	884	36.1	407	15.4	12	0.2	2	1	1	66.1	640	1.32	12.8	1.05	17.0	3.82	5.38
56	27.2	24.6	873	41.1	503	23.9	170	7.6	93	20	18	71.6	739	1.28	13.2	0.91	16.5	4.01	5.57
64	29.6	27.2	701	40.9	541	20.0	10	0.3	4	1	1	78.8	869	1.23	13.6	0.90	16.3	4.17	5.29
74	31.9	29.6	692	48.5	693	22.9	12	0.5	7	2	1	86.7	1025	1.17	13.8	0.79	15.6	4.32	5.27
总枯损率		株数（N）				断面积（BA）				材积（V）									
		335				2.7				27									

注：在瑞典，常将自疏材积损失计入收获表中的疏伐材积中，故表中部分移除株数、断面积和材积数很小

有效地促进快速增长。幼龄期的快速增长能够让一些树木变成幼龄针叶先锋种的入侵种，如：桦木属(*Betula*)，欧洲山杨(*Populus tremula*)和桤木属(*Alnus*)，在自然演替中占主导地位；如果生长轮作期较短，这些树木的部分价值可使之用作能源作物(第十五章)。

在一些情况下，常绿林木因为绿叶保持时间久而比较有利，例如，挪威云杉的绿叶期是5~12年。常绿习性为增加树上的树叶的光合作用奠定了基础。一旦环境适宜，它们就开始进行光合作用，即使新树叶发芽相对较晚也是如此。由于树叶保留较好，常绿森林常常有大量的树叶生物量，叶面积指数(leaf area index，LAI)较高。例如，日本落叶林的LAI在4~7hm^2/hm^2，而常绿针叶树的松属科范围为7~12hm^2/hm^2，其他树种为15~20hm^2/hm^2(Tadaki，1966)。研究表明，常绿植物在营养稀缺的环境下更有优势，因为树叶在营养供应不足的情况下会成为营养储存器官(Moore，1984)。

常绿树种习性的劣势是，碳摄入或说是构建绿叶的“成本”比落叶林高很多。树叶实际生物量的积累需要若干年。高结构成本提供的保护可以应对光、热、干燥，以及可能的捕食。许多针叶树的针叶使用期很长，因此，叶子的高构建成本是合适的，但是在实现快速生长之前，这些树木必须要积累树叶生物量数年。

在温带地区，许多常绿树比落叶树效率高，由于冬天的寒冷和矿物养分稀缺会限制立地植物的生长，所以在易受伤害时期加强保护很重要(Bryant等，1983)。在长期干旱的热带季风区和地中海区，常绿树生产力很高。常绿树木是北方地区的主要树木，但在北方森林以苔原为主的地区，落叶树则是主要树木。然而，在海洋极寒区、大陆北方和高山气候区，两种树木都可以健康生长。

人工林的长期生产力

在以工业木材生产为主要目的的地区，最普遍的人工林策略是在大面积皆伐立地种植单一的速生树种，直到接近最大平均连年生长量(图10-5，第140页)或者达到一些其他条件下的经济成熟期，之后便是林木的整体皆伐。这种做法提高了生产力，且易于执行。当达到最大连年平均生长量时，采伐同龄林分，相当于在平均年净生产量达到最大时收获演替先锋期后期的天然林。对于单一栽植的简单人工林来说，人工林种植的树种选择至关重要。

适宜单一种植的树种

尽管人工纯林显然为人工所创造，但是自然界中同龄纯林林分也是普遍存在的。事实上，经历重大干扰(例如：火灾、风折、雪折、洪水并伴有侵蚀、淤积、塌方、雪崩、火山爆发和流行性虫害)后，单一树种同龄森林就会产生。这些树种几乎与所有人类种植的作物一样，适应立地并建群于开放立地和这些重大干扰之后产生的间隙空地。它们称为喜光、先锋及耐阴树种，许多具有 r 选择物种的特点(见第 154 页)。实际上，所有重要的人工林树木都来源于这些树种，包括松、落叶松(*Larix*)、花旗松(*Pseudotsuga menziesii*)、杨、柳、桦树(Oliver 和 Larson，1996)，以及云杉、桉树和桤木(*Alnus*)。由于人工林的自然条件的相近性和同龄皆伐体系的广泛性，这些树种的人为干预度没有看上去的那高。举例来说，欧洲赤松和美国黑松(*Pinus contorta*)这两个广泛种植于北欧的树种，在经历过火灾、风折、雪折和严重的虫害后，均会天然更新为纯林。

在严重自然灾害较少的地区，当然就会有大面积由不同树种和年龄构成的天然林。热带雨林就是最显著的例子。许多热带雨林的树木在密林状态下和小林隙中实现更新。幼苗在成熟木的树冠下更激烈的竞争条件下存活，最终形成下层植被。这些耐阴、演替后期的树种，相较于开放环境和根系竞争激烈(特别是与亚优势植被间)的树种，能在光照少、白天温度较低的条件下生存(Shirley，1945)。后期演替的树木是典型的 K 策略选择(第 154 页)，在和其他树种竞争后适应了狭窄生境。

在喜光树种和耐阴树种两个极端之间存在很多过渡性的树种，任一个特定树种所占据的位置都因海拔高度和地区不同而不同。例如：尽管挪威云杉在严酷的北方天气条件下经常在后期演替阶段出现，但在自然范围内的大面积区域它却是一个建群树种。

总体上看，适应林冠下或小林隙等拥挤条件并能更新生长的树种，不宜作为理想的同龄纯林造林树种，即便它们有时会在竞争过程中通过淘汰其他树种的方式，在高林龄生长阶段形成自然纯林林分，被淘汰树种的例子包括北方地区生长的山毛榉，加州铁杉(*Tsugus heterophylla*)和挪威云杉。由于比建群种更易受霜冻影响，多侧枝，它们成活困难。它们生长比较慢，所以为避免被啃食，需要经常进行除草。然而，一旦成活，生长量就会很高。这些树种通过减少皆伐的营林作业法(例如，伞伐作业和择伐作业)，可实现良好的经营效果。它们也适于在老龄林木下栽植，从而形成两个截然不同的龄级。

任何树种，不管是建群种还是后期演替种，只要在自然界中和其他植物融合生长，就很难长成大规模的纯林。这包括欧洲冷杉(*Abies alba*)和野黑樱桃(*Prunus avium*)。它们抵御虫害袭击的能力取决于和其他植物或动物的互动，或者单纯依靠难以被害虫发现的能力(称“隐匿”(Feeny，1976))，因为它们可在其他树种间隐藏起来。树木只要生长在合适的混交林内，就能自然生长并免于严重的捕食或者寄生虫破坏。

两个以上轮伐期人工林的生产力

低投入农业的基本原则是农作物应在同一片土地上轮作，以防止害虫的出现。而林业上常因没有合适的替代树种，因而在轮伐期末无法更换树种。

人们一直在推测、讨论和研究的一个方面是，首次轮伐单一栽培的外来针叶树种的高生产力，如何在不发生立地退化和病虫害的情况下在之后的轮伐期中得以保持。关于这个命题已有评述(例如，Evans，1976，1994；Whitehead，1981)。人们也常讨论单一树种集约经营相当于挑战自然法则(例如，de Gryse，1955)，所以注定最后会失败的问题。与之形成对比的观点是，林木则是传统的“土壤改良者”。

随着新证据的收集，这一争论无疑将会继续下去，但直至今天，第二个轮伐期内单一栽培的重大失败案例在欧洲还仍未有过记载，大部分失败案例是由于树种选择有误。然而，第二个轮伐期内的人工林(例如，图2-2)相对稀少，而拥有可靠生长和产量数据的一个轮伐期以上的人工林就更少了，所以这方面的经验稀缺。对于第二个轮伐期内生长量提升的研究很少，例如：瑞典南部的挪威云杉(Eriksson 和 Johansson，1993)。尽管这类现象很常见，很难说这些改善有多少归功于较好的营林技术、改善的基因资源以及可能的天气变化。热带地区的信息更多。例如：斯威士兰的乌苏图森林(Usutu forest)(J. Evans，1996)测试了外来人工林垂叶松(*Pinu spatula*)3 个及以上轮伐期的生产力。由于人工林方法导致产量下降的证据尚未发现，对大多数森林来说，每次连作的人工林的生产力都和其前茬一样好，或者好于其前茬。只有在少部分区域，如生长在缺磷辉长岩土壤中的林木产量才会下降。在这种情况下，轮伐期之间的树木基因或营林方法的改变很少。就狭义的木材生产量而言，集约经营似乎是最具可持续性的做法。

图 2-2　法国波尔多附近集约经营第二个轮伐期海岸松(*Pinus pinaster*)
(照片：J. Gelpe，INRA)

适地适树

对比多种更新方法，树种选择至关重要。总体上看，阔叶树比许多针叶树对立地的要求更高，因为阔叶树需要某种形式的养分(Miller，1984)。尽管关于不同树种对土壤过程影响的信息相对较少，但一些常见的人工林针叶树(尤其是云杉和松类)生长在几乎没有疏伐的高密度林分里，长期以来以引发土壤酸化并加速易受影响的土壤的灰化而为人所知。这也常常伴有有机质慢速分解、养分释放速度慢以及营养物质固化的问题。有时这些过程会减弱同树种第二个及后续轮伐期林木的生产力。典型的具有争议性的案例是萨克森的挪威云杉生长量下降(Wiedermann，1923)。大多数案例仅限于不肥沃的立地或者种植位置不合适的树种。尽管在温度低的气候条件下，生产力的改变很难监测，但瑞典(Troedsson，1980)和英国(Grieve，1978)挪威云杉土壤灰化仍有一些案例性的证据(Holmsgaard 等，1961)。

相反，许多阔叶树和一些针叶树是“土壤改良者”，由其产生的混土腐殖质能逆转土壤灰化过程，加速枯落物分解。欧洲鹅耳枥(*Carpinus betulus*)、欧洲栗(*Castanea sativa*)和落叶松以此闻名。桦树在帚石楠(*Calluna vulgaris*) 沼泽地建群的作用，已由 Miles(1981)在英国进行调查。帚石楠属和云杉都能引起土壤灰化。Miles 表示，随着桦树人工林长大，蚯蚓的数量增长很快，逐渐导致来源于帚石楠的酸性有机物质腐败，进而转变成细腐殖质土。这个过程随着有机物质和三价铁的混合，灰化层逐渐淋溶混合，导致灰褐色土层的出现。同时，有机物分解和氮矿化的速率增加，pH 值、磷、钙交换速率也在增加。蚯蚓在混合土壤中扮演很重要的角色。另外钙是植物存活的必需品(Cooke，1983)。本例中，桦树根部较深，具有渗透到铁磐(iron pan)的能力。能够利用储存在下层土壤中的钙资源，而帚石楠却无法利用，由于许多阔叶树都有这些特点，所以这类混交林可能会对针叶树的成长有益，然而这些益处的证据还不太令人信服。大多数情况下，肥料的应用更为有效。

病虫害

为使物种能够存活、生长和繁殖，需要建立一套包括多个环境变量、每个树种都能以特定方式响应的价值体系(尤其是光照、水分和养分)。生态学家称为"基本生态位"(fundamental niche，Hutchinson，1956；Harper，1977)。因大部分物种需要很多资源，所以生态位趋于重叠。因为资源有限，重叠导致物种之间的竞争使其无法发挥出全部潜力。因此，新生树木的生态位常常和入侵杂草重叠，树木成活取决于杂草铲除情况。在自然生态系统中，植物和动物相互之间长期施加并适应压力。这些压力包括捕食、竞争、共生，其结果是双方都没有占据主导地位，因此能够保证相对稳定的生态系统，致命性病虫害发生的几率也很小。外来物种更容易受到影响是因为它们没有受益于和系统里其他生物的互动，也没有时间构建一套应对潜在害虫的寄生虫和捕食者体系。因此，树种之间可能的互动在林业中很受重视。它们决定了树木和杂草、害虫和病原体之间的竞争，不可忽视。

尽管人工林遭受的重大损失常常来源于极端天气、科技水平落后或树种选择不当(也见于第十一章)，但人工林多样性的引入有时可以控制食草动物和病原体的数量。例如：桤木(*Alnus* spp.)在控制某些特定病原体真菌方面有潜在价值，这些真菌包括：混交林分中的蜜环菌(*Poria* 和 *Armillaria*)。因为桤木能够将固定的大气氮转化为枯落物中的硝酸盐而不是铵化盐或者其他铵的形式，硝酸盐抑制这些真菌的生长(Bollen 等，1967；Li 等，1967)。一些研究著作表明，无性系柳属和其他无性系人工林共同生长用于生物量生产时，将会产生比单一无性系列多的干物质。Dawson 和 McCracken(1995)、McCracken 和 Dawson(1996)

在北爱尔兰开展实验的数据表明，干物质增长量达到20%以上。至少这部分归因于叶锈病栅锈菌属（*Melampsora* spp.）攻击的减少。病害开始时间推迟，其集聚强度减少，多个无性系季末的发病率远小于单一无性系林分。这些优点来源于易受影响植株的低密度排列、抗病植株的栅栏效应、无毒病原体生物导致的诱导抗性。然而，混交顶极群落中的树种更容易传播和发生破坏性的病害（Quimby，1982），包括栗疫病（*Endothia parasitica*）、荷兰榆树病（*Ceratocystis ulmi*）和松疱锈病菌（*Cronartium ribicola*）。这些疾病通过偶然引入，病原体所处的区域含有大量易受影响的宿主种群。

例如：在加拿大内陆，云杉球蚜（*Adelges cooleyi*）在花旗松和云杉之间改变了其生活周期，这两个树种的混合导致球蚜感染和云杉生长减缓（MacLaren，1983）。另外一个例子是栅锈菌（*Melampsora pinitorqua*）在两针松和山杨（*Populus tremula*）之间改变其生命周期，对松树的危害性极大。

预测和认定未来的病虫害面临困难，这伴随着在向新的区域传播的问题（Gibson 等，1982）。自从1950年以来，一种主要的"新型"虫害每5年就会在英国主要的针叶林中出现（Bevan，1984）：这一现象延续数年，不仅感染本土树种（例如：荷兰榆树病），还感染外来树种。由木腐菌引起的土传疾病包括：单作系统中蜜环菌（*Armillaria* spp.）和异担孔菌（*Heterobasidion annosum*）。事实上，它们依赖于感染的树桩和残根，尽管同种单作树木间的短株距可能会使其发展，但受感染的时间取决于立地的历史状况，即在种植现有林木之前而不是之后的情况。虽然白腐菌会造成巨大经济损失，但能够控制到一定程度（见第十一章）。

尽管多样性本身不能抵御虫害，但是单一树种会促进害虫的传播，原因是人工林密度较大，缺乏遗传多样性而可食资源丰富。扩散范围广的害虫带来的风险也更大。预期的人工林的灾害并不比传统林业的灾害多，据 Gibson 和 Jone（1977）的研究，主要是两个方面的原因。第一，很多树种能够有效避免显著的病虫害问题；第二，集约经营体系的经济性要求进行多方面的投资，包括对保护措施的研究。因此，大唼蜡甲（*Rhizophagus grandis*）1984年成功引进英国作为综合害虫管理机制的一部分，使用生物控制法消灭云杉大小蠹（*Dendroctonus micans*）；自然生存的病菌用来对抗松叶蜂（*Neodiprion sertifer*）和松夜蛾（*Panolis flammea*）；昆虫病原线虫的使用成功控制了松皮象（*Hylobius abietis*），它是再造林分幼树中最主要的害虫（H. Evans，1996）。这些都是中间宿主害虫(见155页)。使用生物控制方法防控典型的“繁荣－萧条”式策略的害虫比较困难。一个例子是云杉甲虫(*Ips typographus*)对云杉木材造成定期破坏。甲虫种群扩大常与树木因风倒、雪灾而衰弱或新近死亡有关，也与伐后剩余物有关。如果数量足够多，它们会攻击并入侵树木，造成大面积树木死亡，特别是在森林蓊郁的地方，那里有充足的繁殖地。虽然存在一些自然天敌，但它们无法应对快速增加的树皮甲虫。防止爆发最有效的方法，是通过剥去森林里剩余树木的树皮来减少繁殖地点，进而确保树木能够在立地上健康生长。由于缺乏繁殖地而不是天敌的行动，它们数量会最终下降。

外来树种

欧洲部分地区缺乏生长特性适合人工林发展的高产乡土树种，因此经营者主要依靠外来树种。其他地区用外来树种补充本地商业树种，以图轻松成林并获得高于乡土树种的生长率。欧洲最重要的外来用材树种包括：花旗松、北美云杉(*Picea sitchensis*)、美国黑松(*Pinus contorta*)、种落叶松属，以及无性系杨树和一定数量的桉树(见第六章)。

许多外来树种生产量高的原因，在一定程度上是由于专一摄食性的或食叶的昆虫缺乏且没有树叶病害，因此使树冠更为完整高效。一般来说，树种在一个区域时间越长且占据的面积越大，相关的无脊椎动物物种的数量就越大(Kennedy 和 Southwood，1984)，但是这些联系并不是很紧密。害虫的相对缺乏使外来树生长速度远远超过本土树种，一直持续到害虫找到宿主，尤其是仍无天敌为止(见第十一章)。例如，腮边叶蜂(*Cephalcia lariciphila*)是英国树木落叶的主要原因，这种情况一直持续到寄生姬蜂(*Olesicampe monticola*)在20世纪70年代末的蜂群爆发。在5年内叶蜂的数量已经减少到次经济水平(H. Evans，1996)。同样，自然出现的病毒控制了云杉叶蜂(*Gilpinia hercyniae*)。由于天敌的出现，叶蜂没有引起任何伤害。如果天敌不是自然出现，那么主要的控制策略则是引进它们。

在森林经营历史悠久的国家，对于依赖外来树种的危险进行了激烈的讨论。在瑞典，Elfving 和 Norgren (1993)表示，就树干材积而言，美国黑松生长量比乡土欧洲赤松提高32%，原因是美国黑松分配更多的资源用于茎干和细根的生长，而赤松分配更多的资源用于根部生长。这是以牺牲稳定性为代价的。美国黑松凭借丰富的细根，也能够更好地争夺并有效利用土壤氮(Norgren，1995)。尽管树种生长量显著并可以增加经济效益，最终对于病虫害暴发的担忧导致了1979年的立法(Persson，1980)和1992年限制使用美国黑松。这种限制将持续到潜在风险变得更加清晰为止。然而，英国、爱尔兰和新西兰的乡土植物或有限，或缺乏生产力，或者两者兼有，这导致林业工作者在使用外来物种上就没那么谨慎了。

人工混交林

出于上文所讨论的原因，经营者经常尝试通过混交种植避免单一栽培的投资风险。这种做法可能很困难，因为不同树种幼龄期内增长策略大不相同。常见的情况是，隔行交替种植两个或更多树种的最终结果会是单一栽培，其原因是，某一个树种会把其他物种竞争出局。少有的成功是由于每个树种的种植时间不同，或使用规格不一的幼苗，或是辛勤进行早期抚育间伐释放竞争中的受胁迫的树种。在更新造林的情况下，如果立地上先前存在的天然更新苗在预商业间伐时受到保护，就更容易实现混交造林。如果附近留有合适的母树，这一策略显然大有裨益。这种混交林分有时可以被转换成庇护木，为下一轮伐期提供天然更新苗。

结　论

如果可以进行总体上明智的概括的话，已经积累的经验表明，在纯林林分中自然生长的建群树种比后期演替树种能更好地适应单一树种栽培。它们经常被证明是成功的人工林。然而，也存在一些重要的例外，特别一些后期演替树种也能形成纯林林分。这些在条件更受限制时是有用的。最安全的策略是模拟自然界的发生过程。

总之，很明显的是，生物稳定性和与单一栽培相关的潜在问题仍有待研究。大多数在温带地区立地的人工林似乎没有风险，但在某些已经了解到的条件下，生产力的损失与土壤退化和病虫害侵袭有关。需要不断保持警惕以保护有价值的单一栽培人工林，但随着知识和经验的积累，将会有更大的确定性来辨认不合适的条件。

第三章
人工林的经济、环境、社会和政策问题

虽然这本书主要致力于育林科学和技术方面的问题，但如果不从作为决策基础的经济、环境和社会框架考虑，科学技术问题将变得毫无意义。本章基于经济、环境和社会，分析提出研究和发展重点，以使当前实践适应未来需求。

人工林业的合理性

世界上大多数提供工业原料的人工林的目标，受到由多种复杂力量的推动。其中主要是森林资源对于经济发展的作用，Westoby(1962)对此有雄辩陈述，Douglas(1983)、Westoby(1987)、Byron和Waugh(1988)、Binkley和Vincent(1992)、Kanowski和Savill(1992)对此均有述评。Evans(1992)以专门章节论述“为什么在热带国家发展人工林”。经济发展理论为实施工业用途和非工业用途人工林提供了依据。人工林的供给功能表现在如下方面：

(1)人工林是木材工业发展的资源基础。人工林可以是新的资源(例如，在葡萄牙)或对趋于递减的天然林(例如，在英国)或生产力水平更低的天然林(例如，在澳大利亚、瑞典、芬兰)的替代。经济目标可能是进口替代(如，澳大利亚、英国)或出口创汇(例如，新西兰、斯威士兰)。

(2)人工林是能量来源。用于工业(例如，瑞典、芬兰、爱尔兰的木煤气)或非工业(例如，薪柴、木炭)生产(Christersson等，1993；Davidson，1987)。

(3)人工林促进农村就业，特别是在有可供劳动力且成本相对较低的情况下。在经济发达国家，历史上人工造林和管理所需的高劳力水平已经由机械化(例如，Stewart，1987)所取代。然而，在劳动力成本相对较低的国家，造林工程仍然有相当大的创造就业机会的潜力(Davidson，1987)。

(4)人工林可以维护或增强农业生产力(如，Rosenberg，1974；Felker，1981)。

在另一些情况下，环境问题是人工造林的主要推动力：

(1)环境的保护或恢复，尤其是保护土壤和稳定坡地方面(如，瑞士)。

(2)游憩和景观价值(例如，荷兰、比利时)，促进公众健康(如，瑞典)。

(3)保护天然林，使之免受任何商业性开发(例如，澳大利亚，Cameron 和 Penna，1988)或因生计需要而开发。

(4)通过增加碳汇缓解全球变暖。

政府常出于一个或多个原因发展人工林。他们可以通过资助植树造林工程直接发展人工林，由国家林业机构(例如，澳大利亚、中国、新西兰)组织实施，也可以由准政府机构，通过赠款、补贴，或税收优惠(如，英国)间接完成。其中，在大的私人投资者参与人工林业的情况下，他们的可能动机是相对于其他投资的长期财务回报。

虽然人工林种植通常是在由国家所有或大型森工企业管理的土地上开展的，但规模较小的民营土地拥有者在区域层面是重要的(如，新西兰，McGaughey 和 Gregersen，1988)，而且随着土地压力的增加，将来其数量很可能增加。关于这些工业和非工业群体造林者的特点和动机，已有丰富文献描述(Arnold，1983；Blatner 和 Greene，1989；FAO，1985；Grayson，1993；McGaughey 和 Gregersen，1988)。他们营造人工林理由在不同程度上反映了上面列出的各种因素。但它们还可以包括：

(1)由于农作制度的改变或劳动力缺乏(如 Hummel，1991)，在一些情况下，营建人工林可以加强个人的土地使用权(Gondard，1988)。

(2)在当地市场短期供给不足的情况下的创收机会(例如，印度 Saxena，1991)。

(3)强调基于林木的资本积累(而不是创收)的投资策略(Arnold，1983；Chambers 和 Leach，1989)。

实际上，这些原因经常是交织的，任何一片人工林的发展都可能是多种因素的结果。

政策环境及其要素

有关如何使用森林和树木的决定，很大程度上是由既定或事实上支配土地使用的政策支配的，具体涉及土地权属、林业活动、林产业和市场，以及承载这些活动的森林转换为其他用途等。最有利于人工林成功发展的情况是，形成协调一致的土地利用的战略并得到同意，土地权属明确且不具挑战性，林业不仅仅被视为使用剩余土地的行业，天然林和人工林的作用相对明确，林产业及市场充分发育且稳定，有相对有保障的对林产品的需求。林木作为种植作物的财务和生物学特性，对于制定和执行相关的造林政策有重要影响。

树木作为种植作物

作为种植作物的树木的突出特征，与农业和园艺业相比，是其比较长的生产周期：在温带国家很少低于 8 年，极少短于 20 年，一般是 50～100 年，对于优质硬木（如栎、水青冈）则更长。成功的造林计划，无论规模大小，均需要在相当长的一段时间内，投入足够的资源，并依赖于有保障的土地使用权，保证树木权属，适当水平上强劲持续的技术投入和市场联动。

财务特性和结果

对于大部分最简单的用于木材生产的人工林（见第一章）的种植，成本计划，种植材料的采购和培育、立地的评价和准备、种植和抚育等，都集中在早期生产阶段，而收获和回报处于生产的后期阶段。年度成本包括税收、保险、森林保护和管理等。

然而，基于现值标准的财务评价，很大程度上受到投资和回报的间隔期的影响，这一时期——对于大多数人工林是指其轮伐期的长度，对于确定树木生长的财务回报是至关重要的。基本的结果是，私人投资于人工林业，只会发生在投资期内经济稳定的条件下（Yoho，1985），而且只会集中于最有财务回报保障的树种和立地上。

因此，经常可以见到政府在实施或促进植树造林中起到主导作用。然而，人工林的财务回报不一定都是差的：McGaughey 和 Gregersen（1988）建议，经营良好工业用途速生人工林的投资回报率应在 10%～15%，与 Elliott 等（1989）和 Whiteside（1989）报告的新西兰辐射松、桉树人工林的8%~12%的内部收益率一致。虽然回报在温度较低、人工林生长缓慢的温带地区可能更多在2%~5%（例如，Wilson，1989；Spilsbury，1990），但它们仍能与其他长期投资的实际回报率相媲美（Leslie，1987）。特定造林项目的回报取决于在多种生物（如，生长量）和经济（如，资本和劳力成本）因素，以及相关的环境（如，保护、景观、水文）与社会成本与效益。

虽然许多国家存在公共或私人所有制问题的激烈辩论（如，新西兰Kirkland，1989；英国Rickman，1991），这更可能是个政治问题而非经济问题。大、小规模的私人投资者发展人工林在许多国家（如，英国RICS，1996）都表明，树木自身经济特性之外的因素是决定投资水平和投资来源的主要因素。安全的投资环境和充足的投资资本可能是最关键的。对于不同规模的私人公司和股份公司，非歧视性的林业税收安排是必要的。在适当条件下为植树造林提供信贷，也是促进人工林业发展的重要因素（Arnold，1983；McGaughey和Gregersen，1985；Brunton，1987）。

上述讨论的一个前提，是假设投资决策主要基于贴现净收益的基础上，这适用于大多数投资者。但这一标准应用的更大范围内的相关性，仍有相当大的争议（例如，Leslie，1987；Price，1993）。在任何情况下，对于许多小规模种植者来说例，与人工林种植相关的风险和现金流量而非基于长周期时间内的净收入，更有可能决定他们的行为选择。对于小面积的人工林的业主，可以保证稳定收入的均衡的林龄分布是非常重要的。工业木材用户与私人土地所有者就木材供应达成协议，往往是成功的（如，葡萄牙），可能涉及木材采购方种植并管理人工林。在这种情况下，通常可以实现更有效和更令人满意的环境和社会优势。

生物学特性及其后果

在适于发展复杂的人工林林业的情况下，树木的生物特性（而非其财务特性），对于种植成功造林更为重要。在树种和经营方案只在很长时间之后才产生回报的情况下，或者不与其他土地用途整合的情况下，后果可能是不适当的。后者可能包括：采集浆果和真菌、通过狩猎或为远足提供愉快的环境创造价值。在有些情况下，复杂的人工林业可能只需要对传统造林学原则进行修改（例如，Gilmour等，1990）。在其他情况下，农林复合经营和人工林的方法是理想选择（例如，Sargent，1990）；在其他一些地方，对只生产木材的树实施替换，转向同时产生有价值的中期回报的树种，是最好的解决方案(如 Keresztesi，1983)。根据树种和造林作业方案，可采取各种农林混作的实践(如，间作套种、林下种植或轮作种植)，这根据特定的情况和需求而定。每一作业实践的相对优点，取决于树木与非林木作物的生物和经济特性与相互作用，取决于当地人熟悉或可引入的可持续的土地使用制度，也与每个选择面临的风险和现金流量相关。"多用途"树种的采用，可能依赖于促进多功能林的技术研发。

土地利用与土地权属环境

土地利用政策及其对森林和林业的作用的显性或隐性表达，是森林规划和管理的基础。保障土地和林产品的权属是人工林成功发展的基础，但这并不意味着森林或其产品在生产期间必须保持在一个所有权内，而是说，应当发挥排他性、可转让性，可分性和可执行性等适用产权要素的作用，实施有效的市场调节(Binkley 和 Vincent，1992；Randall，1987)。

政策制定与种植规划

无论政策背景如何，普遍认为(Barnes 和 Olivares，1988；Douglas，1986；Winpenny，1991)，成功的制订和设计林业干预政策，通常需要投入比以往更多的时间、精力和灵活性。在许多情况下，最终取得人工林事业的成功，取决于政策制定者和规划者对这些政策要求的接受程度。

人工林业的实施

人工林应以可持续的方式发展，实现其生物、经济和社会价值(如 Ascher 和 Healy，1990；Barbier，1987)。虽然定义和评价可持续性有许多困难(例如，Cocklin，1989；Caldwell，1990；Upton 和 Bass，1995)，但该概念描述了一个定义可接受的人工林实践的框架。

在此框架内，有效的规划和管理对于任何造林项目的成功都是至关重要的。两者都涉及到反复设定目标、制定实现目标的替代方法、估计其影响并评估其成本效益、修订建议以及选择、实施、监测和重新定义最佳方案的过程。下面的章节内容中，勾画了成功实施人工林业的需要协调的序列活动。

规划、影响评估和监测

在良好的政策环境、有保障的林木和土地的权属的条件下，人工林成功种植的主要要求是，能够可靠描述土地资源及其生物物理特性、当前用户和使用模式以及相关社会经济问题。信息的表达形式很重要，它必须是所有利益相关方都可以得到的信息(Davis 的案例，1989)。大部分的地理和生物物理数据可以1:10000 比例尺的地图体现；地理信息系统的发展，极大地促进了数据处理和表达，其他信息的表达形式也取决于其个性特点与预期受众。

这些数据是制订供审查的草案的基础，审查通常由适当的国家机构完成，至少由那些受到直接影响，或对发展规划有共同利益认识的个人或团体完成。规划过程在此阶段需要得到评论，并对评论作出回应，这至少会比那些没有这样做的方案更可能获得最终接受。已提出和实施很多的理念和程序(例如，Cassells 和 Valentine，1990；Davis-Case，1989；Knopp 和 Caldbeck，1990)，应对这个挑战。

人工林规划

成功营建和可持续经营人工林要求在各层面实施综合性规划。实施人工林规划的最低要求是(参见 ITTO，1991)：

(1)明确的目标。人工林业涉及树木和森林的管理，以期达到某些既定的人类目标，只有明确目标才能提出并评估适当的立地、树种和技术。

(2)承认法律要求、习惯权利和当地要求，以及其对森林组成、设计和经营管理带来的后果。

(3)事先调查，以确定具有保育和文化意义的地域，同时明确物理脆弱性、景观价值、水文状况，这样的区域应在植树造林过程中保留并免受损害。

(4)人工林设计应保留与地形相适宜的自然植被网络，避免对河道造成损害。进入林地以及用于采伐收获的道路的位置及其建构，在这种情况下尤为重要。

(5)制订整地、栽植、抚育管理和收获方案，最大限度地减少不利的环境影响。减少风倒木和病虫害风险，要求毗邻的种植业主之间的合作(Persson，1975；Burschel 和 Huss，1987)。

(6)制订防火、生物防护和病虫害防治计划。

(7)制订产品利用及营销策略。

影响评价

人工林种植于被简单称为“立地(site)”的物理矩阵中，但立地是复杂的物理、化学和生物因素的综合体。物理因素主要包括人工林土壤，根据地质、地形和海拔不同而有差别。化学因素包括土壤肥力和大气污染。生物因素包括人工林可能影响到的植物和动物群落，或可能影响树木生长的植物群落，另外还有所营建的人工林周边的人类社区。不利的方面，人工林会影响土壤发育、小气候、地表水 pH 值和碳储量等。

无论采用什么目标和管理策略，维护环境质量、融入当地社会和土地使用的做法是人工林发展的最低要求。环境影响评价的典型做法，是按照操作标准和规范编制环境影响报告(Hyman 和 Siftel，1988)(塔斯马尼亚林业委员会，1989；ITTO，1990；1991；Poore 和 Sayer，1987)。虽然已设计了评价与诊断方法的指南(例如，Formby，1986；Raintree，1987；Molnar，1989)，但在更广阔的社会背景下实施人工林工程更具挑战性。以有意义且敏感的方式使用影响评价方法，是评价建议的人工林项目的基础。

审计和监测

环境审计和长期的监测体系，对于客观、量化性地描述人工造林的影响，以及评估树种连作的可持续性，都是必要的。此外，客观的监测手段，不仅提供了侦测长期变化的方法，还有许多短期的管理用途，如制订产量模型并估计未来的产量。它还是检测营养成分不足、病虫害发生，以及其他可能未知的问题或意外发生时间的途径。

已有关于审计和监控体系的设计和实施的文献(例如，Shell 及 WWF，1993)。虽然监测计划启动通常是某个专家的任务，其维护既不昂贵也不困难，但重要的是，外业管理人员赞同它的存在和潜在价值，因此有动力保持它的开展。20 世纪 80 年代中期以来，是否按照重要利益相关者事先同意和接受的标准，参与自愿性的外部独立森林审计的问题，正在有越来越多的关注和争论。基于市场目标进行的森林认证的目的，是提高市场对良好的管理的产品的接受性和市场份额(Upton 和 Bass，1995)。

人工林技术与管理的要素

当代森林经营有一定的两面性：一方面，为大规模的简单人工林研发了复杂的、定量的管理科学。规划和分析方法通常基于数理优化，并用于诸如编制多用途的规划、制定收获表、评价造林替代方案等。Clutter 等（1983）、Dykstra（1984）、Leuschner（1984）以及 Whyte（1988），对有关方法和体系有详细描述。另一方面，在数学建模中固有的简化做法，是很多这类方法的局限性所在，并因对木材生产的强调而饱受批评（例如，Behan，1990；Maser，1990）。

与此同时，越来越多地认识到同样复杂的传统经营体系（尽管是定性）的价值，以及它们建立的管理实践的发展价值。人们逐步了解这些体系，并对它们与社会间的相互作用进行研究（例如，Arnold 和 Stewart，1991；Arnold，1991；Cook 和 Grut，1989；FAO，1985）。这种不断发展的理解极有利于复杂人工林业体系的发展。无论活动简单与否，如图 1-5 所示（第 14 页），人工林业技术要素的作用应得到发挥。

这些活动的实施源自并发生在上述的规划、评估、监测过程的背景之下。虽然每一活动均可以表达、讨论并独立实施，但只有它们整合到一个协调的系统，人工林的发展才能成功。林业管理人员总是不断选择不同的造林和管理方法，以在特定林区的特定情况下实现不同的产品和效益搭配：没有一个适合于所有情况的理想的作业法。在具备必要的资源和专业管理知识的情况下，人工林的生产力是可以提高的；在干预措施不确定的情况下，对人工林的期望和依赖应降低。

成功的人工林

因此，成功的人工林依赖于一系列技术要素，在更广泛的经济、社会和文化背景下的协调应用。每一片人工林在一定程度上都是独特的，在特定的立地条件下发生的。虽然成功的人工林的基本原则早已建立，但其成功应用到具体情况，需要明智的解释和知识技能上的适应。因此，成功的人工林是针对特定的种植计划的，需通过大量持续的研究和开发支持。但是，正如 Byron 和 Waugh（1988）就更广泛的森林资源的情况所指出的，政治经济问题是比基本技术问题更重要的决定造林计划的本质和成功与否的因素。

不幸的是，发展项目的评估通常集中在财务和技术影响方面，而不是更广泛的环境、机构和社会方面的影响（Barnes 和 Olivares，1988）。

因此，对人工林发展建议的分析，应首先要解决这些问题，只有这样才可以进入下一步，即考虑确定适当的科学和技术干预措施。

人工林业的改进

本章前面的部分概述了人工林的性质和背景。其余部分将讨论如何改进种植的森林，包括在社会和经济的作用方面，以及在其技术实践方面。

简单人工林

人工林业的含义，是指对简化森林系统开展相对的集约经营，生产一系列产品。就单位面积木材生长量来说，管理良好的简单人工林的生产力比大多数天然林系统高出多倍。目前许多国家的人工林是其生产性森林资源的重要组分。事实上，预期人工林产品的市场份额将不断增长。人工林的财务回报可与替代性的可持续土地利用选择媲美。

这样的人工林业要求苛刻的资源投入。其结果，它越来越集中于那些本质上属于最有生产力的立地上，集中于那些在环境和社会价值不可能有偏见的地域上。这意味着其产生的影响的幅面变得狭窄，意味着更为集约的造林经营计划，开展在遗传改良潜力巨大的地方，在林地基础稳定和安全的国家和地方(Bingham，1985；Gauthier，1991)实施。

复杂人工林

在许多其他情况下，人工林业具有更广泛和更综合的作用。这种更复杂的人工林业形式，在目标、树种、管理制度和权属安排方面，与典型的简单人工林林业截然不同。其主要特点包括：

(1)与其他土地有更亲密的关系，而目前典型简单的人工林业中的人工林和其他土地利用之间有明显的差别。人工林和其他用途之间的“界限”，随着人工林业的发展越来越复杂，将变得不那么明显。

(2)在人工林业概念形成和实施的过程中，在分享其利益和产品的幅面，当地民众有更直接的参与。简单人工林业的特点是有限的参与，例如，劳动工资，或排除当地人等(如 Douglas，1983)。参与性规划的方法、管理和使用，目前已有越来越多的知识积累，相关研发和实践(如，Arnold 和 Stewart，1991；FAO，1985)使一些人工林业工程更加体现自身特点(如 Gilmour 等，1989)。在某些情况下，改变权属安排有助于复杂人工林业的发展(例如，Arnold 和 Stewart，1991；Sargent，1990)。

(3)更复杂的树种组成和林分结构。典型的简单人工林是同龄单一种植，不连续地生产类似的产品。复杂人工林可能包括了树种优化组合，产生更加多样化更连续的产品流。但这并不一定意味着对树种进行多种经营(例如，农林复合经营)，虽然这在一些情况下是适当的。在其他方面，相对较小地块上的树种镶嵌种植可能更容易管理，也生产所需的各种产品。

实施复杂人工林业面临的最大挑战可能是必要的理念的转变，对于政策制定者和森林管理者来说，是一种“范式转变(paradigm shift)”(Gilmour 等，1989)。然而，令人鼓舞的是，对于建立不同情况下复杂人工林潜力的认识及其实施在快速增加。例如，西班牙对于桉树人工林的设计和管理正在促进一系列混农林业措施，生产包括锯材、蜂蜜、桉油等产品，而不只是纸浆材。在英国，新的“国有林和社区森林”(农村和林业委员会，1991)主要通过人工林经营的生产木材，但其设计和经营在强调游憩、美学和保育价值，这在许多私营森林中得到实践(RICS，1996)。人工林还被用于“碳补偿”增加碳储存，以生产短轮伐期矮林可再生能源的形式弥补西方国家的能源消耗(第十五章)，温带国家造林比率增加也部分补偿了对热带林的砍伐。

结　论

人工林业发挥适宜作用及其未来前景，在不同国家以及在同一国家的不同地域，是不同的。虽然林业活动有全球性和区域性协调的前景，但关于具体的人工林业工程的明智决定，只有在接近资源使用者的水平上才可以做出。人工林工程及其前景的战略回顾在国家一级是很常见的(例如，Dargavel，1990)，提供了链接国际机遇和关注当地经验、可能性和限制因素的渠道。因此，下面的结论提供一个制订政策、科学研究与业务实施的框架：

(1)在最合适发展人工林业的地方，土地和林木的权属是毋庸置疑的，而人工林可持续经营体系可以满足工业目的和非工业目的双重需求。简单的人工林业注重工业木材生产，并将越来越集中于靠近加工设施的高生产力立地，集中于有相对稳定的经济预期的国度。

(2)在其他情况下，对于复杂人工林业的投资比对于简单人工林系统的投资，更容易满足社会对森林资源的需求。这意味着，需要重新定义人工林业发展的目标和原则，把可产生更大范围产品的更加综合性的土地利用形式包括进来。

(3)出于以上原因，应在更广泛的社会背景下制定人工林发展计划。混农林业参与式方法提供了一些这方面的指导。社会和环境影响评估及受影响群体对于它们的接受，是人工林成功发展的先决条件。

(4)人工林业的投资决策，应实施广泛的种植业绩和替代方案的经济评估，而不是像过去那样只进行狭义的财务分析。不断发展的基于可持续发展要素的经济评价对此有很大贡献。

(5)人工林业计划的概念形成、规划和实施，必须强调灵活性和适应性，以此形成人工林业的财务特征。

(6)跨学科研究是成功实施人工林业的基础，在人工林设计和营建之前，以及在整个人工林生命周期内都是如此。这样的研究将确定可能的人工林造林的经济、社会和环境背景，巩固其造林学优势，并充分运用世界大部分地区已经获得的大量的科技信息。农林复合经营和人工林业方法和技术的整合有特别的价值。

(7)有资格、有动力、有胜任力、富有想象力的施业工人，对当地需求和期望具有敏感性，对于人工林的实施、监测和适应性发展是必不可少的，尤其是当人工林变得更加复杂时。对于他们的教育和培训应强调识别和分析争议和问题的技能，包括社会问题和经济问题，强调必要的科学理解和技术能力，以改进、营建、维护和监控人工林林分。

人工林业的发展历史相对较短，其特点是强调木材生产的科学和技术需求，这些需求在许多情况下已得到成功开发和实施。然而，人工林种植计划的经济、环境和社会影响一直得不到足够重视。人工林业对大多数社会群体的潜在贡献，只会在其目标得到扩大、其做法实践与其他土地用途融合的条件下才能实现。因此，未来的挑战是，建立与人工林业相关的更大的经验库和信息库，引导人工林业朝着比过去常用的更为广泛的目标和做法方向发展。

第四章
人工林的布局与设计

人工林的布局不仅需要考虑到对人工林自身健康和经济状况的管理，还应考虑更广泛的土地使用问题。这对于大规模人工林开发尤其重要。森林已不再被视为一个仅仅有物理、生物和经济潜力而可以生产木材的地方，或者一个需要保护功能设计，以免遭火、风破坏并提供出入通道的地方。当今，人工林的经营者不仅是土地的承租人，还是多种其他价值和可能用途的保管人。这一认识强调的是，明智地使用专门用于发展人工林的土地是一项责任。森林有视觉和审美价值，是许多野生动植物的栖息地，还们有其他经济和社会功能，包括游憩、蓄水、狩猎和农业功能等。森林还可能包含有重要的考古特征，或许异常珍贵的景观的组成部分。这些价值可能与作为一种经济作物生产木材实现平衡方面有冲突，这样就必须作出妥协。

影响人工林其他诸多价值的一个主要措施因子，首先是应在哪些方面种植，哪些地方不应该种植。其次的考虑是，树种和树龄需要有变化，以适应良好的园林绿化和保育的原则，促进野生动物的管理，改善林地的景观效果等。在人工林设计中，无论是新的造林计划和还是对现有林的采伐改造，都需要通过调查为决策提供依据。

对森林的设计没有一个标准方案，原因是每一片林地都是独一无二的。对于一个国家、一个地方合适的方面，不一定适于另一个国家和地方，原因是经济、立地、地形等条件都有变化。然而，许多国家公布有业务指南，例如，林业委员会（1994；1995）和国家林业局（1989）提供建议或制订最低实践标准，特别回答了涉及保育、景观与环境等的敏感问题。对需要考虑的主要因素作如下讨论。

哪些地方不能造林

本章的主要分析介绍调谐营林措施与森林诸多效益的良好实践。然而，需要首先考虑的是，由于原先已存在的价值(比如，特殊的保护遗址或考古遗址)，人工造林应该避开这些地方。全面、及早与有利害关系的当事人协商是必要的；其他方面的参与，甚至是法定磋商，通常也是取得造林补助的一个条件。

通道设计

需要为车辆修筑通往森林和森林内部的通道，一些立地土壤不牢固或地势高低不平，但栽植、抚育和采伐作业离不开作业道。有时还需要建设飞机的着陆场地。

林道(forest road)

林区公路的主要功能是服务木材采伐车辆的出入。最终的道路网络的建设有时会延迟到在采伐开始之前完成，但既便如此，在栽植时也需建设一定密度和标准的林道，为劳动力和原材料的出入提供便利。

Johnston 等(1967)对道路规划的考虑迄今仍可说是周全的，而更为新近的信息反映于 Hibberd (1991)的贡献。对道路密度的要求，取决于可能使用的采运设备，而设备的选择往往取决于地形。现代的缆索起重机、集材机(skidder)、采伐机，使采运距离比使用马匹和农用拖拉机采运的时代更长了，但道路建设和良好操纵性的标准提高了，可以满足大型、复杂车辆的需要。由于技术是不断变化的，关于理想的道路网络的决策，不能停留在采伐数年前的认识上：例如，在选择方案上，马匹采运适用于斜坡底部的林道，而缆索起重在坡顶最好。在缓坡地形上，集材机已经取代了缆索起重机，对这些集材机来说，在坡地筑路是较理想的，对于现代轮式装载机(forwarder)，较好的位置大体上位于缓坡中间的某个地方。

在决定道路间距时，主要考虑减少木材从采伐点到市场道路运输的总成本。在这种情况下，每立方米从采伐点到公路的采运成本应等于道路建设与养护成本。因此，在造林的时候是很难评估最终道路网的最佳间距和位置的，但常可以尝试为之，以期造林时为未来的林道留出空白区。道路调查是困难的，如果建筑林道时打开一个现有的林分，林木就会遭受风折的危害。

影响道路规划的另外一个因素是在路边提供作业区，与公共道路系统连接，并服务于开展农作活动和游憩休闲。在可能的情况下，应当让道路穿过生产力最低的立地，并以尽量减少土壤侵蚀的方式建设。

未种植的道路留白的宽度，应足够容纳道路本身和任何相关的排水需求。其宽度还应防止由于路面遮阴过大，造成路面在持续潮湿的时候功能恶化。如果还能考虑到风折、火、体育运动或保育的因素，加宽道路边缘的做法是可取的。

作业道(rides and tracks)

除林道外，还需要建设不加铺装的在森林内出入的道路。它们可能是未来的林道路线或简单的为履带式车辆和其他越野车提供方便的路线，也为人们步行出入提供方便。其宽度不等，有宽达 10m 的岔道(ride)，也有只足以车辆通过的窄道(track)。

随着机械化作业的发展和飞机使用率的增加，未铺装道路的理想密度有大幅度下降的趋势。在 20 世纪 60 年代，英国和爱尔兰的许多山地上，每 12~14 行人工林需要留出空白，用于地面机械施肥和最终的木材集运(Dallas，1962)，现在通常采用飞机空中施肥，采运可以在根桩上进行，这些留下的道路线都废弃了，地面不美观也浪费土地(见第 49 页图 4-2)。事实上，在恢复林木密度时也没有试图保留这些道路系统，往往导致作业道的面积减少 8%~15%(Hibberd，1991)。

一个常见的做法是，环绕 $25hm^2$ 的林班建设一条岔道，其内大约每 $5hm^2$ 建设分支便道。另外，通常每 $15hm^2$ 人工林建设大约 1km 的铺装路面的林道。

林　火

人工林减少火灾蔓延风险的一个设计要点是，为防火提供道路系统，同时设计可燃物相对较少的防火道防止林火蔓延(见第十三章)。

防火道至少 10m 宽，通过栽植安排、使用除草剂、火烧、割草、放牧等使之远离易燃植被。当今，它们主要建在森林外部边界，以防止火灾蔓延进入林内。防火道也常被建于林内，但它们会成为风渠提高风速，形成剧烈的风湍流加重火灾，因此会增加而不是减少火灾穿过森林的风险。设计要打破大面积种植的相对脆弱但本身不易燃烧的树种(如，许多阔叶树)的作业区块，形成优化方案。沿着难以避开的内部通道(包括林道)的边缘种植的树木，有时需要做特别处理，包括实施低修枝、修剪、强度修枝等，以减少林火穿越的风险。林火在通过同一树种和同龄人工林时常会自由燃烧，但遇到不同树种、树龄的林木时可能会停止或降低火势。在火灾风险高的地方，需要避免大面积均一人工林种植。

然而，这些静态措施从来都不能形成第一道防线。与邻居和当地社区保持良好关系，快速侦测到火灾的发生，以及同样快速的响应能力是更重要的。

稳定性

如在第176页指出的那样，对于风折风险较高地区的森林，审慎的设计可以减少潜在破坏。这包括：对立地边缘实施特殊处理，特别是内部道路线的边缘。保护性的防火带的许多特色功能也有助于提高稳定性。

水 质

到达溪流、湖泊和水库的水的纯度，会受到新种植的人工林及相关管理措施的不利影响。首先，在一些基础薄弱、缓冲能力差的土壤表面上，由于树木叶面强大的捕捉空气污染物能力的增加，地表水会发生酸化。虽然不是污染的原因，但有时也会导致树木所调节的溪流水的化学变化。其次，施肥增加的养分可以导致湖泊和河流的富营养化，在极端的情况下，发生水华(algal bloom)现象，水的氧气含量减少，导致鱼类和其他水生生物死亡。藻类也会阻塞水处理设备中的过滤装置。第三，虽然与农田相比，森林覆盖率的增加导致硝酸盐淋失的问题更小，但部分营养物质(如，饮用水中的硝酸盐)的水平过高对健康仍可能是危险的。第四，耕作、排水、道路施工等作业增加沉积作用，减少水库库容、阻塞河道，并对野生水生动物造成伤害。

在很大程度上，这些影响可通过认真实施造林设计并关注可能造成的损害作业措施，加以消除。道路的布设与施工方法，排水的频率和坡度的设计应以减少侵蚀为目标。如在紧邻水道的过滤带或缓冲区种植过多灌木和树木，会产生酸化和养分富集的问题(林业委员会，1993)。

其他的不利影响最有可能发生在采伐刚刚完成后及造林时，此时对土壤的扰动是最大的，养分从分解的植被和枯落物中快速释放。在轮伐期开始和结束时，沉积是最有可能发生的。在林冠郁闭和皆伐之间的长时间内，森林保持养分、保护土壤的作用是有效的，其酸化效果只在缓冲能力差的土壤的酸度超过临界载荷时才会显现。如果进行小面积种植或具有广泛的龄级分布，风险就会进一步降低。在一般情况下，森林覆盖比农业用地造成的污染要少。

野生动植物保育

采用人工林取代天然或半天然森林时，森林植物和动物的多样性常常下降。在裸露土地上种植人工林是相反的情况。例如，在英国贫瘠荒地上营造了针叶林的地方，鸟类的多样性增加，但一些物种也失去了。在各种鸟类之中，秃鹰（*Bueto bueto*）把森林作为避难所或在森林里作巢，但它们需要在大面积开阔土地上狩猎觅食。其他鸟类，像云雀也依赖空旷开放的栖息地取得食物和巢址，它们随着林木覆盖的增加而消失了（Moss，1979）。

然而，需要强调的是，当今的人工林既不应该以牺牲天然林为代价，也不应在有固有保育价值的立地上种植。涉及生物多样性（主要是环境保护方面的）的国际公约，提高了人们的意识水平，并对人工林业的应用进行了限制。很多专家指出，植树造林有助于创建新的乡土森林，实现生物多样性保护的目标（Rodwell 和 Patterson，1994；Peterken，1996）。

主要用于木材生产的森林，可能是一个国家最大的野生动植物资源库，经营管理人员在保护这些野生生物中承担重要责任。有时对营林措施进行很小的修改就可能产生惊人的效果（Steele，1972）。几乎所有实施木材生产的森林，都可以改善野生动植物的栖息地。Ferris-Kaan（1995）和 Peterken（1981）对确保生物多样性处于自由生活条件的措施有详细研究。这些措施包括：保持合理的树种多样性、结构多样性、林冠层、龄级，保留特殊的栖息地，保护森林免受过多的干扰。

鹿的管理

虽然森林是许多动物的栖息地，但对人工林设计产生影响的温带动物只有鹿。自20世纪80年代以来，许多在低地地区新营造的人工林为鹿的数量增加提供了理想的保护条件。另外，其他有蹄类动物在全球温带也在增加。就鹿来说，需要设法限制它对树木造成损害，同时也要加强经营以便获得经常性的狩猎收入。当然，它们还是公众乐见的野生动物，因此可接受数量的保护是经营管理的一个重要方面。

如不加控制，许多种类的鹿都会造成相当大的破坏，包括啃食幼树、剥树皮，还磨损树干。它们会损坏本令人满意的造林成果，并引发病虫害。在鹿的数量过多的国家，它们被视为严重兽害（Konig和Gossow，1979；Cooper和Mutch，1979），需要将种群数量保持在可接受的水平上。可以肯定的是，鹿的存在总是需要额外成本的，因此，不应将其引入它们不存在的其他地区。在英国，马鹿（*Cervus elaphus*）、狍鹿（*Capreolus capreolus*）、黇鹿（*Dama dama*）和麂（*Muntiacus reevesi*）可能是除风害之外的对林业活力影响最大的因素了（图4-1）。在大林区里，鹿的数量可在一定程度上，通过可食饲料与植被覆盖度比例及时空分布，加以预测。它们是决定鹿种群数量水平的主要因素（Thomas等，1976；Ratcliffe，1987；Ratcliffe和Mayle，1992）。

图4-1 马鹿对欧洲森林造成严重损害（Crown版权）

不考虑鹿种群的生态需求而实施森林布局设计，会造成对鹿的无效管理，还导致筑造围栏、难以猎取等方面管理的开支增加。

良好的森林设计可以最大限度地减少破坏，并使任何必要的狩猎活动可以相对容易地进行，甚至盈利。

虽然种群动力学、社会行为以及鹿种与其栖息地的相互作用等领域都有了长足的知识进步，但对于构成有效的森林设计内容的详细认识仍然不明朗。对鹿的管理充满了既得利益、民间传说和情感，立法上经常有争议，对事实陈述简略并难以确认。一些鹿的品种通过粪便颗粒计数，就可以相当准确地预测其数量，从而，在假定已经明确种群生物状况的情况下，可以采取减少种群数量的措施。在英国，建议的鹿种群水平的减少量已几乎减半，原因是发现鹿的出生率远低于以往的猜测（Ratcliffe 和 Mayle，1992），这也表明先前建议的接近 40% 降减水平从来就没有实现过！

在狍鹿和其他鹿种被有效控制的地区，一项规定是，至少保留 $4hm^2$ 有利于牧业的面积不实施造林，偶尔还要通过施肥改善立地状况。这些地区可能包括乡土树种林地、溪流岸边和路边（Prior，1983）。将这类地域选址于人工林边缘是有益的。Holloway（1967）指出，在俄罗斯，麋鹿对针叶林和欧洲山杨（*Populus tremula*）造成的破坏比对针叶纯林造成的破坏更为严重，而沿着河道种植柳树可以减少对周边松树的破坏。如果实施间伐的时间和食物最为短缺的时间重合，就可以提供大量的啃食倒下树木的替代机会。对于树木的啃食也可以通过保留非种植廊带、已充分啃食的幼林以及老龄林分，使鹿在高地与低地之间移动加以减缓。对于某些种类的鹿，需要将传统的路径纳入森林岔道布局。有益的做法是，故意种植一些鹿喜爱啃食的灌木和乔木树种（如柳属），但需要仔细选址并考虑其树木数量适合于动物密度。此外，一些树种比其他树种更能够在损伤后恢复。花旗松在树皮剥离后其伤口会迅速结疤保持木材不腐，而云杉则更易腐烂。

首先需要注意的是，降低鹿种群的数量必须精准实施。一些鹿种更容易实施树皮破坏。减少这类鹿的数量就可以减少对树木剥皮造成的破坏，另外还可以通过狩猎减少其比例和数量。占地域性主导地位的雄鹿（territorial bucks）常对稳定种群总数产生影响。它们会阻止待交配的雄鹿进入领地，而待交配的雄鹿会在交配季节展示自己，极力啃食树木造成严重破坏。因此，选择性狩猎可以很有效地减少破坏，而不加甄别的狩猎会使境况变得更加糟糕。

对易受影响的地块建设围栏通常是最后一招。这不仅昂贵，而且在很长时间内无效。化学驱避剂（Pepper，1978）和对单木设置各种类型的遮挡保护，可以有效地防止对幼树的破坏，但却成本高，只能对少量需要保护的树木采用。

对于大多数的人工林来说，在设计阶段就考虑未来对鹿的管理，是减少遭受破坏程度的重要一步。不幸的是，重组单调规整的人工林，创造更加多样化和有吸引力的森林，对于鹿也常常是有利的。对于它们的审慎管理，是实施多功能林业的现代务林人必须拥有的诸多技能之一。

景 观

多数人认为乡村景观是永恒的，极力反对对其作出的任何变化。因此，在裸露土地上种植一片森林，或随后对同样的森林实施采伐，都会引起公众的反感，而在自然景色优美的大面积地域造林，可能遭受直言不讳的批评。这类反应的一个早期例子是，Symonds(1936)批评在英国湖区(lake district)的造林活动：

“这些人工林是些连续几平方英里的方块。但凡有色彩的地方，颜色首先尽被隐藏，然后被溶解掉；随着树木形成林冠，草本、苔藓等消失殆尽。岩石和石子，蓝色的、灰色的还有紫色的依然存在，但却被淹没了。能看到的是，死板单调的云杉排列，深绿到呈现黑色，鹅步走到被采伐的边缘。它们的颜色事实上全年都平淡而稳定：针叶树永远没有辉煌的春天和秋天。落叶阔叶树因反射阳光而现生机，但这光芒却在荫郁中湮灭了：在明亮的风景下，森林多么像一块强力吸墨纸啊。”

对于考虑不周的造林绿化可以破坏景观的认识(图 4-2)，导致许多森林管理机构自 20 世纪 70 年代以来，咨询合格的景观规划师。首当其冲的是英国的 Crowe(1978)，他的出版物成为风景原则的宝贵工具。虽然对构成有吸引力的土地景观有共识，但要分析景观组成后设计符合广泛持有的观点的森林，就不那么容易。Lucas(1983)讨论了景观设计的 5 个要素：形状、视觉力、尺度、多样性和统一性(图 4-3)。成功整合的基础是了解景观，之后根据其特性设计森林及作业措施，使之呈现更多的自然特征。

景观在两种意义上是重要的。森林必须融入乡村的总体格局，但内部视野或眼前的景致也是重要的。随着地形呈现起伏状，森林和乡村融合效果提高，原因是森林的形状和结构总体上是更为可见的。近景在平坦和丘陵地区是很重要的，尤其是在用于游憩的地区。这里，景观的多样性增加了：包括物种多样性、树的大小、开放空间、密林，还有走出林地后的视野。

图 4-2　英国在 20 世纪 60 年代常用的造林模式

在这里，每 12 行林木之间建设一个通道，以便于地面机械出入开展施肥等作业活动。直升机的使用已使该难以看见的做法完全不必要了

林业委员会(1994)列出了 6 个关键的设计原则，所有这些原则都影响到造林及其他决定：

(1) 形状。合适的形状是重要的。人工的几何形状和不协调会伤害景观。

(2) 视觉力量。对于森林形状的设计，常常通过抬升谷地、弱化坡地和山脊创造统一协调的关系，强化地形特征，反映林地的自然发生状况。

(3) 规模。森林的规模应反映景观的尺度。这很大程度上取决于观察点。在整个山坡上实施铺地毯式的一个山头一个山头的造林绿化，有可能严重伤害当地的个性。

(4) 多样性。应鼓励树种、年龄、林分组成和其他景观特征的多样性。通常情况下，适地适树地审慎选择和匹配树种，可以起到改善景观的作用。如果有关工作做得好，良好景观和良好森林培育之间几乎没有冲突。

(5) 一体性。运用以上方面，有助于创造与景观“协调一致”的森林。通常情况下，森林和林地应与景观融为一体，而不是整体上与景观冲突，还应具备互补的质地和颜色。

(6) 地方精神。精心设计的林地会增强而不是削弱地方特色，增强其专有性。

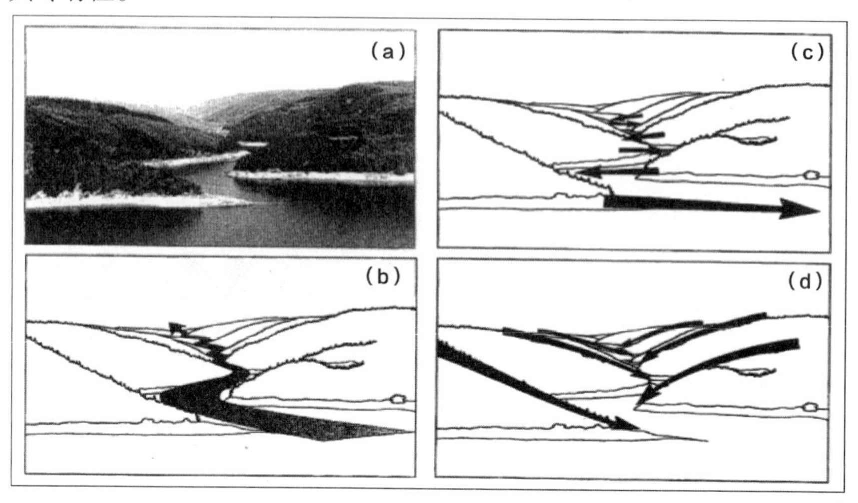

图 4-3 视觉共鸣型景观设计：眼睛和思维以可预见的动态方式对视觉力量做出反应。森林形状的设计，跟随地形视觉力量，在谷底和山脊坡地间起伏，创造一种高低间的融合。

(a) Llyn Brianne, Dyfed；(b)视线被拉扯，于坡地之间跳跃；(c)不同坡地看上去被结合在一起了，每一块坡地都嵌入对面的港湾中；(d)视线被下拉到坡面上。(本图引自 Forestry Commission, 1994)

游 憩

在所有的户外活动中，前往乡村最受欢迎，而造访森林是最吸引人的活动之一。森林里有许多形式的游乐活动，包括观光旅游、野餐、散步、野营、教育，如果精力充沛，可参加定向运动和各种形式的狩猎。每项活动对于森林及其设计都有不同需求。

通常情况下，游憩对木材生产的影响是微不足道的，原因是只有极小面积用于满足大量的人流和汽车的需要。一般来说，使森林具有吸引力的游憩功能的特点和良好景观和保护区所具有的特点是相同的：都应该包括大量的多样性、成熟的林木，边缘和水的价值很高。对于幼龄针叶林的主要批评是它们密度过高。在植距很大的情况下遇到的反对是很少的，但在高密度的情况下，在林龄相对较低的林分里，阴暗的环境通常被认为是既碍眼，又不招人喜欢。这种境况会随着时间的推移和疏伐活动的推进而改善。面对营造林的约束因素，需要与正常水平相比，在提高疏伐强度的同时将疏伐时间提前，而保留超过经济轮伐期林龄的树木，至少应在紧邻受欢迎的野餐地点和观景点这样做，并更加意识到防火的需要。一些地域的通道可能需要改进，游客会因难以前往某些地方而信心受挫。地表植被覆盖可能需要增加。

营造的以服务社区为主要目的人工林，需要进行详细的规划、磋商，与当地利益结合是基本要求，例如，Agyeman(1996)提出，"营林活动涉及社区……实施社区参与"。

法正林与森林结构调整

在传统的森林经营管理中，"法正(normality)"是指基于森林面积的均匀的龄级分布，既包括新营造的森林，也包括到达轮伐期年龄的林分。更确切地说，它意味着，对森林的经营管理，可以产生每年度相同的生产量，并可以保持在一个稳定的可持续水平。这一概念可以扩展到基于树种、径级、年收入和年度劳动力要求的年产量的法正。

在几个世纪前，法正性被认为有极端的重要性。当时，木材的长距离运输是不可能的，因此，当地的人口和产业依赖于可持续的木材原料供应。然而，当代的部分经济学家(例如，Johnston 等，1967)认为，法正性与可以实施廉价有效的内部运输的地方几乎不相关，原因是没有一个行业或社区只依赖于可以定期供应原材料的某一片森林。显然正确的是，大型林业企业能够甚至能够通过采伐远距离的森林实现原材料供应。不太正确的是，私人业主依赖林地获取收入，而森林本身面临相当大的风险，随时造成各类损失并可能造成经济后果。

本章和其他地方讨论了森林设计的诸多方面，赋予法正林多样性措施的优势，而这并不影响其生产量和收入稳定、就业可持续的传统优势。出于这一原因，可以借第一个轮伐期到达采伐年龄的机会，在实施部分采伐同时推迟其他采伐，以调整种植结构(Evans 和 Hibberd，1990)。虽然这不是传统的营林方法，但可使人工林实现更高水平的"法正性"。

法正性保证了遭受严重风、火、病虫害风险破坏的森林的比例，在轮伐期内处于最低水平，原因是林分只是在其生命的特定阶段，对任何一种形式破坏都具有脆弱性。此外，创建富有变化的森林覆盖，能确保保育、舒适性、游憩功能尽可能奏效。森林中发生的异常性的灾难，会产生直接的经济后果，量化环境造成的破坏比较困难。过于严格地坚持法正性的主要缺点是管理僵化，但这是很容易通过一些措施加以避免的。例如，考虑5年(而不是每年)的林龄系列。

把新的种植面积扩展到整个轮伐期或者一个轮伐期的大部分，往往是难以操作的，但令人满意的接近法正性的状态是可以实现的，甚至在第二个轮伐期末时无需刻意重组，即便在面积相当小的森林里也是如此。这是通过在不同生产力水平的立地上，优化安排不同长度的轮伐期、安排不同树种、时时安排采伐部分近熟木和风倒木，并考虑延迟部分采伐实现的。

森林经营保持不同龄级(如可能的话，不同树种)的镶嵌布局，应成为营林专家的一个重要目标。

正如 Malcolm(1979)指出的，面对环境波动、生物危害以及人们不断变化的需求，不能预期人工林在功能上成为完全稳定的生态系统。异质性是衡量森林克服各类波动，使森林保持持续的生产力而具备的弹性措施，异质性也使它们能够更容易地响应市场变化、社会态度和投入水平。

适当的设计是至关重要的，如果成功实施多用途森林经营，其对多数人的价值和享受水平，就会被创造出来。人工种植的森林就变得不那么像农作物那样，而更像明智地经营的林地，能在生产木材的同时产生其他多种产品及效益。

第二部分

人工育林的原理

第五章
整　地

土壤是影响人工林的成活和生长的主要因素。土壤为树木提供合适的生存环境，锚固树体，并供给树木健康生长所需的水分和矿物质。适度排水并矫正土壤断面排水不良状况，是实现有林地潜力长期改善的两大重要方式。通常情况下，这些方式对树木的生长力和稳定性均有很大益处。幼树的存活和生长受到紧邻新栽树木和周边环境的影响。除排水以外，还可通过地表垦耕、减少对水分和养分的竞争，以及提升透气性和土壤温度促进根部生长等措施达到改善的目的。

在欧洲很多地方，树木存活和生长的物理条件都能得到改善。欧洲北部和西部降水量很大，常导致积水或不透水的泥炭地，这种土壤上在排水前是无法生长植物的。季节性洪水发生在河岸和地下水位高的平地上。早前的农田土壤有时紧实度过高，需要垦耕。事实上，如果不进行一些整地措施来改善抑制树木存活、生长或两者兼具的限制条件的话，成功植树造林几乎是不可能的(Sutton，1993)。当然，对一些土壤来说，整地是不必要甚至是无益的。沉积土壤便在其列，如果其有机层被去除，它很快便会变干。

通常认为，旨在实现土壤长期改良的土地整治与那些只有暂时效应的干预是不同的。长期治理措施包括：深层排水、犁耕以打破铁磐土、对浅层泥炭土壤进行浅耕以确保根系能够深入到矿质土壤，以及修复废弃的露天矿区(见第十四章)等。具有短期效应的治理措施有：块状翻垦、圆盘耙开沟(图5-1)、在造林年份堆土改善立地条件等。

竞争性植物对幼苗的供水有重要影响，但可在其生长早期阶段通过松土及除草剂的使用加以控制(见第八章)。消除竞争性植物通常是整地的一大目标。各地自然植物的竞争力有所不同。肥沃土需要进行土壤翻垦及成本昂贵的除草工作。人工林在贫瘠土地区无需除草常可发育良

图 5-1 瑞典工作中的松土机

好。而在渍水地区保留自然植物是明智的，因为它们可以起到耗水的作用。

土壤状况和树木生长的交互作用

任何形式的整地会对以下方面产生影响：
(1)水分运动；
(2)土壤含水量及土壤水分有效性；
(3)土壤透气性；
(4)土壤温度；
(5)土壤质地；
(6)土壤紧实度；
(7)养分有效性，特别是氮素；
(8)竞争性植物及害虫；
(9)整个人工林或造林工程的成本。

整地也会产生一些潜在的严重有害影响，其中包括：侵蚀速率的提高、养分淋失以及疏忽导致的生境破坏。因此，整地工作必须要精心规划，严格限定实施范围。英国林业委员会制定的全国的环保实践指南(1993)，介绍了整地的强度和类型，其中包括排水渠的布局和选址以及对缓冲区的处理措施。

调节土壤含水量及土壤水分有效性

土壤透气性

根部要生长良好，土壤必须透气。土壤空气与大气之间必须以足够的速度进行气体交换才能防止氧气缺乏。土壤微生物也要呼吸，在通气有限的条件下，它们会与高等植物的根系竞争氧气。水分过多会导致缺氧，使树木根部供氧不足；但水分过少或不规律供水，则会导致树木生长缓慢。

季节性涝地

当一地突然遭受涝灾后，由于土壤孔隙中的水气置换及微生物吸收剩余溶解氧，会在数小时内形成绝对缺氧条件。这使得需氧根呼吸减少甚至停止，导致部分树木根系在数天内生长缓慢，蒸腾移位甚至死亡。对洪涝敏感的树种的根尖经常受损，因此，当通气恢复后，生长只能是从靠近茎的部位恢复。即使最耐涝的树也要55%~60%的部位摆脱涝害后，根部才能活跃生长。通常来说，阔叶树比针叶树更加耐涝，尽管二者的恢复幅度有所交叠(Gill，1970)。一些树种的根部在缺氧条件下会产生有毒化合物进而加速死亡，这包括乙醇和乙烯(Coutts和Armstrong，1976)。缺氧条件也会使土壤本身产生对植物根部有害的物质，其危害性甚至甚于缺氧，其中包括还原铁、锰化合物和高浓度的二氧化碳及二硫化碳。

树木对涝害的适应

Crawford(1982)对根的耐涝机能进行过评论。通常从三种机制对其进行解释，其中，两种涉及新陈代谢；一种涉及解剖学(Coutts和Philipson，1978b)：

(1)对土壤产生的毒性物质浓度的忍耐；

(2)缺氧呼吸的代谢适应和无毒物生产；

(3)内部氧运移以维持需氧呼吸并氧化根际的有毒化合物。

英国湿润土壤上最常种植的两个树种北美云杉(*Picea sitchensis*)和美国黑松在这些方面就显示出巨大差异。经过一系列试验，Coutts和Philipson (1978a，b)及Philipson和Coutts发现松树的根可以扎入易受洪涝灾害土壤更大的深度。究其原因，在不间断水涝的条件下，松树的根产生许多大的充满气体的腔孔，而云杉却没有。许多其他湿地树种也有类似的扩大细胞间空隙及相对较低的土壤氧需求的情况，这些树种有杨树、柳树、红树林(mangroves)，以及生长在通气不足条件下的欧洲赤松。这些细胞空隙使树木内部可以进行氧的输送。

对于一些树种来说，氧气是从树叶进入枝干和根的。然而，对大多数木本植物来说，茎基上的皮孔或透气良好的土壤里根部的皮孔是更重要的氧气摄入口。在湿润土壤中，皮孔在地下水位以上的根系上迅速扩散。其他机能也是存在的。例如，美国黑松(*Pinus contorta*)的根在地下水位以下1米深仍生长无损，这已超过了公布的内部氧气输送的距离。耐涝树木中发现的其他解剖变异有利于根部通气及乙醇去除，其中有板根、出水通气根、不定根和根系分支。

细质土壤的问题

在泥炭地及深层细质土壤(例如，黏壤土和地表水潜育土)中，由于地表积水过多，毛细作用通常导致透气性降低。无论树木是否耐涝，即使是在排水区，由于缺氧问题，根系通常很浅且严格限制在地表(表5-1)以下10cm左右(Lees，1972)。根系浅导致树木锚固不稳，易风折(见第十二章)，而且在干旱时养分和水分可能会短缺。对于生根不受缺氧或物理特征限制的土壤，Busgen等指出：欧洲云杉生根深度超过2m，欧洲赤松生根深度达5~7m。

在经历过显著干旱的细质土壤地区，翻耕能够抑制水渗透和帽封土(soil capping)导致的严重浸蚀。

表5-1　土壤不同深度根的比例

	西加云杉①	欧洲赤松②	美国黑松③
土壤类型	表水潜育土、泥炭潜育土	深层泥炭土	深层泥炭土
国家	北爱尔兰	芬兰	苏格兰
根深(cm)	根干重(%)		
枯枝落叶层	58	70	62
0~5	27		
5~10	10	20	17
10~20	5	10	12
20以下	0	0	9

①Adams等(1972)；②Lähde(1969)；③Boggie(1972)

树木对干旱的适应

在许多森林生态系统里，白天树叶流失的水分多于根部吸收的水分。由于摄取的水分少于蒸腾的水分，根系会趋于脱水状态。当土壤充足浇水时，由于夜间叶子的补水作用，过多蒸腾导致的暂时水短缺问题并不严重。包括温带树种在内的许多树木，能够在边材中储存大量水供白天所需。但是，如果干旱加剧的话，水分持续不足就会导致树木生长缓慢、损伤并最终死亡。干旱带来的压力也会使不适应的树种更易遭受疾病和害虫的侵害。浅层土及深层粗质土壤极易遭受干旱。这一问题对于北半球南向山坡更加严重。

许多树种不同程度地通过抑制水分流失或增加水分摄取的适应能力，实现避免干旱灾害。其中包括以落叶平衡不可避免的水分流失的能力。落叶可发生在干旱的夏季时节。1976 年夏季干旱期间，欧洲西部诸多落叶树种这方面表现显著。地中海地区植物常见的叶蜡、许多松树气孔极少而且下陷，同样是为了适应环境而减少水分丧失。这种在干旱条件快速关闭气孔的能力，解释了为什么松树能够在干燥土地区生长和繁殖，而不具备这种能力的云杉则无法做到。适应干旱气候的树木的叶片面积小。大多树种栽种以后，在根系正常运作前，都会暂时生长放缓。大多干旱区位于大气干旱地区，大气干旱产生了很高的蒸腾速率，具备严格构造的常绿植物成活能力最强。落叶植物能够适应周期性严重的土壤干旱。在干燥土壤生长良好的树木通常生长迅速、扎根深、根系丰富，这些优势以牺牲茎干生长为代价。这使它们能够接触到草地等表面生根植物无法触及的水分，并确保防止旱害，或者至少推迟旱害发生。

土壤温度

在生长期间，移除地表植被使矿质土壤造成的裸露会使白天土壤气温升高，因为裸露土壤比凋落物或植被吸收的热量多。如果堆积的土丘或田埂最高高度达到 50cm，增温效果会加强（Tabbush，1988）。因此，生长期间垦耕之后的土地土壤温度更高：春季土壤温度更早达到根生长的起始值 4℃。秋季降低到这个值的时间也更早。在北纬地区，尤其是寒带地区，春季土壤温度更高带来的益处至关重要。要使新生根生长需要土壤温度高于平常根生长所需温度 5℃。春耕后数周内的土壤温度对寒带地区幼苗的成活至关重要（Söderström，1976）。

有效养分

当土壤透气性不良且寒冷时，有机物的分解和随之引起的养分释放都很慢。采用机械整地能够显著提升养分有效性，有三方面的原因：

(1)翻转草皮以及犁垄带来的覆盖和堆肥效果；

(2)减少杂草对养分的竞争；

(3)更高的土壤温度及更良好的透气性促使有机物分解进而促使养分的释放。

土壤垦耕对松皮象虫害和鼠害的影响

在人工林成林阶段，一些昆虫和田鼠会造成极其严重的危害。松树皮象(*Hylobius abietis*)通过环剥树皮和杀死针叶树幼苗产生严重的经济损失。机械整地将矿质土壤裸露，减轻了松皮象灾害(Christiansen 和 Bakke，1971；Eidmann，1979；Tabbush，1988)，在象鼻虫灾害不太严重的地区，这可作为替代化学防治的另一选择。在情况更严重的案例中，即使采取保护措施，严重损害仍会发生。由于欧洲部分地区对杀虫剂的使用产生质疑，翻耕被证明是减轻损害的行之有效的方法。相比之下，一些食叶昆虫，如胡蜂幼虫、阿扁叶蜂(*Acantholyda hieroglyphica*)(Charles 和 Chevin，1977)，会在翻耕的土壤或犁沟中温暖且阳光充足的微生境里繁殖。

田鼠(*Clethrionomys* spp. 和 *Microtus* spp.)的危害具季节性，通常能够预见，取决于种群密度的巨大变化，尤其在寒带地区。如果有机层和草层被移除，它们造成的环剥树皮和食草损害就会减轻。

土壤排水性

对于泥炭地、泥炭潜育土和潜育土，常为了除去过多土壤水分而实施排水措施。实施排水有三大目的：促进树木生长；增加生根深度进而减少风折风险；控制垦耕地水分流失进而减轻土壤浸蚀(Pyatt，1990)。

全球范围内深度高于 0. 3m 的泥炭土覆盖区约 4. 5 亿 hm^2(Kivinen 和 Pakarinen，1981)。欧洲大部分泥炭地位于北部和西部，在每个国家的面积参见 Paavilainen 和 Päivänen(1995)。芬兰斥巨资将泥炭地转化为肥沃的生产林。对 1040 万 hm^2 的泥炭地中 57% 已进行排水，以改善现有林地或建立新的林地。并不是所有泥炭地上的人工林不施肥便对排水产生效应(见第九章)。调查显示，不同类型泥炭地排水后林木生长改善的程度有差异。根据排水前天然植被的土地分类，能够预见排水后生产力。这个分类成果早在 1993 年就由 Cajander 发表，随后 Heikureinen (1979)、Heikureinen 和 Pakarinen (1982) 也相继发表。为此目的，Hånell(1988)为瑞典设计了行之有效的体系。根据该体系，在这个国家的温暖地区，帚石楠(*Calluna vulgaris*)为主的泥炭地，排水造成的生长效应低至每年每公顷 0.5 m^3，而在高大草本植物为主的泥炭地，高达每年每公顷 11.4 m^3。

土壤排水的原则

排水的任何设计都要考虑立地的水文及相关要素。其中包括降水量、入渗能力(指水从地表渗入土壤的速度)和土壤渗透性(指水流过土壤断面的速度)及土壤水分蒸散量。Leyton(1972)研究了这些因素对森林的重要性。

土壤的入渗能力由土壤地表特征决定。当矿质土壤没有植被保护时，雨点可能会在打破地表结构后，形成封锁，通过阻止水分渗入，促进地表水流动，造成洪涝和侵蚀。植被覆盖保护地表、防止退化，森林枯落物和有机层也能提供可观的保护。一般来说，森林内入渗能力随着林分的年龄和密度而加强。成熟林湿润土壤入渗速度最高达每分钟 3~5mm，在更干燥的土壤，速度会更高。

然而，除非渗透性土壤在地表层为水提供空间，即，除非是大孔隙数量多的土壤，有机质含量高的土壤和表土聚集程度良好的土壤，否则渗透无法继续。降低渗透速度的特征包括高容积密度和下层土中包含黏土和淤泥。这些因素大多数是相互关联的，森林土壤的优越性在于非毛管孔隙成分普遍更多，这是由于有机质含量高的产物导致土壤颗粒聚集而形成的。因此森林植被往往能够改善排水特征，尤其是细质黏土和上层有机层的丰富的土壤。然而，即使有相当长时间的森林覆盖，一些地区的泥炭地和黏土仍排水不良。毛管作用使它们储存了过多的水，导致空气进入土壤十分缓慢，以致于时常难以维系树根。毛管水几乎是不动的，只能从排水沟两边狭窄地带流走。Armstrong 等(1976)发现，在泥炭地表水潜育土中生长的树龄 23 年的北美云杉人工林，土壤 20cm 深度以下便无氧气踪迹。事实上，对这类土壤排水会导致土体密度增加(Pyatt 和 Craven，1979)。

富氮土(mull soil)比贫氮土(mor soil)的入渗能力强。富氮土壤通常形成于底部肥沃的土地上，而氮贫瘠土壤在酸性土地上更为典型。损害地表有机层或破坏地表结构的做法，如机械压实、火烧或者放牧，会轻易削弱森林土壤排水能力。

很大程度上由于截流增加，英国的大多数山地森林的蒸腾作用，一年间能从土壤中散失 400～450mm 水分。这是露天沼泽植被失水量的两倍，特别是在降雨量大的地区(Anon，1976)。因此，当林冠郁闭后，干旱立地的林木效能最高。然而，林地地表入渗量的提高可能导致源自有森林覆盖的流域的河溪基流更为持久。

排水对树木存活和生长的影响

排水的重要性是在湿润土壤上造林的多数尝试惨遭失败之后才认识到的。对栽植林木的养分需求了解不足，同样引发了许多次失败。

Boggie 和 Miller(1976)提供了一个很好的实例，他们就排水对美国黑松生长的影响开展了研究。其试验在一片季节性泥炭地进行，包括 5 个地块，每块 3m×30m，以围护沟(perimeter ditch)隔离，沟内的水保持在不同的固定高度。施肥后，树木直接种在泥炭地里。12 年后的结果(表 5-2)显示，未开展排水的那个地块，死亡率高；成活的树恰巧种在土丘上。与之相比，进行排水的地块上成活率高或者全部成活。包括平均高度和重量在内的所有生长指标均对水位的降低产生响应，水位越低，效果越好。

表 5-2 泥炭土上的美国黑松(*Pinus contorta*)对排水的响应

(Boggie 和 Miller，1976)

地块	平均地下水位(cm)	成活率(%)	12 年生树木的平均高(cm)	种植树木的重量(t/hm^2)	表观收获级($m^3/hm^2 \cdot a$)
1	0.2	38	65	2.5	<4
2	10.9	97	125	12.8	4
3	18.8	100	129	13.0	4
4	24.4	100	219	52.3	8
5	33.6	100	305	96.8	10

这些结果仅表明了降低地下水位的效果，但并不完全代表营林作业要求，其原因是，在实施排水的地区，排水所产生的物质必须置于某个地方。通常是成为土堆或置于排水沟旁的连续的垄上。种植在土堆或垄

上的幼树会受益，不仅因为土壤水面略低，还因为种植地点凸起，通气良好。夹于土堆或垄与地表之间的腐烂植被使立地更加肥沃，养分含量有所提升。有充分证据(例如 Binns，1962；Jack，1965；Savill 等，1974)表明，田埂氮比排水后的表层泥炭地里的氮的有效性要高，其他养分可能也是如此。排水的伴随效果对树木生长的影响要比降低地下水位更大。一般来说，犁耕或垦耕深度越深，越多的弃土被置于地表，树木生长越好。除带来显著的经济利益以外，树木生长的提升也缩短了树木受如霜冻、食草动物和草原火灾的危险的困扰的时间。但通过犁耕，根沿着田埂迅速生长、在犁沟却几乎不生长，形成高低不平的根盘，导致日后根系极不稳定(见第十二章)。

排水和垦耕措施

在季节性泥炭地上实行的强度排水，难以在夏季将地下水位维持在地下 30cm，或在冬季维持在地下 10~20cm，或者在排水后边缘两米以外完全控制水位。在季节性泥炭地，将排水沟挖到 1 米以下并无益处，因为生根深度并无显著提高(Taylor，1970；Burke，1967)。但是，在芬兰一些低地泥炭土立地上，Lähde(1969)发现水位每下降 10cm，生根深度提升 1cm。细质地表水潜育土也基本相似。例如，北爱尔兰源于石炭纪母质的潜育土，除非临近排水沟边缘，其地下水位几乎不受深层排水的影响(Savill，1976)。

森林经营管理人员在 20 世纪 70 年代中期之前，就尝试降低整个地区地下水位，由于以上原因，他们现在不再尝试这样做了。取而代之的是，排水方案仅旨在通过加快清除地表水，改善渗透性更强、结构更佳的土壤表层的通气性。实现这个目标需要通过犁沟开垦渠道，减少易发生风折的极其湿润的面积。大多数排水沟里的水是地表水或无法进入饱和或冻结土壤的雪融水(Paavilainen 和 Päivänen，1995)。这些水通常由更陡的犁沟或其他垦耕方法(如，挖暗渠或疏土)汇集到所称的横向排水沟或集中疏水沟中。

即使仅清除地表水，排水对整个地区生态系统水文状况仍有重要影响。Seuna(1981)在对芬兰一个排水区研究发现，前 10 年期间，年径流量增加了 33%，整个汇水区 40% 的水分被排出。

制定排水方案

对土壤排水需要制定长期的排水方案，这对整个林木生长期乃至之后都起着作用。排水沟要么是拦截地下水位接近地表的地下水，要么是收集入渗能力差的土壤地表水。为防止土壤侵蚀，集水沟必须平坦，坡度通常不超过3.5%（2°）。因此，对齐的排水沟高度仅稍偏于等高线，斜度足够给予流水合适的速度，不要太高导致促进侵蚀。集水沟的有效深度通常要达到60cm，意味着如果存在淤泥阻塞和土壤不平整情况，深度要达到90cm(Pyatt，1990)。

Thompson(1979)提出了计算最大排水面积的方法。这取决于大雨后水流动且不造成侵蚀的速度。多数情况下，依据构建的排水沟类型，容许积水区面积在5~8hm^{2}之间。实际上，该面积通常会更小。泥炭地的略微倾斜(<3°)的排水沟间距大约在25m，而矿质土壤间距为100m(Pyatt，1990)。

大约从1979年起，英国开始降低排水沟深度，并建在距水道5~10m的缓冲带侧面，缓冲带的宽度取决于河流的宽度。这样做的目的，是使水渗过地表植被，以防淤塞和对鱼类产卵区造成破坏(Mills，1980；林业委员会，1993)。这对减少缓冲能力差的浅层土壤的酸性径流进入河流也有重要意义。

在机器广泛普及之前，在湿润土壤中挖排水沟必须手工进行。通常是每隔3个种植行挖1个排水沟。挖出的草皮铺设到植畦上，形成边长约1.5m的正方形，每个正方形上面种植1株树(每公顷4450株)。由于手工劳动强度极大，在被现代堆土机械取代之前，实际完成的植树造林很少。造林机械在第二次世界大战期间及之后得到发展。到了20世纪50年代早期，通过犁耕或挖掘机进行机械排水，成为需要排水的林区的常规做法。

整地技术

整地的目的因土地、气候、历史和森林业主的志趣有所不同。一些处理措施旨在促进幼苗的存活和早期生长；其他处理措施则是林木在整个轮伐期内生长的先决条件。

有时，在根生长潜力高的土地上，种植大型植物无需整地。如果立地没有对树木和根生长的特别限制，如潮湿、土壤紧实或杂草丛生，整地更无必要。对于有这些限制的土地，或者栽植浅根性植物的土地，进行某些形式的整地十分有益。确保使用的整地类型适应立地显然十分重要。

如今现代整地技术种类繁多，可用的方法几乎能确保在任何土壤上成功培植，如表 5-3 所示。

表 5-3　整地方法

机械整地		其他整地类型
翻　耕	松　土	
块状垦耕	电力开沟	地表覆盖
平整、削土	打垄(有腐殖土)	定制烧除
打垄(无腐殖土)	旋　耕	除草剂
圆盘耙开沟	犁　耕	
	做　床	
	翻　土	

翻耕(scarification)

翻耕是通过减少来自野草的竞争，启动更多养分和水分改善造林后前几年种苗微生境的整地措施。其中涉及刮除植被、枯落物，还有最重要的有机层，使矿质土壤或下面的泥炭土裸露等过程。相应地，将地表有机物混入矿质土壤中的处理措施叫做松土(tilling)。

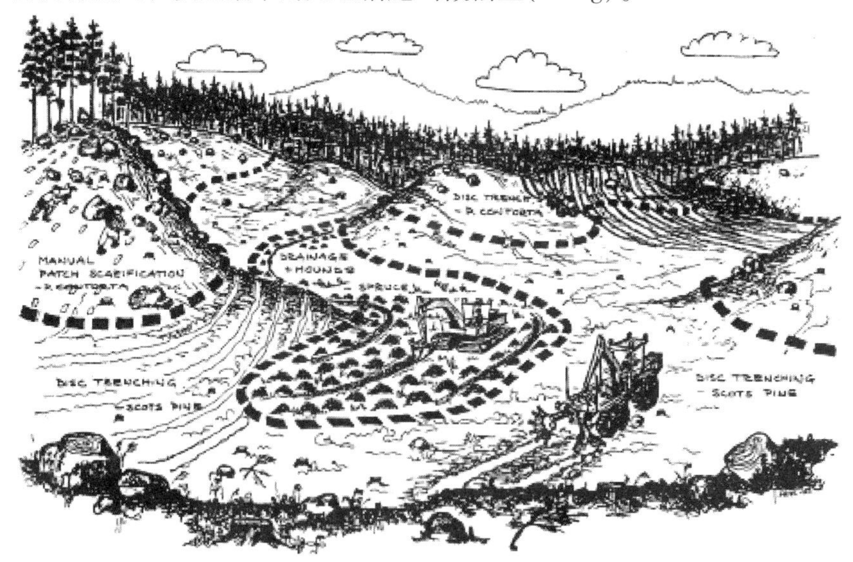

图 5-2　因地整地的理想案例

尽管本图如今并没有任何特定经济意义，但它与现在改善生物多样性的观点相谋合(J. Fryk 绘)

最常用的方法是块状翻耕，即在大小 40cm × 50cm 的土地上将矿质土壤裸露。理想的情况是，松树幼苗应种在地块中心，而云杉种在边缘发育更好，原因是根与清理过的地块外的有机层的早期接触能刺激其生长。对于地下水位高的土地，如果幼苗种在清理过的地块的凹陷处的话，根部会被水浸漫。在此情况下，块状土地旁边的翻耕草皮是更合适的种植地点。在块状土地及地畦延伸成线的区位，创立了用圆盘耙开沟的新方法。这扩大了种植点的选择范围。

可以把体积 0.1 ~ 0.2m^3 的矿质土壤堆积起来，在开垦出的土地上形成土丘块状(图 5-3)。在土丘顶部造林。使用现代机械能在圆盘耙开沟建畦基础上，建构连续或间断的土丘。在松土时，设备能设置不同的比例，混合有机物与矿质土壤。Örlander 等于(1990)对这些方法有详述。

在瑞典、芬兰南部和英国适当的土地上，利用这些方法(尤其是堆土丘之后)造林，要比未进行任何土壤处理措施显示出更高的成活率，生长也更好(Hämäläinen，1990；Tabbush，1988)。

手工翻耕和翻地是为幼苗准备造林地块的传统手段。这种方法在斯堪的纳维亚小范围的皆伐地和林隙地造林，或者补植死亡树木时，仍是主要手段。然而，大面积造林时，如今操作是以各种重型拖拉机悬挂设备等进行的。圆盘开沟机以不同强度翻耕完成块状或犁沟状整地(图 5-3)，有时可以一机多用。在湿润土壤上，使用犁或者挖掘机能够同时实

图 5-3 矿质土壤整地方法

从左上角顺时针方向开始分别是：挖掘机打垄，圆盘耙开沟，块状开垦，电动手动两用旋耕机，手动块状开垦(Jarl Holmström 绘)

现排水和堆土。形成的土丘通常约25cm高，略微倾斜，底部直径至少50cm(Tabbush，1988)。土丘在风折风险高的地区极为合适，可以避免采用限制根系伸展的密集犁沟(见第十二章)。土丘导致根系更加对称，因此树木稳定性可能提高。在芬兰、瑞典和英国的泥炭地，这些方法用来为首个轮伐期收获完成后的造林作整地准备。

可充足供给地表毛管水的立地容易发生严重的种植幼苗霜冻，尤其是在降雪少的寒带地区。这类土地要避免翻耕，不使问题恶化。保留有机质的枯枝落叶层能截留毛管水(water column)；而在渍水立地，在有机层上部矿质土壤土丘上种植也具有相同的效果。以木屑覆盖是种植成本更低的选择(Goulet，1995)。

美国东南部采用的削土(scalping)，是翻耕的一种极端类型。收获后的所有残留物，包括树桩和有机层，以推土机移除，汇积在一起形成长堆状，并且通常被烧毁。这种极端处理方式的目的在于减少日后来自杂草的竞争，方便机械化种植。类似的做法(图5-4)也为英国部分地区所采用，移除残桩和根是为了减少干异担孔菌(*Heterobasidion annosum*)的危害。

图5-4　英国Thetford林区更新造林前的林地全面清理

包括树桩和大部分有机层在内的收获后的废弃物被推土机清除堆积成长列。树桩和根被拔出以减少根腐病(异担孔菌)的损害

Örlander等对在寒带地区恶劣土地上进行的机械整地的进展做了综述(见有关报道)。相关技术旨在形成具有为疏松的矿质土壤覆盖的翻耕过地表有机物的地块，而不形成大型的土丘或田埂。翻耕似乎为相对温暖的根部环境提供了可靠的水分和养分供给，且避免了幼苗与风的不必要接触。

犁 耕

常用的犁有两种类型：一是单壁犁，按设计形成单垄和深45～60cm、底宽5～45cm的犁沟；二是双壁犁，形成深度近似，宽35～100cm的犁沟(Thompson，1979；1984)。犁沟中的物质分开形成两条垄，犁沟两边各有一垄，犁的设计决定两垄间的距离。树木种植在通气相对良好的垄的上面。

犁的改动能使垄的形状发生改变。有时垄上会形成一个种植阶面，以提供早期庇护，使根能够更快地扎入到草皮下更肥沃的植被夹层中。能形成更深的犁沟和随之产生的更大的垄的犁有时更受青睐，原因是它们的成林效果更佳。

沟犁(tunnel plough)是爱尔兰的一项技术发明，已在许多深层泥炭地成功应用(O'carroll等，1981)。它形成一个封闭的排水沟，底部距地表约75cm，近期型号能形成高36cm、宽26cm的排水渠。排水渠内的物质被挤压出置于地表，就像传统犁耕形成的种植垄，只是没有明沟。由于根部深入更大体积的泥炭土，这一方法能使作物抗风力更强、养分问题更少。沟犁如今在爱尔兰的深层泥炭地广泛使用。

农业技术变体——暗沟排水(Hinson等，1970)，应用于矿质土壤(如，潜育土和泥炭潜育土)，可避免开挖明渠。如果竞争性植物得到适当控制，可实现与更常规方法类似的树木生长率。

铁磐土(ironpan)与硬结土(indurated soil)层的垦耕

富铁岩石和新生冰碛物生成的土壤，演化成树木根部无法穿透的硬土层，需要垦耕以实现满意生长。铁磐土在欧洲荒野很常见。30～40cm厚的硬土层是根部无法穿透的物理障碍，也含有更少的水分，可能形成滞水层。同样无法穿透的硬结土区可能位于磐土层下方。以尖齿耙或犁打破硬结土能大幅改善透气性，促进排水和生根。表面有机层的混合也会提升氮和其他养分的有效性。这种垦耕方式导致容积密度下降(Ross和Malcolm，1982)，土壤含氧量大幅提升(Pyatt和Craven，1979)。只要磐土层的厚度在耙齿和犁可接触的范围内，这些土壤便具有很大的改良潜力。

垦耕的技术难题，在研发了可在紧实土壤（通常是石质土壤）上粗放使用的机器后得以解决。在英国，铁磐土壤上常用的方法是沿种植带进行翻耕，如用松土铲打破铁磐。在这些立地上，由于混合有机层的迅速矿化，高强度的或彻底的深耕极大地改善了早期生长。相反，一旦有机物消失，而又不使用氮肥，可能形成严重的缺氮问题（Wilson 和 Pyatt，1984；Nelson 和 Quine，1990）。

对于硬结土层仍有许多技术难题需要克服。硬结土层里难以穿透的硬质层限制水的流动和根的生长，这在一定程度上与铁磐土类似。主要问题在于硬结土对现有机器而言通常过厚，造成作业成本过高。当细质土壤发生硬结时，打破它们或许对排水无益。由于土壤缺氧，生根仍会受到限制。

易旱立地的垦耕

按全球标准，干旱在欧洲大部分地区并不是问题，但周期性干旱是常见的，特别是地中海地区，对幼树具有很大的危害性。

防止干旱灾害能采取的最重要的措施是适地适树：在温带气候区，选择松树树种；在更温暖的气候区，桉树几乎总是人工林的选择。在许多干旱气候地区，耐盐碱是一项额外要求。对紧实和有硬土层的土壤进行深耕松土，是深层生根的前提条件，也极有利于提高土壤水分含量。用梯田塑造地形以保持而不是排放水分，是地中海气候区垦耕的常用方法。

火烧法整地

在存在剩余物可能引起的火灾的地区，如不列颠哥伦比亚部分地区、佛罗里达和欧洲地中海地区，整地有时采用定制烧除（prescribed burning）的方法。第二次世界大战结束后的一段时间内，火烧整地在欧洲寒带地区广泛使用。火可以减少竞争性植物、啮齿动物和一些害虫的数量。除了蔓延至周边林分的风险外，火烧还有破坏土壤结构、增加养分流失的缺点。它还可能提高病虫害风险，如凸面根盘菌（*Rhizina inflata*）等真菌病、象鼻虫危害，还会形成陡峭地形，引发侵蚀。

定制烧除产生的人工林通常完全郁闭且均匀，标志着成活良好。比较产量的研究表明，中龄林阶段的生长有时出现略微缓慢。火烧之后松树通常会发育良好，而云杉经过其他整地措施后会发育良好。如果皆伐区合理规划且面积足够大，使用控制烧除整地要比机器方法成本更低。在造林项目中被忽视数十年之后，欧洲许多国家出于环境原因再次谨慎地采用火烧整地。许多稀有草本植物、真菌和昆虫依赖于周期性的火。控制下的火烧也对防止野火发挥积极作用，这对人口密集的欧洲国家很重要。

火既是一种威胁，同样也是帮助，详见第十三章有关讨论。

整地成本

整地价格高昂，须通过提升整个轮伐期内成活率和生长量实现经济上合算。成本一定程度上是由整地面积决定的。一般来说，立地间机器移动有成本，因此立地面积越小，单位面积整地成本越高。

有时其他方面的节省能弥补成本。例如，当在犁耕之后的垄或翻耕之后裸露的矿质土壤中种植时，可采用小且因此便宜的幼苗。在合适的土地上种植小容器苗要比种植大裸根苗速度更快。除草或许并不必要，提升成活率能够减少或避免补植死株的需求。

所有营林作业都面临气候、害虫、病原体、非熟练工人和实施上的政治干预的风险。如果整地一切顺利，成林期将会缩短，昂贵的失败的风险也将最小化。

苗木的质量、运储和种植时间、造林质量以及害虫防治与整地同样重要。短期过分节省和对整个成林作业的成本重视不够，常会导致巨额经济损失(Tabbush，1988)。

整地的环境影响

在规划任何整地措施时，须牢记考虑其环境影响，合理分析幼苗和树木的需求以及可能的反应。高强度整地的长期效应各有不同。有利影响包括根系穿透深、凋落物量多和林分成活迅速。不利影响是迅速矿化导致养分流失(Örlander 等，1990)。

权衡生物、科技和经济利益必须与环境一并考虑。排水对森林土地水分运动有影响，影响河溪水流的均匀性，有时还会导致远离森林的地方洪水泛滥。机械整地后数年内养分淋失越来越多，导致损失及河流和海洋养分富集。这些影响的重要性必须依据每个地区的经验和调查来判断。

任何整地措施都会影响原生植物和动物。一些物种在整治过的土地上能够生长旺盛，其中包括先锋种和依赖于裸露矿物质土生长的物种。其他物种则受到损害，尤其是当该地区大部分土地进行整治时。例如，翻耕会破坏一部分前生植被，这包括了有潜力以其他树种或植株补充人工林的幼苗。在其他情况下，裸露的矿质土壤对天然更新是必要的。

从更大范围来看，整地会影响大气中二氧化碳的平衡。排水，尤其是泥炭地排水导致长期存储碳的分解，释放大量二氧化碳进入大气。这些释放在一定程度上可以通过人工林生长吸收二氧化碳补偿。

第六章
树种选择

应选择什么树种造林？生产周期漫长使这个问题成为人工林业最重要的决策问题之一。错误的选择可能导致林木健康状况不良或生长不佳，甚至遭受损失。种植和收获的几十年间，树木的需求必须与所选定的立地很好地匹配。在适宜种植一年生作物的立地上植树造林，是一种愚蠢的冒险行为。轮作期为50年或更长的人工林会不可避免地发生干旱、大风、霜冻和火灾等灾害，灾害产生的抑制作用会导致病虫害爆发，甚至是林木死亡。因此，立地和气候都应满足所选造林树种整个生命期内的需求。所选树种还必须实现造林的计划目标。

树种选择通过三个阶段完成(图6-1)：

(1)确定造林地的气候、土壤及其他生态因子特征；

(2)决定哪些树种和种源可能在这样的条件下茁壮生长；

(3)决定哪一个或多个树种能同时满足造林计划确定的目标。

立地评价

气 候

一个地区能够成功种植的树种受到该地区气候条件的限制。显然，需要无霜的气候条件的热带树木无法在凉爽的中纬度地区生长，虽然亚北极树种能在中温带生长，但通常会优先考虑选择气候条件相似地区的更具生产潜力的树种。人们通常把温度、降水、风力视为影响林业的重要气候因子。

气候条件越优越，树种选择的范围也就越大。高原地区气候恶劣，土壤也通常贫瘠，树种选择仅限于2个或3个；而在土壤肥沃、气候条件更好的低地，从20种左右的树种中进行选择通常是可能的。

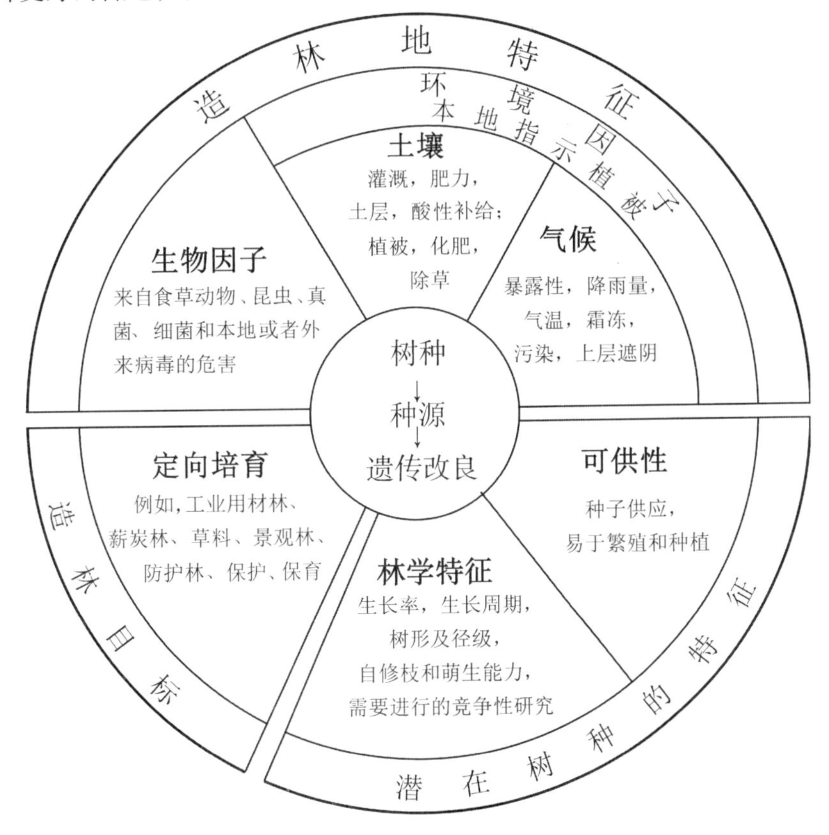

图6-1　树种选择需要考虑的因素

欧洲气候的特点

与所在纬度相似的地区相比，欧洲的气候条件更为优越。冬季非常温和，夏季温暖而不炎热。纬度上的温度变化范围很小，降水量丰富且分布均匀。之所以具备这些气候条件，是因为欧洲海域面积大且分布广泛，气候条件因受海洋影响而得到改善。另外，西海岸没有任何大的山系（北美和南美西海岸都有大山系），使欧洲具有巨大的气候优势。与北美不同，欧洲沿海地区没有过量降雨，其背风面的旱地有极端的温度。欧洲的主要山脉，阿尔卑斯山脉、庇里牛斯山、喀尔巴阡山和高加索山均为东西走向，导致其渐进式降雨和自西向东的温度梯度更加显著，并阻止热带和极地气团在纬度方向上的过度运动。因此，从海岸到冬季更为寒冷、温差更大的大陆东部，气候逐渐过渡（Kendrew，1961）。

除了具有特色植被类型并以橄榄树为典型树种的地中海地区之外，多数边界的分布没有规律。地中海地区冬季温和潮湿，夏季炎热、干燥、晴朗，这种独特性表明，欧洲比其他地区的气候更具周期性。地中海地区的火灾比其他地区更为严重(参见第十三章)。

欧洲的两大气候模式的分布呈直角状：一个是从南到北的纬度变化，气温随着纬度的升高而降低；另一个是，从东到西的海洋性气候的增强。两个方向梯度的结合使植物生长条件的严酷性，总体上沿西—北走向增加，这从同一方向植被的纬度会下移就可以看出来。英国和爱尔兰的林木线通常低于400m，但欧洲的林木线(tree line)值逐步上升，阿尔卑斯山超过2000m，Tranquillini(1979)详细研究了树木线出现的生态和生理原因。在高海拔地区，土壤和植被吸收到的大部分热量来自直接的日照，而非间接的暖气流。因此，同一高度但南北朝向不同的植被对比鲜明。

多样的气候类型影响到树种选择等林业活动的区域性方法。地域性乃至立地规模的气候变化，都对树种选择有大的影响。

霜 冻

生长季出现霜冻，会使许多树种的幼树大量损伤或死亡。对老龄人工林而言，霜冻引发整棵树木死亡的情况非常少见，除非是高度敏感的树种。但霜冻可以冻死树叶，使生长速度放缓，并引起分叉和茎干弯曲。

凹地发生的霜冻最严重，特别是在原本相对水平的地表上，密度更大、更为寒冷的空气在此聚集时。在这样的地形中，冰冷空气的深度通常在1m以下，最高不超过3m。因此最严重的损伤通常局限于幼树(Day和Peace，1946)。许多树种在秋天变得更耐低温，可忍耐的温度隆冬时节可达摄氏-40℃，霜冻不会对这类树种造成伤害。树木通过休眠期的生理机制获得耐寒性。这些生理机制，通过过度冷却或通过去除细胞中的水分，防止某些重要组织中的水结冰形成细胞冰(Levitt，1972；Burke等，1976)。在春季，同一树种可能会对只有-2°C霜冻造成的严重伤害变得敏感，许多处于早期萌芽和延展状态的树种尤其如此。在欧洲大部分地区，在5月底或6月初之前，树种对损伤的敏感性增强。此后到9月或10月期间，尽管不同树种和树种组在发生时间和程度上有差异，其对损伤的敏感性基本相同。

不同北方温带气候类型的共同特点是短时间内的变化性。在英国高地地区气温常在树木生长低限的6℃上下浮动，尤其是在春季和秋季。这导致树木生长的间歇性。冬天，气温经常跨过发生0°C地面霜冻的门槛，全年其他时候的夜晚也偶尔会如此（Taylor，1976）。适应温和冬季的常绿乔木，如假山毛榉（*Nothofagus procera*）、橡山毛榉（*N. obliqua*）、辐射松、大果柏木（*Cupressus macrocarpa*）及一些桉属植物（*Eucalyptus* spp.），有时可以在温和的Brittany、英国西南部及爱尔兰西南部等地持续生长，但可能耐不过罕见的严冬。

降水量和蒸发量

西欧降水量普遍丰富，在山区春季之外的所有季节里，降水都太多。最干旱的地区是巴黎、加伦河流域（Garonne basins）、荷兰、比利时、德国北部和英国东部，其年降水量500mm到750mm不等。甚至低丘的降水量也明显多于邻近的平原。降水量最丰富、常常超过2500mm的区域是法国西海岸、英国、爱尔兰和英国其他一些高地地区。降雨量小的地区在夏季可能发生干旱。虽然一般而言，降水频率之多足以防止干旱造成损害，特别是根系较深的树林，但仍有一些树种对水分胁迫极其敏感。这些树种还处于幼树阶段时，良好的除草措施会减少它们对水分的竞争，有利于树木生长。生长势大幅下降是高水蒸气压差引起树木气孔的关闭和光合作用停止的结果。

土　壤

欧洲传统林业的地位仅次于农业。大多数森林立地属于农业生产的边际土地。除坡度、多石和裸露等物理问题外，许多森林土壤常常发生干旱或水涝，土壤酸度或碱度过高，有的土壤有紧实层或黏合层。以英国为例，三分之二国有林地的土壤由于永久或周期性的水涝而通气不良（Toleman和Pyatt，1974）。土壤的物理、化学和生物影响之间存在的许多重要的关系，影响对树种的选择。

土壤深度

良好的潜在生根深度是森林生产力的最重要的决定因素之一。浅层土壤及那些含有对生根起限制作用的铁磐或黏合（cemented）层的土壤，会发生生长不稳定、营养条件差、干旱时期严重缺水和潮湿时期洪涝的问题。唯一例外是深裂缝母岩上面的浅层土壤，其生长结果有时令人满意。有石灰岩分布的国家和炎热干燥的地区会面临特殊困难，原因是这些地方的钙磐已经形成，水土流失也随之发生。这类情况在地中海地区普遍存在。

土壤的结构和质地

土壤结构是指土壤颗粒的空间排列状况。保水性、土壤水分运动、通风性、容积密度和多孔性都受土壤颗粒整体聚合或排列的影响，Pritchett(1979)等对此进行过研究。在一定程度上，可以通过排水和耕种改变土壤结构，进而改善林木生根深度。相比之下，土壤质地不容易改变。常用含有沙子、淤泥、黏土颗粒的比例对土壤质地进行描述。土壤中有机物的存在以及有助于土壤聚合成令人满意结构的足够的生物活性都很重要。这些因素对不同树种的生长有重要影响。

可慢慢透水的土壤会阻止水分和空气渗透到较大的深度，常常造成氧含量过低(除表层外)使树根不能存活。反之，渗透性过强导致剖面水分运动过快，容易出现干旱。以云杉为例，很适应在潮湿、沉重、相对无结构的土壤浅表生根，而松类则耐干旱。一些树种(比如杨树)，对土壤要求非常严格，需要距地表50~100cm之间，而不能超过150cm的肥力高、充足且富含氧气和水分的土壤(Jobling，1990)。其他许多树种在各种不同的土壤上生长。

土壤肥力

虽然适当的土壤肥力至关重要，但如第九章所述，森林中营养成分是有效地循环的。大多数树种在肥沃的土壤上生长得最好，然而通过施肥改善土壤肥力不足也比较容易。土壤保持养分离子，特别是可供植物使用的阳离子的能力，对养分储备极低的沙土等土壤尤为重要。

与针叶林不同，许多阔叶林无法从顽固的土壤矿物质中获取营养。Miller(1984)认为，大多数阔叶林对立地要求高，通常适于含有较容易获得养分的土壤。一些树种，如羽扇豆(*Lupinus arboreus*)是极具价值的先锋植物(Marrs 等，1982)，能从大多数其他植物没办法汲取的来源中提取磷，然后通过枯落物循环使提取的磷得以利用。

土壤酸碱度

尽管土壤酸碱值因季节而略有不同，却常会因土壤深度不同而迥异。用于营造人工林的土壤酸性差别很大，强酸土壤的pH值为4.0或更低，而弱酸土壤pH值在8.0以上。一些树种对土壤酸碱值的要求很高，如果土壤酸碱度不适宜，树种会生长不良。一般来说，森林树种对酸性土壤适应力极强。许多阔叶树酸碱环境的最适幅度似乎为中性，大多数针叶树在4.5~6.5的pH值范围内生长最佳。少数几种在偏碱条件下可以茁壮成长的树种，如奥地利松(*Pinus nigra* subsp. *nigricans*)、欧洲白蜡(*Fraxinus excelsior*)以及欧亚槭(*Acer pseudoplatanus*)，是因为它们在一些立地上有特殊用途。

其他生态因子

其他许多与土壤和气候无关的因素也会不同程度上影响树种选择，这些因素包括：

(1)大型食草哺乳动物对树种的破坏——以绵羊为例，它们似乎会被各种冷杉(*Abies* spp.)所吸引，冷杉如许多阴性树种一样，早期树高生长缓慢，受影响最为严重。鹿、松鼠、兔子以及其他动物也会造成破坏，如果缺乏封禁等特殊保护措施，它们造成的破坏可能会影响到对树种的选择。例如，北美灰松鼠对英国欧洲山毛榉、栎类、欧亚槭的破坏，是种植这些树种的主要限制之一。

(2) 各类大气污染对某些树种的破坏超过其他因素(Innes，1993；Schlaepfer，1993)。通常情况下，叶面积指数高的针叶树最容易受到污染。

(3)对火灾损害的敏感性限制某些立地上的树种选择。

(4)树木栽植后立即进行护理至关重要。如果彻底除草做不到，那就选择种植落叶松之类竞争力强的树种。

(5)也可以对许多源于昆虫、菌类、病毒和细菌的更加明显的风险进行评估，详见第二章有关讨论。

造林树种及其选择的有限性

西欧地中海以外的地区大约有40个乡土树种。在同一地区，Mitchell(1988)指出，人们在公园和花园很容易就可以看到超过500个树种。如果把专门收集的相关品种也包括在内的话，英国的树种数量至少在1700种以上。有人可能会问为什么在这样数量庞大的树种中，欧洲人工林常见树种才不过十几种。答案是，很多树种不够耐寒，有的有特殊的立地需求，有的生长速度太慢而未被考虑在通常可用的立地上种植。一些树种不适宜是因为其可发育的种子不足或很难在苗圃中培养。一些树种不适合人工种植，是因为它们在近乎单一种植时，几乎不可避免地会遭受病虫害。绝大多数树种被排除在人工林之外，是因它们无法提供所需的产品。

例如，巴尔干松(*Pinus peuce*)若在苗圃和造林阶段不出现问题，可能是一种可用树种。但很难从当地巴尔干半岛获得该树种种子。Lines(1985)指出，该树种常萌芽不良或延期萌芽，其部分原因是种子的胚胎发育不完整。造林后的早期生长非常缓慢且呈丛生状，直到第五年或第六年才有改善。某些土壤适于潜在价值较高的北美乔松(*Pinus strobus*)。其未被选择用于造林，是因为该树种常感染致命性的疱锈病(*Cronartium ribicola*)。山毛榉在其自然分布范围的部分地区不宜种植，是因为这些地方过于开阔，如不提供上层遮盖，在生长季遭遇霜冻时会大面积死亡。其他树种，如白蜡和野黑樱桃(*Prunus avium*)，受破坏性病虫害的影响，无法在大面积单作环境中茁壮生长。如果银桦(*Betula pendula*)木材市场需求充足，其种植面积可能比当前更大，但目前只有斯堪的纳维亚半岛有这种市场需求。

人们现在越来越关注应该种植乡土树种还是外来树种的问题。

乡土树种

乡土树种是指原产于相关国家本土的树种，但其产区不一定是该国的所有地区，也不存在适合所有立地条件的树种(Evans，1992)。世界很多地区分布有优良乡土树木，大量树种可以满足工业和其他用途要求，几乎不需要依赖外来树种，也没有证实存在广泛有用的外来树种。比如，美国东南部和太平洋西北部就是这种情况(Zobel 等，1987)。乡土树种具有充分适应当地气候优势的同时，通过长期进化和协同进化，能很好适应诸如害虫等爆发的潜在危险。出于这样的生态方面的原因，各地目前的想法都是：如果可能的话，选择时乡土树种应该优先于外来树种。

与许多其他温带地区相比，欧洲的乡土树木植物区系范围较小。主要山脉普遍呈东西走向，这在使欧洲大陆具备有利气候条件的同时，也造成树种资源相对缺乏。在近期的几次冰期中，这些山脉作为屏障阻止植物区系的南退，在条件有利时也阻止了其他植物的入侵。其结果，许多树种消失了。北美地区山脉呈南—北走向，这也是与北欧相比，北美树种资源丰富的原因(Zobel 等，1987)。欧洲阿尔卑斯山以北地区乡土针叶树仅有 5 种，相比之下，北美西部该树种数量至少是这里的 5 倍。

更具地域性的是，英国具有商业价值的乡土针叶树只有欧洲赤松一种，而丹麦和爱尔兰两国一种也没有。

如果某个乡土树种在计划的种植区域长势良好，也可提供所需产品，那么种种扩大树种选择的理由就难以被采纳。即使在动植物稀少、欧洲大陆性的条件下，广泛种植的乡土云杉和松属以及阔叶树如栎属，都做出了很好的诠释。相对来说，如果乡土树木植物区系充足，人们很少会去种植外来树种。例如，爱尔兰、英国、丹麦等国家，由于没有适合的乡土树种，外来树种用于弥补生态位，这正如在欧洲大陆多地种植的花旗松(*Pseudotsuga menziesii*)那样，它可以用来生产高质量的软木。

外来树种

外来树种是指在某一地区不会自然发生的树种。第二章研究了随外来树种不断引进而出现的益处和风险。在乡土树种生产力相对较低或者不适于种植乡土树种的地区，经营者会依赖外来树种获取更高水平的产

图 6-2　花旗松(30 年生)原生于北美洲，属于法国常见的外来树种(照片：INRA)

量（见第28页）。北美西部是北欧迄今为止最为重要的外来树种供给区，输出了花旗松（图6-2）、北美云杉（*Picea sitchensis*）、美国黑松（*Pinus contorta*），还有其他一些重要的针叶树。针叶树是常受青睐的外来树种，它们的木材用途广泛，生产力高，适应性强，耐寒性好，而且容易成林。桉树作为外来树种广泛种植于更为温暖的温带地区（如葡萄牙）。除桉树以及种植规模次之的杨树之外，外来阔叶树种的引进不很成功。

把树种引进世界新地区的栽培实践和人类文明本身一样古老。然而，人工林（尤其是外来树种）的重要性仅在19世纪中叶以来才得到人们的认可。第一次世界大战期间，造林树种无论是在面积还是在数量上都快速增加。

Streets（1962）和Zobel等（1987）描述了许多树种的引进历史。这些树种的引进经常都会遵循这样一个模式：最初在花园和植物园成林，此后，也许经过半个轮伐期，庄园和政府部门就会接着进行小规模种植。大约20~50年后，最具种植潜力树种的大规模人工林就会成林。北美云杉（*Picea sitchensis*）是英国和爱尔兰主要的人工林树种，它于1831年引进，在20世纪20年代早期被确立为主要外来树种之一，并在20世纪50年代中期成为种植最广泛的树种。新西兰引进辐射松也遵循了相似模式：新西兰于19世纪50年代末引入该树种，于20世纪20年代开始大规模种植。因此，大规模种植外来树种前进行总计至少一个半到两轮轮伐期的试种是明智的做法。引进树种的做法一直在持续，但人们尚未发现重大造林计划开始前扩展试验的替代方案。如果没有时间做这些试验，决策者必须承担投资可能得不到财务回报的风险。

遗传资源

遗传资源是指树种（野生种群和栽培种群）的基因库。与其他植物相比较，林木种群由于其本身的生物学特性和人工栽培史普遍短暂的原因，遗传差异很大。当前重要的人工林树种遗传资源分布广泛：许多遗传资源主要以自然种群为代表，这类遗传资源受到森林消失和退化的威胁（例如，国家研究委员会，1991；Sayer和Whitmore，1991）。现有人工林也是一种遗传资源，尽管有时因遗传基础有限其价值也有限[例如：葡萄牙的蓝桉 *Eucalyptus globulus*（Pereira和Santos Pereira，1988）；澳大利亚的辐射松（Moran和Bell，1987）]。因此，对不同树种而言，其当前可用的遗传资源因树种而有差异。

遗传资源是否适合于特定人工林业活动，取决于两个因素：

(1)植树造林的目的。大多数树种之间及树种内部在遗传品质方面差别巨大。在简单人工林案例中，人们最感兴趣的是其生产木材的能力和质量特性；而在更复杂人工林案例中，人们对树种与林木的相互作用、树叶适口性和营养价值、坐果习性、木材热量，以及从根桩长成矮林的能力等一系列特性的意义关注可能更多(例如，Boland，1989)。

(2)适于人工林的立地环境的特征。一般来说，可用于人工林建植的立地一直是那些不适于发展农业和因过度开采而退化的立地；土壤物理性状和营养性状因此一直不良的立地；更容易受到极端气候影响的立地。所以，可以成功建植的树种种类可能有限，至少在开始时有限。在这种情况下，简单人工林可能是发展更加复杂的生态系统的必要前导步骤(例如，Gilmour 等，1990)。

种　源

选择乡土树种和外来树种时，仅决定种植哪一类树种而不考虑种子的地理来源即种源是不够的。营造人工林时出现的一个最严重错误就是，森林经营管理人员为达成目的而从看起来良好但极不能适合新环境的人工林中引种(Lines，1967)。例如，在北温带地区，昼长和温度变化的季节性波动使林木生长呈现周期性特征。对本地光周期和温度条件适应性强的桦树的北移，造成因晚季不能迅速停止生长而受霜冻危害。林木因种植范围南移和从大陆到海岸的迁移而使林木早期生长旺盛遭受春霜冻害(Habjørg，1971)。尽管某些情况下迁移至其他地区可以有利可图，但人们发现其他树种也存在类似问题。例如，在瑞典北部，为抵御皆伐立地的恶劣环境，人们通常种植原产于比所在造林立地纬度更北2°的欧洲赤松(*Pinus sylvestris*)。引进树种的生长速度稍慢于本地种源，但其成活率更高。

Callaham(1964)、Burley(1965)及 Perry(1979)讨论了树种内部变异性的本质。有性繁殖的个体树种间总存在遗传差异，地方种群间也存在差异，人们通常把这种差异称为种源(provenance)。种群差异出现的原因是种群个体间的繁殖往往多于与遥远种群个体的繁殖。遗传差异表现为形态和生理特征的差异。遗传差异出现的原因是在自然选择的压力下，那些不适应当地环境的基因型死亡，反之，那些更适应当地环境的个体后代成活。其结果是，除了不太明显的菌根菌群和产酶性特征外，种群因适应当地光周期、干旱及抗霜冻和生长力等特性，对当地环境的适应性逐渐增强。

树种自然分布范围和受该分布范围影响出现的环境变异，决定种群间遗传差异的程度。大多数分布广泛树种的遗传变异模式反映出环境变化模式，一个遗传变异模式的间断通常与另一模式变化有关。因此，人们认为，缺乏独特种群但存在持续融合特性的树种在特征方面会发生渐变。生态型变异(ecotypic variation)的发生具有选择性，在地理上分离的种群和生长土壤类型迥异的种群容易发生生态变异。

人们普遍认为，树种内部的变异性和生长模式具有连续性，并与气候密切相关(Burley，1965)。因此，分布范围广泛的树种个体在面对光周期、温度和降水时展现出了连续变异性。叠加在该连续模式之上的非连续性，比如土壤类型突变可能会导致新的可辨认的生态型的产生。所以，当种植自然分布广泛的外来树种时，不仅选择合适种源至关重要，了解自然变异模式也具有很大的实践意义。

一些树种对不同于原生栖息地的环境具有很强的适应能力因而具有相对可塑性。辐射松(*Pinus radiata*)和刺槐(*Robinia pseudoacacia*)就属于著名的可塑性品种。辐射松原生分布面积总计仅约7000hm^2，分布在加利福尼亚和墨西哥两个离岸岛屿，然而作为外来树种其种植范围比其他外来树种更加广泛。缺乏可塑性但自然分布范围广泛的树种如花旗松(*Pseudotsuga menziesii*)和美国黑松(*Pinus contorta*)的种植也很成功，但成功的前提是适地适种源。

森林经营管理人员使用最好的种源培育人工林，可以获得很多增益。种源不适合的种子虽然廉价并随时可用，但购买这种种子是一种错误的经济行为。相比之下，通常未受扰动的乡土树种种源是最适宜在当地环境下存活和繁殖的种源。然而，它们的生产力不一定最高。其中最著名的例子就是挪威和瑞典的欧洲云杉。上个冰期结束之后，该树种种植范围南移至波的尼亚湾(Gulf of Bothnia)附近的挪威南部(Lagercrantz和Ryman，1990)，在南移过程中，该树种也适应了较北部相对恶劣的环境。一些外来种源的种植范围未受波罗的海阻隔而扩至挪威南部，通常来说，这些种源在某些立地的生长速度更快(Giertych，1976)。

在种植地域上开展种源试验是确定种源差异的最佳办法。如果树种出现连续变异，那么可以对两个完全相反的未知种源进行理论上的性能预测，但是人们很少使用这种方法。生态变异预测仅局限于生态型范围之内。

北美云杉(*Picea sitchensis*)具有连续变异性，作为外来树种在英国、爱尔兰、法国部分地区和斯堪的纳维亚半岛国家广泛种植。其种源地是美国和加拿大太平洋沿岸一片 80 公里宽的低海拔区域，这片区域从阿拉斯加到加利福尼亚纬度跨度超过 22°。在英国的实验表明，来自俄勒冈州到阿拉斯加州的种源渐变群(cline)生长活力下降而抗霜冻损伤能力增强，源于加州的种源一般不能成活。种源选择必须尝试在这两个特性间做出平衡。来自不列颠哥伦比亚省夏洛特皇后群岛(Queen Charlotte Islands)的种子有效结合了耐寒性和生长量高的特征，常常也是所有立地类型中高生长最好的种子(Lines，1987)。

另一个在欧洲部分地区广泛种植的外来树种是美国黑松(*Pinus contorta*)，该树种具有连续变异和生态变异特征。与美国西北部的北美云杉相比，其自然分布范围更加广，从阿拉斯加到墨西哥的下加利福尼亚(Baja California)，纬度跨度 33°；从太平洋沿岸到南达科塔州，经度跨度 33°。美国黑松可以在各种各样的气候和土壤环境下生长。至少有三个生态和形态迥异的可杂交种被人们公认为黑松亚种。美国黑松亚种大部分分布在太平洋沿岸的沼泽、沙丘及水池和湖泊边缘。它高度小、多丛枝、干形差。这样一来，从加拿大育空地区中部(central Yukon)到俄勒冈州东部、南科罗拉多州南部山系间，普遍使用黑松亚种(subsp. *latifolia*)，在俄勒冈州和加利福尼亚州卡斯喀得区(Cascade)和内华达山脉使用另一亚种(subsp. *murrayana*)(Critchfield，1957)。后两个黑松亚种形态上有改进，树干修长，高大通直。沿海地区的黑松亚种(subsp. *contorta*)是英国和爱尔兰产量最高的外来树种，有强喜光性。当以获取木材为种植目标时，人们一直备受如何在保持其活力、耐寒性特性和其形态上达到平衡等问题的困扰(图 6-3)。种源为俄勒冈州和华盛顿州的黑松亚种是爱尔兰最具生命力且唯一种植的树种(O'Driscoll，1980)。

相比之下，建议英国种植除一些黑松亚种(subsp. *latifolia*)和中间品种，如斯基纳河(the Skeena river)种源外的，生长更缓慢、位置更靠北的海洋性黑松亚种种源(Lines，1996)。相比之下，瑞典应种植源自不列颠哥伦比亚省和育空河的内陆黑松亚种种源。

Zobel 等(1987)介绍了选择匹配外来树种种源立地的一般规则：

(1)不在低海拔或者低纬度地区种植来自高纬度或高纬度地区的种源。

(2)大陆性气候区不适宜种植海洋性气候区种源。

(3)如果没有冰冻风险，来自气候温和种源地的种源通常会生长良好。

(4)不要把树木从同一气候区内降雨和气温波动小的地区，移植到降雨和气温都波动大的地区。

(5)不要选择把种源地为碱性土壤的树木种植到酸性土壤上，反之亦然。

(a)

(b)

图 6-3 黑松(*Pinus contorta*)

(a)科西嘉松(subsp. *contorta*)，来自华盛顿州长滩市(Long Beach Washington)

(b)奥地利松(subsp. *latifolia*)，来自斯基纳河(Skeena River)史密瑟斯(Smithers)市，两图表明种源不同的黑松亚种在形态上的差异

遗传改良

任何自然种群内部都有相当大的不能归因于环境梯度差异化选择的变异：一般而言，这种变异大于因适应环境而产生的差异。实验结果频频表明：种源内部变异要多于种源间变异。承认这种种源间变异类型的存在，是对大多数树木育种以提高生产力、改善干形、增强抗病性和其他属性的基础。在过去 20 年中，实现遗传标记的途径大幅度增加，并彻底改变了测定遗传变异的方法。Miiller－Starck 和 Ziehe(1991)及 Kremer 等(1993)回顾了当前欧洲林木种群遗传变异的知识模式。

对纯种或杂交树种进行遗传改良是所有人工林项目成功的共同特点。Zobel 和 Talbert(1984)，Kleinschmit(1986)及 Tessier du Cros(1994)等对纯种或杂交树种进行遗传改良的方法进行了研究。按照 Cheliak 和 Rogers(1990)提出的三个阶段对森林遗传和树木改良活动进行概念化表达很有益处：

(1)保育——在保育遗传资源本身方面做出努力的同时，在设计育种策略时明确规定保护遗传多样性的目标是可能也是可取的。

(2)选择、育种和测试应以 White(1987)和 Cotterill(1986)描述的周期性循环为基础。他们二人证明：大多数情况下，相对简单的方法可以和更加复杂的选择同样有效。

(3)通过繁殖(即从种群育种到生产作业的遗传改良方法)实现增益的转移。当前可行的繁殖方法是生产遗传改良种子和利用包含优秀基因的无性繁殖材料；一般而言，前者较为廉价，后者速度更快。无性繁殖植物的追加成本随繁殖难度的增加而增加，追加成本一般比幼苗本身成本高出至少 30%~50% 以上。因此，Burdon(1989)认为：规模化的无性系林业只有在群系容易繁殖时才具可操作性。

人们把这些活动的实现方式和协调方式称为育种策略。可用的简单、相对低廉的育种策略有很多(Barnes 和 Mullin，1989；Namkoong，1989)，这些策略也适用于人工林业的多种情况。第一代育种包括了大量的遗传变异，对多数遗传性状的控制可实现增益 30%~50%；栽培轮伐期较短树种的人工林项目已经证明，树木丰产可保持至少几代的时间(例如，Franklin，1989)。基因改良材料的花费占成林成本的比重微乎其微，一般不会超过百分之几。对人工林项目进行过的经济分析结果均表明：把树木改良投资作为人工林项目，尤其是轮伐期相对较短的人工林项目的一部分，非常合理。

潜在可选树种的充足遗传资源是人工林业的生物学基础。加强在人工林原地和迁地保护的现状、可用性、改良方面的努力，对确保人工林的灵活性至关重要，因为这种灵活性是人工林应对不断变化的需求和压力所必需的。

转基因林木

生物技术发展与树木育种项目的整合，为遗传改良更加快速、更具针对性的发展提供了机会。然而，这些新颖、复杂、昂贵的技术应用应被视为传统选择性育种方式的补充，而非替代。与新技术相比，传统选择性育种低廉耐用，可实现许多遗传增益。虽然生物技术应用于林木树种会带来毫无疑问的迅速增加，大多数人工林的单位价值普遍偏低，其所传递的意义，一如 Cheliak 和 Rogers(1990)所指出的：

“发展应被视为一种增强我们解决具体问题能力的手段。生物技术成功应用的前提条件是已制定出积极的传统树木改良计划。缺少这个计划，生物技术毫无意义。”

然而，在不久的将来，转基因林木很可能发展为林木改良计划的一部分。Jouanin 等(1993)已就这个话题进行过评论。被子植物尤其是杨树，利用转基因技术最为快速。已经证明，杂交杨树尤其适合应用转基因技术，因为和其他树种相比，它们容易进行人工繁殖。针叶树应用转基因技术取得的成就有限。尽管有些法国同行已成功找到体细胞植株生产的方法，但针叶树似乎需要不同的转基因生产路径(Lelu 等，1994a，b)。一般性问题是如何对通过种子进行繁殖的树种开发稳定的转基因种植材料。

抵御病虫害、除草剂(如，草甘膦)等具有实用价值的无性系特性，可能会被引入林木中(Shin 等，1994)。减少和改造木材的木素含量，从而降低制浆过程中的脱木质化成本并减轻污染，是另一研发方向(Higuchi 等，1994)。

仍有许多关乎道德、外来 DNA 引入野生种群带来的风险的问题需要克服，解决这类问题一直推荐采用开发无菌转基因苗木的方法。

适地适树

这方面如今许多地区都有诸多经验，包括：哪些树种可以生长，长势如何，这些树种是来源于同一立地以往种植过的同一树种还是源于附近类似立地的同一树种。许多出版物为特定国家和地区植树造林进行树种选择提供指导，例如，Savill(1991)指导英国的树种选择；Bastien Demarcq(1994)指导人们在法国中央高原进行树种选择。在缺少经验的情况下，树种试验有时会取得意想不到的结果。例如，Lines(1984)表明：北美云杉在受到相对污染的英国奔宁山脉(Pennine Hills)南部地区生长不佳，但经验丰富的林学家本可以确定北美云杉能够生长良好的地域是远离工业污染的类似的立地。

异常气候可以暴露出树种选择的失误，而这些失误在正常时期的表现可能不明显。这是大规模种植未经试验但有前景的外来树种前应格外谨慎的一个原因。例如，1981 年和 1982 年的寒冬使英国很多辐射松、大果柏木(*Cupressus macrocarpa*)，及此前认为在某些立地上会相对安全的一些其他树种死亡。这两年的寒冬造成许多试种的桉树死亡，并使未来的工作集中于对更耐寒品种的研究(Evans，1983)。同样，1976 年夏季，西欧经历了长时间干旱，导致种植在非适宜土壤上的欧洲山毛榉和落叶松大面积死亡。

在区域规模层面，土壤状况是进行树种选择的有益指南。例如，Evans(1984)提供了一种利用不同土壤的潜力选择阔叶树种的方法，根据土壤 pH 值、质地、生根深度、排水、肥力等指标确定土壤潜力。在更广泛的区域建林时，世界已有一些地区(尤其是热带发展中国家)利用计算机辅助的方法进行树种与地区和立地的匹配(例如，Booth，1995)，特别考虑降雨、极端条件、温度手段等土壤和气候方面的基础数据。

地表植被中指示植物的利用

人们通常用自然或半自然地表植被的组成表示地理限制区内的土壤和气候条件。自然植被的变化是物理环境变化的反映和整合，所以在进行树种选择时，可以将自然或半自然地表植被组成作为价值参考。温度、光照、供水、土壤透气性和肥力这些统一的基本变量，在很大程度上决定了林木生长和较低高度植被的组成。但这些变量在实践中很难衡量。一地区自然或半自然植被的分布若充足，可以将其作为相同气候、土壤和地表区内立地变异的灵敏指征(Kilian，1981)。欧洲及其他地区通常采用基于植被的分类方法。例如，自 Anderson(1961)在其作品中研究该命题伊始，人们就广泛将不列颠群岛(British Isles)的地表主要植被类型作为树种选择的标志。人们把各种植物和植物群落作为立地生产潜力(其他案例参见本书第五章，第 61 页)和人们其他感兴趣特性的标志，这种指示应用是所有系统的基础。在许多地区，特别是多山国家，若对当地地形和立地条件进行了详细考虑，就常能结合当地条件提出改变树种的有效方案。

如何满足造林计划目标

树种在经济等方面的适宜性对于实现人工林计划目标显然至关重

要，但必须优先考虑什么才是该地区土壤和气候条件下生长最佳的树种这一基本生物因素，然后考虑经济和其他方面。在这些限制性要素中，易于建植、早期生长快速、抗风能力和能产生经济价值是理想的特征。对于人工商品林来说，轮伐期时长和实施的贴现率对树种选择有很大影响。这种影响通常意味着要在数量和质量间做出抉择(Price, 1989)。如果贴现率高且生长快，那么种植轮伐期短的松类、云杉和桉树等有大宗市场需求的树种，通常会有更好的收益。虽然这类树种每立方米价值可能比生长速度较慢的树种低，但比生长速度较慢的树种更有吸引力。市场风险也会影响树种选择：用途广泛得到大家公认的传统树种通常被认为是安全的树种，因而其种植面积也更加大。

尽管在实践中为避免出现经营和营销问题人们集中精力种植几个树种的情况很正常，但大多数立地都有大量树种可供选择。在欧洲等大部分温带地区，营造人工林主要是为了满足工业用途诸如锯材、纤维制品以及生产板类产品的需要。有些人工林是为了保护环境——防治水土流失、防风、修复退化土地等，其他目的有美化市容、提供运动场所或发挥自然保育作用。许多人工林有多种目标，其供应的市场和目标也不止一个。在当前推广人工林成为可能的背景下，气候较温暖的温带国家的大部分人工林经营是为了获取纤维，例如葡萄牙大面积的桉树人工林。寒冷地区轮伐周期长，种植人工林是为了获取锯材、胶合板和单板。松属、云杉、花旗松非常适合生产单板，在西欧大部分地区以获取纤维和锯材等为主要种植目的。

第七章
栽植和重建立木度

树种选择完成后，人工林经营的下一程序就是如何栽植林木。通常来讲，栽植是通过种植苗圃中培育的幼苗完成的，有时也通过立地直接播种进行，但这种情况并不多见。

种植材料

用于栽植的苗木通常通过以下方法培育：

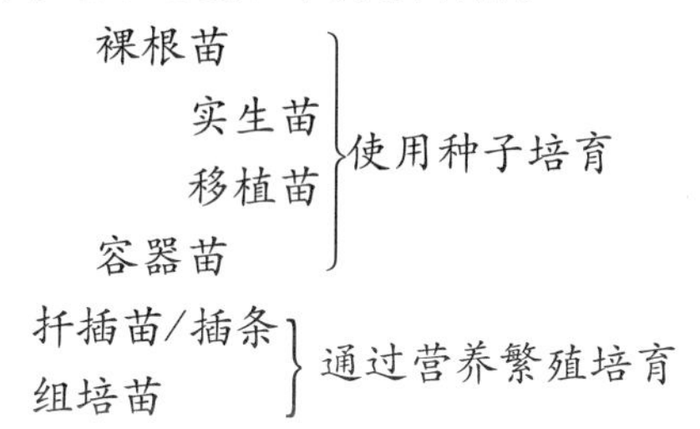

所有这些方法的目的是培育价格低廉，品质、规格利于运送处理和成活生长，并且适宜在森林中使用的植株。它们必须足够强健，可以抵御运送处理种过程中受到的损害，不会过快脱水，养分储存足以支撑生长，而且有根系并能够迅速定植。

在大多数温带国家，所有这些育苗技术都已经实现高度专业化，以至于认为关注它们的不应是森林经营者，而是苗圃管理者了。然而，对于森林经营人员来说，了解不同类型苗木质量和潜在问题同样是重要的，这也便于他们在订购苗木时能够更加清晰地描述自己的需求。

裸根苗

Aldhous 和 Mason(1994)详细描述了裸根苗等的培育技术。大体上说，苗圃的工作流程包括：春天苗床播种；一年或更长时间之后，树苗被移栽到生长空间更大的苗床上；或者在10cm左右深度对树苗进行切根，以促进苗木须根生长和其他的条件反应。根据品种、当地天气状况以及植株规格，幼苗在播种1~5年内被最终移栽到森林立地上。

移栽或切根的一个重要目的是促进根系生长，以便植株在造林后可以更好地成活和生长。但是，根系也不能过度分散，要保证其在连根起苗时是基本完整的。移栽不可避免地会影响到根部重量与地上部分重量的比率。通常情况下，在同一生长期内，未扰动幼苗的根部与地上部分的重量比率较高。以种植期为例，天然苗的根部与地上部分重量比率至少为1:1(甚至为3:1)，而这个比率在人工育苗中只有1:2。苗圃培育的植株，无论是裸根苗还是容器苗，其根部长度与地上部分长度的比例通常为1:1至1:2，而该比例在同生长期的天然苗中通常为4:1(Stein，1978)。

为确保移栽后苗木可以更好地成活和成长，仍需在苗床阶段完成大量工作，包括间苗、施肥以及切根等(参见Driessche，1980；1982；1983；1984)。裸根苗有很多形态学质量标准(例如：Chavasse，1979；Aldhous，1989；Aldhous和Mason，1994；Kramer和Spellman，1980)，其中最有用的指标是根颈直径(collar diameter)。但是，苗木等级与成活率的关系并不大。至少部分是因为在从苗圃移出到种植的这段时间内，由于疏忽等原因，很多可以保证高质量苗木的工作都没有做到位，导致存储或运输过程中的苗木水分缺失和物理损伤(Tabbush，1987)。这些照料工作的重要性再怎么强调也不过分。

提高对于生理质量标准以及炼苗(preconditioning)的认识都很重要。目前，有两个常用的判断苗木活力(vitality)的方法：根部生长势(root growth potential)和细根电解质渗透率(McKay等，1994)。根部生长势通过观测在控制条件下刺激根部生长的结果得到。电解质渗出率通过测量幼苗根部在一定时间内浸泡的蒸馏水的导电性获得，受损的(不健康的)根部会渗透出更多的电解质。在英国，林业委员会提供针叶树实生苗及移植苗的活力检测服务，使用的是基于电解质渗透率的技术。

容器苗

20世纪60年代开始的一个趋势，是在温室中用不同种类的容器培育树木。当这些容器像蜂巢一样批量摆放在一起的时候，它们被称作蜂窝容器苗(cell - grown stock)(图7-1)。这最初是在加拿大和斯堪的纳维亚进行的气候测试中应用的。在这些地方，传统苗圃需要4到5年才能培育出合适的移植苗，而在温室中只需一年或更少的时间。在热带地区，容器苗的种植由来已久。使用容器苗有如下优势：

(1)有可能延长种植期，可在裸根苗的正常种植期过后种植。这对于管理方面来说是有价值的，特别是在人力资源匮乏的情况下。

(2)几个月至一年的短生长周期使得植株需求与植株生产之间更加匹配。

(3)由于容器苗生产监督成本低于传统苗圃，提高人均产量成为可能。

(4)更多品质均一的苗木产量提高。

(5)与裸根苗相比，容器苗受到疏于照顾或不当处理的情况较少，但一种危险是它们可能会被更加粗暴地对待。

(6)如果操作得当，种植可以以高度一致的方式来实现。可以减少由于不良种植技术而造成的损坏。

(7)根据容器规格不同，植株的成活率可能会更好，并且前期生长改善，特别适于干旱地区困难树种(如，欧洲黑松亚种科西嘉松 *Pinus nigra* subsp. *laricio*)的造林。

图7-1　瑞典蜂窝容器培养的松树苗和云杉苗

在运输到种植地点之后和栽种之前，每日浇水对于植株的成活率至关重要然而，容器苗也有缺点。主要的一个缺点是，为了与裸根苗在成本上进行竞争，容器都做得很小，以降低搬运和运输的成本。这也就意味着植株通常要比传统的移栽苗小很多。它们因此也更容易受到各种伤害，特别是食草类动物、鸟类、冻拔、野草吞噬等。成林时间也可能更长。种植在某些容器的苗木根部会变形。为防止这种情况发生，已经做了很多工作来改进容器设计和工艺。可是，裸根苗里通常也有根部缺陷(参见第95页)。最后，由于容器苗最敏感的根部在地面以上，因此在苗圃里更容易受低温伤害。

已开展很多裸根植株与容器植株的对比研究。总体上讲，如果栽种得当，两者差别并不明显。但是，如果种植被延迟到了晚春，容器苗定根表现就明显优于裸根苗(Kerr 和 Jinks，1994；Burgess 等，1996)。

无性繁殖和组织培养

通常的做法是使用根插条(rooted cutting)，有时也叫插穗(sett)，来繁育杨树(参见第212页)、落叶松，部分榆树以及少数其他易生根、无性繁殖材料抗病性和活力高的树种(Heybroek，1981)。插条也用于繁殖不能产生有活力种子的树种，如黄扁柏(*Chamaecyparis nootkatensis*)与大果柏木(*Cupressus macrocarpa*)基因间杂交而得的杂交柏雷兰迪(Leyland cypress)，有时还包括很多其他树种的有意思的栽培种。它们也用于建立选定单株的种子园，如英国的西加云杉(*Picea sitchensis*)种子园。当前，通过人工针叶林枝条扦插实施规模化繁殖，已广泛用于快速引进改良遗传材料(Mason，1992)。与传统种子园生产的种植材料相比，扦插繁殖的生产效率提高10%以上。根据所需植株年龄和规格的不同，成本要比常规实生苗或移栽苗增加20%~50%。

Mason 和 Jinks(1994)研究了涉及无性繁殖的多种技术和问题。对于插条来说非常重要的物理条件对能否成功生根至关重要。酶、养分、湿度、光照、生长素应用，与生理因素(特别是插条来自的树的树龄及其在树冠的位置、它的整体健康状况)一样重要。通常情况下，从不超过6年生的实生树木最容易实施无性繁殖。

组织培养因超高的繁殖速度而在无性繁殖中更有潜力。“组织培养”一词用来描述无性繁殖的三个方面：

(1)对真正的组织的培养。包括在未分化愈伤组织形成器官之前的培养过程。

(2)对器官的培养。细胞的组织区位(通常是芽分生组织)在培养过程中生理上保持完好无损。

(3)利用细胞悬浮液培养，得以培养的组织是一个单细胞(即被去除细胞壁的植物细胞)。

组织培养技术已取得长足进展，并在许多树树种上复制应用，如野黑樱桃(*Prunus avium*)(Label 等，1989)、西加云杉和日本落叶松。关于组织培养和微繁技术(图 7-2)的基因工程特性，见第六章有关内容。

图 7-2　微繁殖——由黑核桃(*Juglans nigra*)和核桃(*J. regia*)杂交胚胎轴体外培养 6 周后长出的新苗

(照片：C. Jay-Allemand，INRA)

通过选择在活力、外形、材性、抗病性及其他特性方面的基因优良的树木，大量培育无性系材料，使快速更换林木成为可能。优势(superiority)是通过在有性繁殖中可能剥裂的显性或上位性实现的。无性系繁育应用于苹果、柑橘以及橡胶已有几个世纪了。这些树种的价值较高，适于使用昂贵的保护方法，而人工用材林则不是。单一无性系的一个劣势是，如果广泛种植，它们可能会变得极易受到病虫危害，病虫害可以克服只有由一个或几个基因决定的暂时性的抵抗力。这种情况已经在日本柳杉和欧洲的杨树中都曾出现过。与遗传基础狭窄有关的问题在多种农作物中非常著名。可以通过在人工林中混合多种筛选基因来降低这个风险(参见27页)。很多人认为，无性繁殖对于林木遗传非常有用，但它并不属于可以大范围使用的技术，除非无性繁殖系个体已在长期(两个轮伐期)成功生长。无性系林业的优势和问题目前仍广受争议。

直接播种

在管理、立地以及树种目标都合适的情况下，直播是传统栽植和天然更新的补充。自从发明驱避剂保护种子免遭天敌侵害以来，直播已在数个温带国家成功运用。比如，法国约10%的造林绿化，斯堪的纳维亚半岛国家有不到5%是通过直接播种完成的(Kroth等，1976)。它在温带国家主要应用于粗放管理、复杂地形，发生过火灾、风折和虫害的区域和森林。种子常是从空中撒播的。适用于直播的树木种子通常小且易于获得，在土壤表面可以迅速发芽生长。英国播种的栎树和白蜡(*Fraxinus*)都在不同程度上成功了。控制杂草竞争和防止牲畜啃食非常重要。

移栽树与天然下种树的根形对比

自19世纪80年代起，关于移栽树根部变形程度的争辩，每20~30年就重新开始一次(Huuri，1978)。天然更新的树木和直播的树木在发育良好的主根四周通常有大量强健的侧根。主根向下生长到什么程度取决于土质和树种。一些树种，特别是松类，在它们的第一个生长季早期(约在播种后的60天之内)，不具备发育第一批侧根(这些侧根会最终成为主要结构部分)的能力。因此，根系的最终构型是其生命早期阶段形成并基本保持不变的。其他树种，如欧洲云杉，更有适应性。

根的数量、生长情况以及分枝习性，主导着树木自然根系的形状、大小和对称性。对于适应较湿润土壤的云杉类等，由于主根生长缓慢，侧根和斜生根担负起了结构支撑的功能。根系呈典型的钟罩状，穿越土壤条件所允许的深度。主根对于松树等树种更为重要，这包括花旗松、栎树等。对多数播种树木抗风性和直立状态的测试表明，自然根系一般可以有效地锚固树木。

虽然根系的对称性有时是一个自然特征，特别是非优势树种林木和在多石、坡地上的树木(Eis，1978)，但许多种植的树木在一开始就不太适应机械支撑的功能。裸根苗的根系通过修剪、搬运以及移栽被改变了。容器苗的根部也都实施了重塑和修剪。所有的根在种植时都可能会变形。裸根苗木即便是精心栽植，其两侧的根系也可能受压。如果苗木未正确栽植，茎干基部上所有的根都可能单侧生长，也可能被挤进过小的种植穴里。容器中栽植的苗木也有特性上的改变。一些容器苗的主要侧根与主根平行生长，直至10~15cm深度后才沿大体水平的方向生长。有时，根绕着容器壁螺旋生长，导致栽植的树木变形且不稳定。

普遍认为，天然更新和直播最有利于根系发育。但大面积成功造林的实践中，几乎没有确凿的证据证明，使用裸根苗、容器苗及扦插苗造林，树木根系发育会严重受损。此外，根的生长模式很大程度上受苗圃和栽植措施的影响，根系的后续发育常更多受土壤物理性质(如，根深、防渗层以及厌氧条件)、栽植点上的培植和耕作，以及栽植点与老树桩之间的距离的影响(Quine 等，1995)。

生根特性和林木生长

有研究表明，在可比条件下，人工栽植的树木(包括移植苗和容器苗造林)起初并没有天然更新的树木生长得好。多数树种的裸根苗会在栽植年份“蹲苗(check)”，特别是在竞争植被多的立地上(Hellum，1978；Leaf 等，1978)。云杉树种特别容易发生这种情况。与顶部生长相比，容器苗会表现出根系生长不足的问题，且10年后冠根比比与同龄天然实生苗要高25%~30%。这可能是根系由于从容器的培养基到立地土壤的适应过程中遇到了困难。

相比之下，天然下种或人工直播的植株极力与密集的地表植被竞争生长。健康、强健的移植苗此时会显示出较好的存活率和活力。

苗木规格

在森林苗圃的苗床、移栽行里以及容器苗中，苗木规格的差异是非常明显的。了解这种差异对苗木活力的内在差异的提示意义，以及植株规格在栽植后前几年中对成活率的影响，是必要的。

Sweet 和 Waring(1966)在 20 世纪 60 年代用日本落叶松和桦树所做的实验表明，苗圃中早期发现的苗木规格的差异源于发芽率的不同、种子大小的不同以及生命力的遗传差异。他们得出结论：一般情况下，苗木规格差异出现在发芽时期，其中部分属于非遗传性差异。

Pawsey(1972)指出，在相当广泛的范围之内，如果对不同规格辐射松苗木植株分开栽植，其栽植成活率和后续生长几乎相同。但是，如果大小苗木混在一起，大苗的就会一直保持着其原本轻微的生长优势。Pawsey 得出结论，苗木规格并不能可靠地证明小植株的生命力就不强。但是，在实践中，由于小植株天性娇弱，储水能力不好，对杂草竞争较为敏感，因此死亡率也较高。

对于针叶树来说，30~40cm 高且茎根直径大的裸根移植苗更受欢迎，当然也有例外的，特别是一些松树。比如说，科西嘉松(*Pinus nigra* subsp. *laricio*)在出圃搬运的过程中特别容易受到伤害，受伤的苗木栽植后会受到非常严重的损失。因此，较小的容器苗虽然除草工作量更大，但更受欢迎。与小苗相比，大规格木苗木容易发生基位移(basal sweep)和早期生长不稳定的困扰。

对于很多阔叶树来说，通常可用高达 1 米的苗木成功造林，但是，茎根直径 5mm 以上的健壮移植苗通常是最佳选择。根据容器大小，容器苗常为 15~30cm 高。然而，无论是裸根苗还是容器苗，种植后可否很好的存活，与茎根直径有很大的关系，茎根直径是比高度更重要的评判标准。

用护筒保护幼木

如对阔叶树单木实施套筒保护，将对其生长有极大的帮助(Tuley，1983；Potter，1991；Kerr 和 Evans，1993)。这样的护筒由塑料制成，截面积约 80cm^2，围护于新栽植的树木周围(图 7-3)。在防护下的前 3 年关键期中，栎树的高生长可加速 3 倍；其他的阔叶树种(如，针叶树)表现略为逊色。快速生长降低了对杂草以及霜冻害的敏感性。保护套筒还可使幼树免受食草类哺乳动物(如，狍鹿以及兔子)的伤害，同时也利于安全使用化学除草剂。在杂草丛生的地方也可以清楚地看见所栽植树苗的位置。一般来说，高1.2m的保护套筒，可以防止一些食草类动物，如狍鹿；如有马鹿出现的话，可能需要更高一些；在没有这些鹿的立地，1.2m以下就可以了。虽然现代的苗木保护套筒可在太阳光下降解，但用老式护筒栽植的树木还是要移除防护，以免树木窒息。在欧洲，每年有数百万的树木使用护筒。

图7-3　农田上新栽植的树木

在保护套筒内种植栎树(Crwon版权)。如果面积大于$1hm^2$，则通常用栅栏而不是单木护筒

补　植

对死株进行补植是栽植后的一项日常工作，可能会造成一定的浪费。由于原植苗要比补植苗生长期多出至少一年，补植苗长势落后大，其被包含在最终的主伐林里的可能性也极小。只有在宽间隔情况下，补植苗才会在高度、直径生长以及分枝尺寸上对原植苗有所影响。除非死苗特别多，种植范围特别广，或是间隔特别宽(大于1棵最终的主伐木

所占的空间，约 $25m^2$），补苗通常是不值当的。如确有必要，所补苗木必须规格足够大，并且生命力足够顽强，以此保证可以和原植树苗进行竞争。最佳策略是保证全部原植苗栽植成功。如果确实出现了大面积死苗，比如说死苗率占原植苗的20%以上，应查找原因并寻找补救方法，而不仅仅只是补栽更多的苗木。高死亡率的原因可能是动物啃食、除草效果不良、从苗圃运来的苗木为死苗或不够健康。

栽植方法

即便了解到苗木的栽植方法会影响到以后的根系类型、长势以及稳定性，仍不足以说明栽植这一环节得到了足够重视。栽植工人是按照一天栽植苗木的数量，而不是质量获取报酬的。已经非常确定的是，如栽种后树木的生长与扰动土壤量成正比例关系。Mullin(1974)通过两组对照，研究了栽植如何对红松(*Pinus resinosa*)的生长造成影响。20年后，其中一组的材积比另一组大14%，揭示了栽植方法不当可能产生长期影响。

裸根苗的栽植方法很多，但多数都基于个人喜好和经验。最简单和普通的方法就是用铁锹或锄头挖一个垂直的凹口(图7-4)，前后推动铁锹松动凹口底部的土壤，让苗木的根尽可能伸展地栽植进去(Hibberd, 1985)。但这不可避免地会导致两侧根系受压。之后土壤被回填，茎根周

图7-4 英国山地造林(Crown版权)

围固定住，但不应过分压实。不同的是有T型凹口和L型凹口之分，均是通过铁锹二次沿垂直角度挖成的。对于有机质土壤，泥炭“塞”(plugs of peat)会在栽植时先被半圆铁锹移出去，苗木放进去以后又填埋回来。在合适的地形上(通常相对平坦且无石头、树桩)，使用改良后的农用白菜栽植机(cabbage planter)以及其他机械的栽植也在实践之中。

苗木栽植的过程显然是个让苗木适应立地土壤的过程。这可以通过在栽植点打开一缝隙来完成，也可通过挖一个大到可以让树根伸展开来的坑完成。通常后者更易存活且前期生长更好，但由于成本较高，森林范围的栽植几乎不考虑此方法。一个熟练的工人一天挖坑可以栽植200棵，开缝栽植则高达1000棵。

栽植区位

栽植的位置常因整地方法、预期杂草竞争、水分状况、日照等条件的不同而有所不同。在易干旱地区，栽植通常都在地垄里实施，使植株免受杂草以及水分缺乏的影响。在潮湿的地区则正好相反，苗木被栽植在土丘以及反向垄作上以及侧边的台面上，便于排水。在垄作过厚以及栽植点裸露严重的地方才使用到台面。在条件没有那么极端的栽植点，苗木就直接被栽植在不整理的现有土壤表面上。只有潮湿立地上做垄才是正常的。通常，英国的大多数二次轮作(采伐更新)点，由于老树桩的存在，考虑到成本过高，不会进行任何形式的整地。然而，在斯堪的纳维亚的国家，重新栽植之前普遍实施整地。

栽植时间

虽然不能在大雪以及地面冰冻时尝试实施栽植，但是裸根苗若在休眠期内栽植，成活的几率会大幅增加。因此，栽植多是在晚秋或是早春至中春，在花苞开放之前进行的。假如晚春或初夏栽植条件仍然适宜(凉爽、湿润)，通过冷藏可以将最晚栽植期延迟几个月。容器苗在整个生长期都可以栽植，但最佳栽植期也是在秋天和春天(Burgess等，1996；Kerr和Jinks，1994)。

对于阔叶树和松柏裸根苗，有在秋天、早冬栽植还是在晚冬、早春栽植两种不同的意见。有时由于栽植计划及可用人工的限制，别无选择。当地经验的潜在目标常是使立地树种根系生长(见下一段)达到峰值，特别是在欧洲。在英国，高地针叶树通常在春天栽植，低地的阔叶树通常在秋天栽植。在气候持续干燥或是冬天普遍雪霜的情况下，可确保成活率的栽植时间不仅非常短暂，而且根据具体天气状况会有所变化。

新栽苗木的根系的生长势是影响其成活率的关键因素。该潜势是指苗木在被移植后短时间内长出并延长新根的能力(Ritchie 和 Dunlap 1980)。通常，生长势会在秋天和冬天有所提升，在晚冬和早春达到顶峰，在苗木营养芽开放之前迅速降低，在夏天中期或后期有时可能会有小幅增加，在干旱的栽植点也相对较低。对北爱尔兰的高山栽植点一年的成活率的记录表明，3 月和 4 月栽植效果最好(图 7-5)。当然，这些描述的都是在通常情况下，早春极干、大风天气可能导致高枯损率。

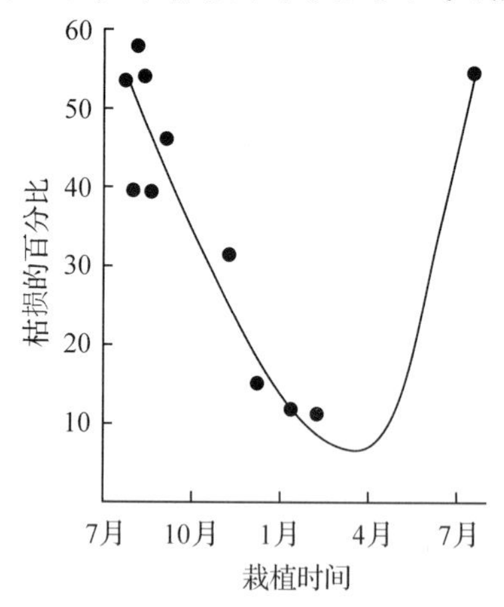

图 7-5 种植时间对北爱尔兰深层泥炭立地西加云杉(*Picea sitchensis*)人工林枯损率的影响(Northern Ireland Forest Service，未发表)

栽植模式及密度

人工林栽植需要利用规整的间距确保苗木合理的均匀发育，包括行状配置，以便至少可以沿着同一方向栽植。通常栽植成矩形而不是正方形，行与行之间的距离为 2. 2m 及以上，以方便拖拉机悬挂机器通过，同时降低化学除草成本。

实际采用的密度因树种、立地和经营意愿等而有所不同的。这往往需要在栽植成本、未来运作成本以及产品价值之间寻求结合点。虽然没有明确规定，但一般情况下，近间距栽植可以快速消除竞争植物，减少火灾风险，抑制侧枝，促进许多阔叶树种向上发展(Kerr 和 Evans，

1993)。较宽距离更适合快速生长的树种，特别是在没有间伐或是早期间伐无利可图的栽植点。然而，宽间距，对于针叶树来说，会带来幼龄材的过度生长；对阔叶树，会导致树形不良、分枝过多，最终经济效益不好。这些方面会在第十章里详细探讨。

混交林的栽植和“呵护”效应

由于人工林均考虑经济优势，所以单一树种的同龄人工林占多数，这样，管理、在林中作业、收获以及销售也都比较简单。混交林(特别是异龄混交林)除了有经济上的优势外，还有生物学上的生物多样性以及美学方面的优势。比如，混交林在满足市场需求方面更加灵活，树种选择的错误的后果不会那么严重。但混交林栽植最常见的原因，是为了环境美观和自然保护，为了实施主伐的阔叶林在生长期时从针叶树得到回报，以及为了实现不同树树种间的“呵护”效应。

“呵护”效应包括三个方面。第一，快速抑制竞争植物。第二，保护娇弱树种在其早期较敏感时期不受霜冻侵害。后期演替树种，如欧洲山毛榉，多数冷杉和北美乔柏(*Thuja plicata*)，如能得到生长较快混交树种的“护理”或栽植在几近成熟的树木遮阴，其前期生长都会更好(图7-6)。栎树若与针叶树混交，则更易于长出明显且笔直的中心轴。

图7-6　英国阿伦德尔森林中，极耐阴的山毛榉与花旗松混种在银桦(***Betula pendula***)下(摄影：D. Cooper)

"呵护"的第三个效应是，在贫瘠的立植点上，不同的植物种可以互相提供营养。固氮品种，无论是树木，如多数赤杨(*Alnus* spp.)，灌木甚至是草本植物都可以起到"呵护"的作用，其他树木也可以受益于其提供的营养，例子见于 Moffat 和 McNeill(1994)。举个比较具体的例子，O'Carroll(1978)发现在爱尔兰的泥炭性灰壤立地上，北美云杉(*Picea sitchensis*)与日本落叶松(*Larix kaempferi*)或美国黑松混植时要比单纯栽植云杉长势好，很大程度上是由于是落叶松等提供了更好的氮素营养(表 7-1)。

表 7-1　日本落叶松和美国黑松(*Pinus contorta*)对北美云杉的长势及叶片养分含量的影响(摘自 O'Carroll，1978)

处　理	18 年生时的平均高(cm)	18 年生时的高生长(cm)	树叶的养分浓度(占干重的%)		
			氮	磷	钾
西加云杉纯林	119	10	1.11	0.16	1.08
云杉 + 落叶松	295	34	1.58	0.21	1.24
云杉 + 松树	151	16	1.42	0.17	1.08
最小显著性差异(LSD)5%	23***	12***	0.23***	0.03***	NS

***表示在 99.9% 概率水平的重要值

产生这种更好的营养的原因尚不清楚，可能是由于每年落叶的落叶松所带来的氮的转移和快速流通，以及更好的菌根共生体。McIntosh(1983)提到过在苏格兰的泥炭地也有类似的效应；Evans(1983)也提到了一些在日本落叶松以及欧洲赤松效应下，阔叶树生长得更好的例子。

"自疏混交"应用于风折风险较高、疏伐作业比较危险的地域(Lines，1996)。通过混植生长速度不同的树种，如夏洛特皇后岛(Queen Charlottee Islands)的北美云杉和阿拉斯加的小干松，或混植生长速度不同的同一树种，如夏洛特皇后岛北美云杉(快)与阿拉斯加北美云杉(慢)。这两种混交在英国都有使用。生长速度较慢的树木在生长受到抑制之前，对生长速度较快树木的分枝及幼龄木茎干尺寸有所限制，使立木度降低，最终可以产出锯材原木而不是纸浆材。

混交林难以经营管理的原因是较珍贵、生长期长的树种通常生长较慢。如果疏伐和解放伐有所耽误，这些树种就很容易受到抑制，导致栽植失败。

混交林栽植通常是将不同的品种隔行种植。在英国南部，每隔 3～4 或者 5 行挪威云杉会栽植 1～2 行栎树。更罕见的是一组栎树（至少 9

棵）被栽植在一组针叶树之间。这些群团栽植的做法并不适宜在山坡上实施，可能会导致难看的条纹或棋盘格效果。但是，重要的原则是保证混交林木是健康的。在混交林中，稍有忽视就会对生长速度较慢的目的树种造成长期潜在伤害。要保证两个树种的生长速度相差不大（不超过20%），不然就会有被抑制的危险（图7-7）。

图7-7　白蜡（*Fraxinus excelsior*）与铅笔柏（*Thuja plicata*）的混交林

起初是3行铅笔柏与1行白蜡混植，由于间伐，现在已经减少至1行铅笔柏与1行白蜡混植。这两个树种早期生长速度类似

一些阔叶树种（最明显的是栎树）的栽植如果以高质量的木材为目标，需要保持足够高的林分密度保证主干的合理发育和垂直生长（Kerr和Evans，1993）。如果由于成本原因栎树不得不以宽间距（3米以上）栽植，那么混交林是更合适的选择：要么与精心挑选的针叶树混交，要么保留天然更新的桦木、赤杨以及柳树等。

结　论

人工林的成功栽植取决于多方面的因素。为了保证栽植成功，需要特别注意如下方面：苗木品质、立地的选择和整地、树种的选择、栽植技巧、抚育（除草）和保护，对任何一方面的疏忽都可能造成整个种植计划的失败。

第八章
杂草的控制和清理

无论是人工林还是天然更新林，在林木成活生长的早期阶段，充足的光照、水分和养分都可能导致草本或其他木本植物的爆发性生长。如果一种植物生长在它不被需要的地方，并且以某种方式造成了干扰，就称杂草。然而，有些植物对目的树种是有益的。对森林植物的管理，就是促进有益的，同时消除不需要的(Gama 等，1987)。

本章首先描述了森林植物与林木之间交互作用的方式以及杂草的主要特征，然后提出控制杂草的合理策略。由于除草剂的高效性和低成本，以及它们在农业和林业中的重要性，也将作特别强调。

森林植物间的相互作用

竞　争

森林植被与幼树竞争光、水和养分，会阻碍幼树生长。对水分的竞争似乎最为重要(Lévy 等，1990)。在干旱地区，或者甚至是夏季雨水稍微不足的地方，除草对于幼树的成活率非常关键，可能带来生长量的大幅度提升(图 8-1)。在法国中部极干旱的一年，Frochot(1988)指出，欧洲黑松亚种科西嘉松人工林在铲除了杂草的地方，栽植成活率为 61%，对比地块为 27%。其他例子见图 8-2 和图 8-3。

图 8-1　法国 Landes 的海岸松人工林

（通过圆盘犁垦耕行间的杂草减少水分竞争和火灾风险）

图 8-2　杂草竞争对 7 年生欧洲赤松的影响：未除草(左)；树周半米内完全除草(右)(照片：L. Wehrlen，INRA)

图 8-3 帚石楠(*Calluna vulgaris*)杂草立地上的 12 年生挪威云杉(*Picea abies*)人工林，造林 2 年后用二氯苯氧乙酸对较高林木的周围除草(右)，左边林地未除草(照片：L. Wehrlen，INRA)

杂草的其他负面影响

在资源基本不受限制的地方，除草的目的是防止它们抑制幼树。攀援植物或匍匐植物会导致树木永久变形，甚至将树木勒死。非目的木本树种碰擦所种植的林木会造成伤口。一些植物(如，槲寄生 mistletoe)是寄生植物，而另一些可能会给伤害林木的微生物天敌提供栖息地。Fryer 和 Makepeace(1977)研究了植物通过害虫、寄生虫的主要或次要寄主，间接影响树木生长的途径。比如，茶藨子属(*Ribes*)植物是引起五针松疱锈病(*Cronartium ribicola*)的交替寄主(见第 157 页)。杂草还为啮齿类动物提供掩护，掩护的减少可以阻止啮齿类动物种群数量的增加。

一些杂草异株克生(allelopathic)，释放对潜在的竞争者有害的或抑制性的化学物质。Baker(1974)指出，这种植化相克的现象似乎已被越来越多的例子证实了。它可以影响人工林的发芽和生长，也可通过与菌根的交互作用间接影响氮素供给(Gama 等，1987)。然而，由于水、光和养分的竞争，在森林中很难证明植化相克的真正影响(Frochot 等，1990)。

在严重火灾易发地区，对整个林区(至少是防火道上)所有地表植被的控制都非常重要(187 页)。

伴生植物

其他森林植被不是完全有害的。它们可以保护人工林免遭诸多自然风险，如：晚霜、大风、日灼等。在某些情况下，它可以帮助自然整枝，与狩猎动物的联系方面有利有弊。森林地表植被可能非常有用，可以保护土壤结构，防止侵蚀，还是幼林营养的暂时“仓库”——没有它们养分则可能就在立地上丢失了。很多林地植物是自然或半自然群落的一部分，从这个意义上来讲，任何植物多样性上的减少都会影响到立地的自然保护价值。

有的植物不是在任何地方或任何生命时段都是杂草。欧洲蕨(*Pteridium aquilinum*)在各处生长，但只是在酸性土壤上是重要的森林杂草。常绿杜鹃(*Rhododendron ponticum*)在多雨和温暖的英国西部极具侵略性并难以处理(Tabbush 和 Williamson，1987)，在爱尔兰是少有的外来森林植物之一。杂草在特定地区对于不同营林作业法来说其严重性是不一的。农业和林业的不规整作业体系常以杂草和害虫少见为特点，而皆伐后杂草常使更新造林困难重重。

正面和负面的影响通常交织在一起。Frochot 和 Trichet(1988)的研究表明，与大面积除草地地块相比，小面积除草的地块由于周围植被的保护效应，早期对幼龄欧洲赤松生长有益。但数年之后，由于对水分的竞争，小的除草面积对林木无益了，因此，未除草的面积一直在下降。

杂草的特点

一棵“理想的”杂草具有表 8-1 列示出的一系列特征，许多是 r 选择策略品种(154 页)的特征。幸运的是，没有植物会具备所有这些特征。但是那些没有或只有很少特征的植物也不太可能是杂草。一些植物的特征带来的问题使其成为杂草，杂草的出现不是人类有意为之；这些植物因极具竞争性、适应力强且易形成大种群而难以控制。

杂草最主要的不利影响是降低人工林的成活率(Frochot，1988)。在对一片自然植被(如，林地)开始实施干扰时，出现的杂草常常是本土种，而农作杂草则可能同时包括大量的非本土种。杂草在人工林的整个生命阶段几乎是一直存在的，特别是在早期阶段。

欧洲主要的竞争植物有(Dohrenbusch 和 Frochot，1993)：曲芒发草

(*Deschampsia flexuosa*)、丛生禾(*D. cespitosa*)、匍匐丝绒草(*Holcus mollis*)、绒毛草(*H. lanatus*)、短柄草属(*Brachypodium* spp.)、剪股颖属(*Agrostis* spp.)、酸沼草(*Molinia caerulea*)、茅草(*Elymus repens*)、大羊茅(*Festuca gigantea*)(图 8-2)和莎草科无脉薹草(*Carex brizoides*)。在东欧，由于氮肥的广泛使用，拂子茅(*Calamagrostis epigeijos*)正在扩张。其他植物群如：葡萄叶铁线莲(*Clematis vitalba*)和香忍冬(*Lonicera periclymenum*)，以及灌木，如金雀花(*Cytisus scoparius*)、帚石楠(*Calluna vulgaris*)(图 8-3)和荆豆(*Ulex europaeus*)也在西欧扩张。树木，如桦木(*Betula*)、柳树和鹅耳枥(*Carpinus betulus*)有时被认为是杂草(木)，而欧洲黑莓(*Rubus fruticosus*)在很多欧洲森林是非常严重的问题。典型的地中海木质灌木，如迷迭香(*Rosmarinus*)、百里香(*Thymus*)和薰衣草(*Lavandula*)在南部欧洲森林也可能成为杂木。

表 8-1 理想杂草的特征(节选自 Baker，1974)

(1)发芽条件在许多环境下都可以满足。
(2)间续休眠特性(内控的)和长寿命种子。
(3)从营养期到开花期生长迅速。
(4)只要生长条件允许，持续地产生种子。
(5)生态小种常见能自花传粉，但不是完全自发的单性生殖。
(6)异花授粉时，会借助非专门的访客或者风。
(7)在合适的环境条件下，种子产量极高。
(8)一些种子在非常宽泛的环境下都可以产生，且抗逆性和可塑性强。
(9)适于短、长距离传播。
(10)多年生，无性繁殖、萌生能力以及再生能力强，可以在暂时不利的条件下存活下来，如根据环境变化，调整自己的生长和发展。
(11)多年生，易脆裂，不易从地面上拉起来，食草动物不喜食。
(12)可以通过一些特殊方法进行种间竞争(叶簇生，窒息生长，释放异株克生化合物)。

控制杂草的策略

在人工林中，林木树冠一旦开始郁闭，就能抑制大部分竞争性的杂草和杂木。对杂草杂木的控制通常只是在这一阶段之前更为重要。与一年生作物不同，只要成活率不受严重不利影响，即便林木生长由于杂草竞争减缓数年，其经济损失也非常小。初步成林后，幼林阶段的立木需要逃离非目的多年生杂草木的压制，这些杂草通常是自然播种，如桦树，以及攀援植物和萌生植物。除草在首次疏伐之前进行，也可以和首次疏伐同期进行，称为“清理(cleaning)”。

通过全面除草加强早期生长优势，在林业里几乎没被认识到，其原因是全面控制的成本太高。同时，很多杂草是食草动物，如鹿、野鼠、兔子以及羊的食物来源。一旦杂草消失，种植的树木就会被严重啃食。因此，单方面的全面控制通常是不令人满意的。在化学除草剂出现之前，除草通过覆盖、定期锄地或全面犁地完成。传统上讲，只有部分情况下才全面除草：栽植短轮伐期速生树种，如杨树；或是在云杉立地上的异株克生杂草，如密集的帚石楠(图 8-3)(对此问题，施用氮肥更为划算)，以及杂草是重要的火灾隐患的地方。

林业上实施杂草控制的主要五种方法，适合于特定情形的合理有效的除草需要明智地交叉使用这些方法。

(1)在林业和农业中的种植之前普遍会用到培育防治法(cutural control)，就是通过培育来得到一块暂时无杂草的用于种植的土壤(见第五章)。种植后培育的方法包括：

(a)用覆盖物，如泥炭、树皮、聚乙烯塑料、毛毡，甚至是报纸(Frochot 和 Levy，1986)，抑制杂草生长。单独的树干保护装置(塑料护筒)用于对付野生或家养动物的同时也可以防止杂草，无论是通过装置保护还是通过加速树木生长，都是使树木生长速度快于杂草(Tuley，1985；Dupraz 等，1993)。护筒还可使树木免受实施机械防治时可能出现的伤害，并对无选择性的化学处理进行防护。然而，这种方法成本很高，通常用在植树、混农林业，或是面积小于 $1hm^2$ 的人工林。

(b)用镰刀、长柄大镰刀以及其他割削工具手工去除杂草，可以对化学及其他方法的除草进行有效补充，也可用于杂草可以非常轻易被去除的地方。这种方法技能需求少，设备成本低，但在短时间内非常有效。对树木的危害轻微，对操作者同样危险小。

(c)机械防治，包括便携式手提机器，如割灌机和除草机(clearing saw)，人工操作的机器，如往复式切割机。拖拉机悬挂式机器，包括拍打(flail)、切割破碎和辊压等功能。机械防治和使用化学药剂成本相差不大，但所需技能较少，对操作者更加安全。这种方法在较短时间内有效，因为它并没有将杂草杀死，而且设备较贵。对林木的损害会较大，操作时要非常小心。

(d)家畜放牧是一个非常有价值的除草方法。实施时务必十分小心，而且要适应树木品种、树龄以及动物的习性：通常在树木足够高大，可以支撑放牧压力的情况下才可实施(第 217 页)。

杂草控制中的很多工作都用在了剪草上。Insley(1982)指出，在英国的天气下，除非草完全地压盖了树，剪草本身不会显著改善树木生长，甚至可能有害(Davies，1984)。

(2)化学除草剂为人工林的除草提供了一个便宜又有效的方法；然而，在多数欧洲国家不允许在森林中使用化学药品。这一章中有单独的部分专门介绍除草剂。

(3)在种植之前，有时会用火来清理地表植被，石楠杂草的烧除就是个例子。它非常便宜，但在人工林附近实施非常危险，并且需要特殊技巧。人工林内部的定制火烧在一些欧洲国家中实施过(法国、葡萄牙、斯堪的纳维亚半岛，参见第五章和十三章)，但多数是在后期树木被厚树皮保护的阶段使用。

(4)作物竞争。通过树木遮阴除草是杂草控制中的重要组成部分。它通常不能根除问题，但是可以改变严重竞争的范围和持续时间。它是由初始间距、移栽苗大小、生长速度、品种选择等很多因素决定的。有一种技术被 Frochot 等(1990)称作“竞争取代(competitive replacement)”，是指播种地被植物，常用于在农业中的整地结束后，之后用短效除草剂去除杂草。需要选择对目的树种没有竞争的合适的混交种子，延迟来自自然植被的竞争，帮助保留日后对林木有用的养分。使用固氮豆类植物可能以后对林木有好处。

(5)植物病原体生物控制即便是在农业上也还没有大面积使用，但却是有潜力的。栎树接种栎枯病(*Ceratocystis fagacearum*)菌曾在明尼苏达州使用，帮助将低效栎林转化为松林。由于成本低、操作容易、死亡率高、对其他树种完全没有伤害，且对人体安全，这比曾经传统使用的三氯苯氧乙酸(2，4，5－T)除草剂更加便宜有效。虽然处理区与附近栎林之间真菌传播极少，但是该接种技术仍遭到了强烈反对，原因是栎树枯萎病有具有传染性(French 和 Schroeder，1969；Welson，1969)。生物控制的其他例子见 Templeton(1981)。

除草最可取的策略就是可以免除或大幅减少对附加营林措施的需求，利用树木自身的竞争能力快速成林。耕作对于除草非常有效，用来控制草、草木植物、石楠（*Calluna vulgaris*），以及欧洲蕨(*Pteridium aquilinum*)。如果种植点缺乏养分且需要排水，杂草竞争严重，可以通过犁耕除草。杂草被翻转并分置于垄下。等到它们恢复生长时，主林木已经占据并主导立地也就没有必要进行杂草控制了。

多种治理方法综合使用通常是最有效的。在南部英格兰的北美云杉

(*Picea sitchensis*)人工林试验中，无杂草且养分供给不足，生长量为 $32m^3/hm^2 \cdot a$，比普通最大值 $24m^3/hm^2 \cdot a$ 还要多 1/3(Rollinson，1983)。Frochot 和 Levy(1986)指出，相比于覆盖、除草剂和对照组(以递减次序)，地膜覆盖与肥料相结合对于提高在东部法国的甜樱桃的早期高生长最有效。Frochot 等(1992)解释了黑色地膜覆盖与个别树木保护的结合提高欧洲白蜡幼树的高度、直径生长并改善树形方法。

化学除草剂

在高肥力的立地，特别是第二个轮伐期的立地，可能会有草、草本植物、欧洲蕨和其他蕨类植物以及其他杂草杂木的快速入侵。对于它们来说，化学除草剂是主要对策，通常要在夏天栽种之前对杂草进行处理。对于数量很少的野生树，通常用手工或机器切削去除。竞争力较强的杂草(木)，包括阔叶小灌木，如栎类、桦树，以及常绿杜鹃(*Rhododendron ponticum*)是最让人苦恼的。在开始阶段，小灌木林再生苗比新栽植的树木生长速度快很多。为使树木存活，有必要对根桩施用除草剂，或通过反复进行除草剂和切割作业来控制萌条。这可能使得成本比原栽植成本翻上数倍。Evans(1984)中给出了一些建议。虽然所描述的所有方法在人工营林中都有指向，但从 20 世纪 60 年代中期以来，除草的支出已经开始明显下降。Holemes(1980)将其归因于化学除草剂的发明。化学药品将对杂草、杂木植物的清除从以前的每季两到三次缩减到每季一次。同样，在杂草木较多的立地上，林木从栽植到收获只需要一次化学治理就够了，不需要多次的手工或机器切割作业。特别是在清理阶段，栽植林木中本土杂草天然再生对环境的影响被广泛地接受，也减少了除草作业。由于化肥、培育等方法的有效施用，加上更加合理的栽植苗的规格和品种，成林期也缩短了。

1944 年发现的 2, 4-D(二氯苯氧乙酸)除草特性以及它随后的广泛应用，预示着一系列可用的除草剂的快速发展。化学除草相对便宜，有效期长，但技术难度较大，药品、剂量使用错误，都会造成危险，并且喷雾漂浮对环境危害较大。一些化学药品对人和动物有剧毒。与农业相比，林业上使用的除草剂数量极少。因此，制造商并没有制造林业专用的除草剂：现有的除草剂已在林业或苗圃条件下进行过测试。自从除草剂被发明出来以后，公众对化学药品使用不当引发危险的意识不断在增加，特别是在公认的天然林区内。这也导致多数国家的法律限制施用除草剂。

现在用于森林植被的大部分除草剂的化学成分、作用方式，使用方法和建议，以及法律条款，在很多科学刊物(Du Boullay，1986；Gama等1987；Barthod等1990；Dohrenbusch和Frochot，1993；Willoughby和Dewar，1995)以及宣传册和商品使用手册中有描述。可以简要总结如下(Frochot，1990之后)。

除草剂经如下部位吸收：

(1)叶，通过角质层；

(2)茎，包括木质化的茎，通过创伤甚至是树皮；

(3)根。

可通过以下方式发挥作用：

(1)只是杀死接触到的植物的相应部分；

(2)通过叶子转移吸收杀死整个植物——大多数用于林业的除草剂是这种内吸性除草剂。

通过土壤发挥作用的持续性除草剂在栽植后使用，用来保持土壤免受杂草干扰，也可在杂草木长出后施用。

栽植后，需要一些选择处理来防止幼树受到伤害。选择是相对的，不是绝对的，指在给定条件下，一些植物种被杀死或严重伤害，而其他植物不受到伤害。然而，一种指定的除草剂只有在一定剂量、环境条件、方法以及施用季节下才是选择性的。如果选择性的除草剂施用不当，也有可能伤害甚至杀死林木。它们包括：

(1)内吸收性、叶面的，以及非持久性的除草剂。它们对控制现有的常年生杂草最有效。

(2)喷洒在干净土壤上杀死草本植被的持久性除草剂。它们的有效性和持久性取决于土壤条件、降雨以及喷施是否均匀。

(3)持久性叶面除草剂。它们对于控制出苗后的杂草非常有效。

除草剂通过如下方法施用：

(1)超低量喷雾器。使用控制液滴喷头，需要的水非常少；只在喷雾不漂移的情况下使用；

(2)中量或高量背负式喷雾器；

(3)撒粒机；

(4)树木注射；

(5)使用纱芯喷头擦拭叶面。

施用的时间和每棵树周的施用范围都是成功的关键因素。为了控制单棵树周围的杂草，1m 直径的点施或是种植行 1m 宽的带状施用都是非常合适的。点施通常指处理全部面积的 25%。

尽管：(1)正确施用除草剂被证明是除草最便宜有效的方法(Barthod 等，1990)，(2)与农业上使用的除草剂总量相比，林业中使用的除草剂数量微不足道[1988 年英国为 0.06%（Williamson，1990）]以及(3)施用除草剂的森林面积非常小[法国每年只有 0.3%(Frochot，1990)]，但在多数欧洲国家，由于不断增加的环境压力，在森林中使用除草剂可能减少。关于除草剂的授权使用在欧洲国家之间有非常大的不同：北欧规定非常严格(在瑞士，使用除草剂是不允许的)，南部欧洲国家和英国规定没有那么严格，但是欧盟内部有开展共同监管的趋势。

森林植被管理的未来趋势是综合管理，包括除草剂施用在内的更为全球化的经济、环保型营林实践战略，包括：

——整地；

——人工除草；

——机械处理；

——单木防护；

——可能的控制放牧和控制烧除。

第九章
营养与肥料

在 20 世纪，由于造林面积大幅度增加和森林经营的强化，人们对在森林里使用肥料的态度发生了很大改变。在 19 世纪晚期和 20 世纪早期人们所接受的观点是，“几乎所有的土壤都能提供足量的树木生长所需的矿物质”(Schlich，1899)，这与现在普遍使用的肥料弥补缺陷的方法形成鲜明对比。Miller (1981a)认为，这两个观点并无根本性矛盾。对于森林养分循环的研究表明，化肥在林冠郁闭之前对森林大有裨益。因此，此后十九世纪以充分郁闭的林冠为目标的施肥思想仍然是正确的。在林冠郁闭前的几年里，林木有高效的营养储存机制，随着树木积累营养构建树冠，其生长更多取决于土壤养分供应。在此期间，林业工作者使用肥料和其他方法来增强树木的生长。

树木的营养需求

表 9-1 列出了植物生长所需要的至少 12 种营养元素，其中任一元素供应不足都会很大程度上影响植物生长。这些元素不包括源自空气和水的碳、氢和氧元素。其他元素(如，钠和硅)，在某些情况下，对于某些物种有益。Mengel 和 Kirkby(1978)讨论了每种元素的重要性。营养元素(或任何其他因素，如水或光)处在临界水平时，其决定作物健康和生长量方面的作用远超过其他因素。基于此，Mitscherlich (1921)提出“最低因子律(law of minimum 又译，最少养分律)”，正如 Baker (1934)所言，“靠近最优水平的任何元素都会增加作物的产量，而改善亏缺要素会使产量不同比例地增加”。这一法则对营林作业很有帮助，尤其是在营养方面，从多种关联因素中寻找实现某一产量或生长量的限制因素，并且通过调整实现优化改进。

表 9-1　松树和云杉在休眠季节叶的营分浓度

（数据来源于 Taylor，1991 和 Watts，1983）

元素	大量元素 养分浓度（树叶干重的百分比）		
	严重缺乏	轻微缺乏/缺乏	适量
氮	1.0	1.1～1.2	1.5
磷	0.08	0.14～1.5	0.18
钾	0.8	0.3～0.5	0.5～0.7
钙	0.05	0.07	0.1～0.2
镁	0.03	0.06	0.12
硫	0.05	0.14	0.16

元素	微量元素 养分浓度（干树叶的 p. p. m.）	
	可能缺乏	适量
锰	4	25
铁	20	50
锌	9	15
铜	2.5	4
硼	5	20
钼	0.1	0.3

近期关于生态系统过程的调查，特别是那些关于导致营养元素转移、转化和积累的调查，对森林营养知识的贡献很大（例如，Cole 和 Rapp，1981；Duvigneaud，1985；Ranger 等，1991；Hiittl 等，1995；Likens 和 Bormann，1995）。其中 Miller（1979；1981 a，b，c；1995）的贡献最大，这是他的工作方向。森林的一个基本特征是：通过由枯枝落叶形成的独特的森林地被物的作用，实现树木养分的循环。三分之二到四分之三从土壤中和大气中吸收的营养物质以枯落物的形式每年返回到土壤。它们最终被树木重新使用。Miller（1979）详细叙述了生态系统中的各种循环，即营养元素在植被、土壤有机层，以及较低的土壤层之间的运移的规律。

养分循环发生在相互关联的三个水平上：

（1）营养物质以雨水的形式进入森林立地，气溶胶和灰尘则通过气体吸收和氮的生物固定附着在树的表面的地球化学循环。

(2)在生态系统内从营养物质累积区运送养分的物质循环。

(3)把新近吸收的营养物质运到临时存储区供随后在生长季节动用，或从老化组织中将其回收的树木生理循环。

菌 根

认识与根系共生的菌群——菌根对于树木营养的作用十分重要。Marx（1977），Harley 和 Smith（1983），Bowen（1984），Garbaye（1991）详细描述和讨论了这一点。树木的菌根有两种主要类型——外生菌根和囊丛枝菌根，大多数人工林形成感染并包裹短侧根的外生菌根。从中长出的菌丝进入土壤和枯落物。囊丛枝菌根在桉树和其他一些树属里形成，与外生菌根不同，它们会渗透土壤和枯落物，但在根部不形成鞘。菌根包括了庞大但细密的扩展根系，能促进许多营养物质的吸收，特别是流动性较差的磷和水。Sanders 和 Tinker（1973）的研究表明，菌根植物磷的流动速率是非菌根植物的 4 ~ 5 倍。菌根对于养分供应量较低，或者植物吸收养分有困难的土壤特别重要。它们还是一种有价值的营养吸收方式，吸收一系列不利于根部生长的土壤养分，包括酸性土壤以及经历极端温度、高铝、高盐度的土壤(Bowen，1984)。

大多数土壤和乡土树木中存在的这两种菌根常由真菌自然感染形成。在没有合适的真菌的地方引入真菌，生长量就会有明显的增加，松树就是被引入非自然分布区的一个例子。在乡土真菌不太有效的地方，菌根接种可以大幅度提高树木生长量，但需要选择能取代或与本土菌积极竞争的有效的真菌。这在消毒土壤的苗圃中很容易做到（Le Tacon 等，1988；Garbaye，1990；Le Tacon 和 Bouchard，1991），但影响接种和田间持久性的条件依旧未知。在菌根可以大规模的有效管理应用之前，许多研究仍有待完成。

阔叶树和针叶树的营养

Miller(1984)的研究表明，落叶阔叶树种与有相同生长量的常绿针叶树相比，其对养分的需求并无不同，但普遍认为，阔叶树是营养需求型植物。Miller(1984)认为，阔叶树的营养来自立地，但它们不能像针叶树那样，能很好地穿越土层获得大量营养资源。因此阔叶树通常和营养物质更容易获得的“肥沃”立地相联系。

落叶树种和常绿树种的养分循环速率明显不同。Cole(1986)的研究表明，北部高纬度地区树木分解速率慢(特别是针叶林)，导致大量的有机质和养分积累在林床上。北方森林70%的地上有机物存在于林床，而在温带森林这一比例下降到约15%，热带雨林只有3%。活植被和死有机质的营养分布几乎是同一模式。

落叶树枯落物中的养分远超过针叶林，通常导致更快的分解速率。由于落叶树种的树叶每年都会更新，而常绿树种则不同，两者营养物质循环也不同。落叶林的枯落物更多(表9-2)，每年大部分营养元素的吸收、需求和回返率都高于比常绿生态系统，只有在磷稀缺的情况下的差异相对较小。表9-2显示，落叶树种对氮素的利用率比常绿树高：每年落叶树大约三分之一氮需求通过从旧组织到新组织的转移来满足。

林木施肥原则

基于对生态系统过程的调查，Miller (1981*b*)提出了肥料对于森林的潜在作用的三个观点，对于梳理一些明显矛盾的信息起到了很大作用。

表9-2　落叶林和常绿林对五类大量元素的摄取、需求和返还量
(kg/hm^{2}yr)(引自Cole，1986)

养　分	摄　取		需　求		返　还	
	落叶林	常绿林	落叶林	常绿林	落叶林	常绿林
氮	70	39	94	39	57	30
磷	48	25	46	22	40	20
钙	84	35	54	16	67	29
镁	13	6	10	4	11	4
磷	6	5	7	4	4	4

(1)一般来说，肥料对树木和其他植被都是有益的，但对于立地无益。

肥料施用后，肥料养分迅速地分布于树木、地表植被、林地表面和土壤矿质层之间。少量养分可能通过淋洗或气态逸散(譬如，氮肥)而失去，但林地表面和土壤表层却能显著而有效地保持吸收这些营养成分，而且比其他形式的植被吸收能力更强。如果树木养分不足，它们会在一定时间内有反应，通常是5~10年内(例如，Pettersson，1994)。在决定施肥的性质和时机方面，重要的是要了解促进树木生长额外增施的养分的来源：是储存于树体中，存于土壤中，还是两者之间快速循环的结果。

通常有两种反应模式。第一种(如图9-1和图9-2所示)是所有的施肥处理都有表现的，具体是生长量快速增加，之后逐渐缓慢下降，最后降到接近施肥之前的水平。在施肥之后的若干年里，如果根系没有增强，树木对土壤和有机质的要求不会高于未施肥的立地。因此，生长量提高的原因，常常可以解释为施肥后的养分量超过了需求量而积累在树体中。这就解释了为什么在处理之后的数年中生长量会持续增加，直至树体内组织的浓度下降到施肥处理之前的水平。

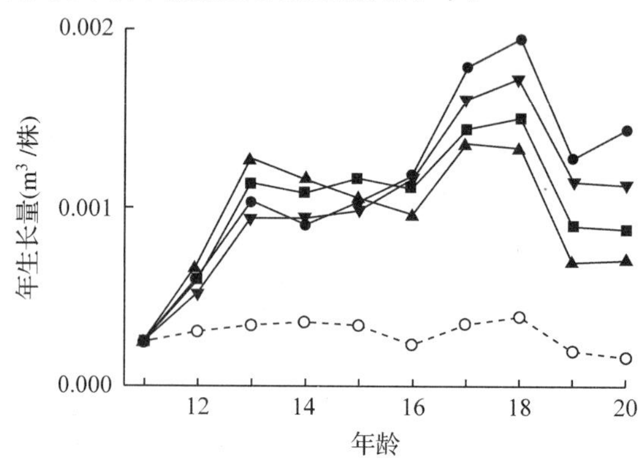

图9-1 科西嘉松(***Pinus nigra* subsp. *laricio***)的材积生长量(达到连年生长量峰值之前)显示，对施肥处理(实线)的响应刚结束时，生长率仍高于未施肥树木的水平(虚线)。但到20年生时，叶中的氮浓度在不同处理之间不再有差别了(Miller，1981b)

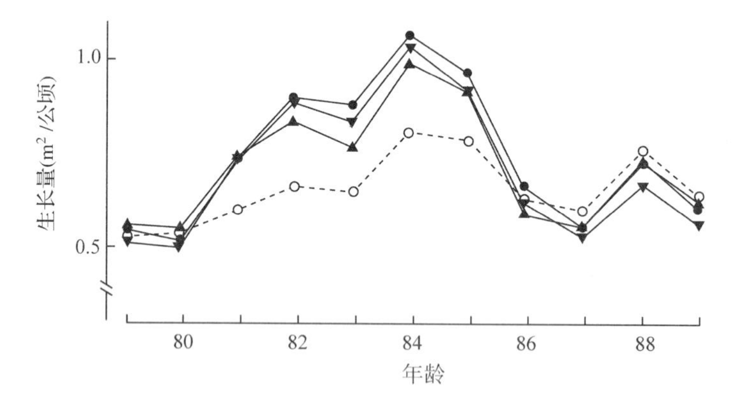

图9-2 老龄欧洲赤松(***Pinus sylvestris***)断面积生长(连年生长量峰值之前)说明，一旦对施肥处理的响应(实线)结束，生长率就会低于未施肥树木水平(虚线)(Miller，1981b)

因此，正常情况下，受益于肥料的是树木而非立地本身。肥料施用应确定好时机，以最大限度地提高树木的吸收率和存储量。由于大部分养分存储于树叶，施用化肥之前不让树冠变得太稀疏是重要的。

另一个模式只在一些大量施肥的立地上才出现。在此模式下，树木在多施肥的立地一直比少施肥的立地生长更快。在这种情况下，保留在立地上的施加的养分含量大于立地原有养分含量。这便导致产生一个长时间的反应期。

(2)最好的施肥响应是轮伐期缩短。

一个并不算矛盾的思想是，对肥料的反应可适当简单类比为时间加速。这是因为，种植林木的生长曲线(图 9-3)，会在某个与发展阶段、径级(而不是年龄)相称的时序点，再次结合。它们往前跳了数年，并最终比未经施肥处理的地块更快或更慢地生长(取决于所考虑的生长曲线在哪一侧)。施肥树木生长迟滞，通常出现在老龄林木响应周期结束之后(图 9-2)。同样，对于幼龄林，其各年龄的生长量永远不会比未施肥树木的水平低(图 9-1)，但这并不意味着施肥响应是持续长期性的。除了可能对材性有影响之外(譬如，木材比重降低，Heilman 等 1982)，尚未有证据表明，在较长的轮伐期情况下，施肥的人工林比未施肥的人工林的生长量有显著差异。

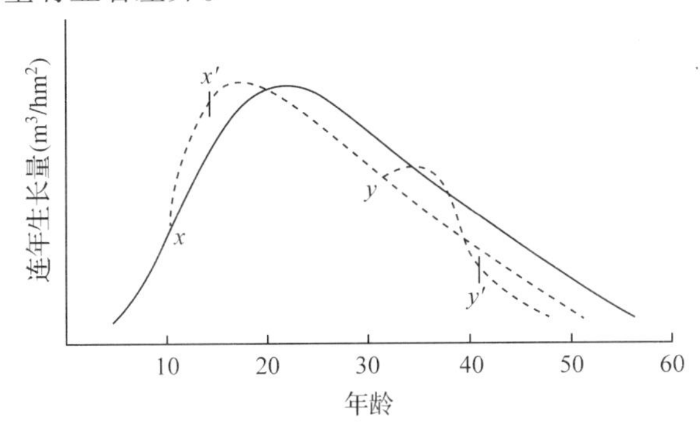

图 9-3　假设的生长曲线说明，施肥林木会在在肥料反应后在 *x* 点和 *y* 点，呈现与生长模型相平行(虚线)的趋势，但时间上从点 *x′*和 *y′*开始，提前于未施肥树木的生长曲线(实线)

(3)对肥料的需求随发育阶段变化而不同。

人工林的生命周期中包括三个不同阶段(图 9-4)。在第一阶段，树冠发育需要大量营养物质，而此时所需要的养分很少能从枯落物返还。在此阶段树木不能充分利用立地。土壤体通过雨水输入的大量养分被杂草吸收(见第八章)。虽然在大多数土壤中，潜在的有效养分的数量大于林木本身，而且多数树木能够从养分释放能力差的土壤中吸收养分，许多土壤仍然有一种或多种养分的供应量处于很低水平。正因为这个原因，在该阶段，土壤有效养分的供应可能是制约树冠发育速度的关键因素，因此也可期待对于一系列肥料养分的响应。应指出的是，如果杂草控制不力，大部分施用的养分会被杂草木吸收，之后这些杂草木将更激烈地与树木竞争。

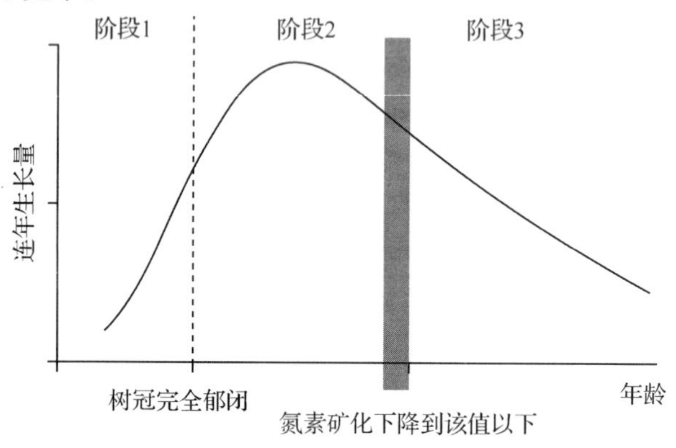

图 9-4 林分生命期内的三个营养阶段(自 Miller, 1981b)

第二个阶段开始于树冠郁闭时，养分固化减速且只在树体的木质化部分继续进行。虽然在连年生长量达到峰值不久后，对养分的吸收上升并趋于峰值，但大多数养分都返还了。在这一时期，养分循环(包括生态系统内的枯落物、树冠淋洗、根的死亡和根系分泌及树体本身)是主导过程，雨水、气溶胶、灰尘和气体等大气中的营养物质受树冠捕获和保留的效率也是最高的。这些自然的养分输入可以平衡每年的平均木材采伐损失量，至少对于氮、磷之外的其它元素是如此(Miller, 1979)。养分循环改善和养分输入增强意味着，对许多元素来说，土壤养分继续增加积累的需求可能是很低的。有时，这种需求很低而养分供应充足，因此施肥也不会有响应。

在第二阶段或其之后的减少叶生物量的活动，如疏伐，都可能导致部分回归到第一阶段。人工林因此会对原本在第一阶段才缺乏的因施肥而增加的养分产生响应。所以，即使在施肥反应总体迟钝的第二阶段里，仍可以对缺肥立地施肥，以加快林木从疏伐或虫害导致落叶的过程中复苏，但如果在第一阶段并无严重养分不足的情况，此时也不能预期对额外施肥产生响应。

在第三阶段，树体对养分的固化继续停留在较低水平，但土壤有机层的固化增长速度有时会比投入的养分大得多，特别是对于部分针叶树种立地和高酸性土壤来说。这在北方针叶林中是很突出的。对于氮素，保守地讲，通过该方式从循环中移出的数量，可超过树体内积累量。对于原有养分积累较低的立地，这种固化会导致在轮伐期后期的氮素缺乏。最终，在到达较大年龄时，林木对氮的需求会低于矿质氮的生产，这可以从养分缺乏状况下的自然恢复过程中观察到。

林木进入第三阶段的时间，取决于立地的速效氮积累。在氮素积累极少的立地上，树冠郁闭不久后这一阶段就开始了，这意味着几乎没有经历第二阶段。在氮积储量较高的地带，该阶段的出现时间会推迟很多。在许多立地上，它根本就不会出现。

第四阶段由 Heal 等(1982)提出，他们认为该阶段会在皆伐后立即发生。此时，大量的采伐剩余物输入，树木养分吸收停滞，稀疏的地面植被开始少量的养分吸收，这些使分解过程占居主导地位。由于缺乏植物吸收和径流增加，养分保持处于最低水平。养分(特别是氮)的损失大幅度增加，特别是在分解率高的地域。谨慎的森林经营者会利用这些有效养分，在采伐后马上种植下一茬人工林。

因此，肥料的最大效用期是在林木郁闭之前或在轮伐期末。在树木非常依赖于土壤供应的早期，几乎任何营养元素可能是缺乏的。虽然树根不能有效榨取立地养分，而吸收和需求是处在最低水平的，但这是明智的施肥时机，施肥可以最大程度上地影响林分的后续发育，甚至可以缩短轮伐期。相比之下，轮伐期的后期缺乏的养分，几乎只有氮素。

短轮伐期森林(如，矮林)，其收获期发生在第二阶段，大量营养物质从立地中移出(见第十五章)。由于所移出物质(整个树木或大的树干)不同，需要的替代性养分差别相当大(Ranger 和 Nys，1996)。

林木施肥实践

在自然生态系统中，提供营养的矿物质的含量代表着土壤养分通量密度(flux density)、林木对养分的吸收率和通过竞争吸收和化学结合的养分固化量之间的平衡状况(Ingestad，1991)。因此，理想的情况显然是，把肥料引入生态系统不断补充矿化过程，加入养分量等于吸收和结合过程的潜在需要量。就目前来说，对大面积林区补充营养物质，很难达到这一精度。在实践中，典型的肥料剂量不仅很大，而且在比连续的自然通量相比更长的间隔期内施用。对当前施肥实践的描述，参见 Ballard(1986)和 Bonneau(1986)。

虽然19世纪中期以来，已在欧洲部分地区对化肥进行了调查并与用于纠正营养不足(Baule 和 Fricke，1970)，但在应用方面的进步，主要还是在裸露贫瘠立地上植树造林的国家里取得的。在欧洲，英国是较早大规模施肥纠正 Miller (1981b)提出的第一阶段缺肥的国家之一。自20世纪60年代以来，瑞典和芬兰一直致力于修正第三阶段氮素的不足。林木施肥自20世纪中期以来被广泛应用。通常是林木大量养分即氮、磷和钾的缺乏，其中，磷对于改善林木早期生长常常最为重要(Taylor，1991)。这是因为自然界中许多岩石和土壤都缺乏有效磷。

虽然氮是森林生态系统中最丰富的元素之一，它并不包含于任何土壤矿物质中，只能从腐烂的植被中提供。在第三阶段缺乏养分的通常是寒温带针叶林，该气候条件下，凋落物分解缓慢造成有机层深厚。施用石灰来提高生物活性并加速分解的可能性，已得到试验证实(Dickson，1977)，但需要的石灰数量在每公顷5~10t之间，这难以操作又很昂贵。在法国和德国，施用石灰是为了改善酸性土壤的生物学性质，以便立地能够承载阔叶树而不只是针叶树(Baule 和 Fricke，1970)。在沙质荒地也发生氮素不足的问题，尤其是那些有机残留物矿化速度快于供应的熟耕地上，而最极端的情况发生那些几乎不含有机质的沙丘和露天矿区“立地”上。

缺钾最明显的情况，出现在生长旺盛的幼龄林分中，特别是在施氮肥或磷酸盐不平衡时。随着其他过量养分的减少，症状常会自然消失。

在其他养分中，镁素缺乏的情况偶尔出现，特别是在苗圃地里。铜素缺乏的情况，见于有机氮矿化很快的立地，如部分耕地，沙壤地和部分泥炭地(Binns 等，1980)。花旗松(*Pseudotsuga menziesii*)对于铜缺乏特别敏感。铁和锰的不足，偶尔出现于石灰性土壤，尤其是旧的耕地，如英国南部白垩岩母质丘陵地上的松类和山毛榉混交林地。其他元素的不足(如，硼)已知在许多温带国家出现，如果是常发性的，通常是添加少量硼素于其他肥料中。例如，瑞典所有肥料中均加入0.2%的硼。往往是在同一时间不止缺乏一种元素，可能是因为该立地缺乏这些元素，也可能是施加一种元素导致的不平衡引起另一元素缺乏。这种情况在法国西南部出现过，那里单一施用铜就对于海岸松(*Pinus pinaster*)是有毒性的，但加施磷肥就可使林木生长良好(Saur，1993)。

对肥料的需求通常不是大量的，如果实在是大量需求的话，也是用于第二个和随后的轮伐期的情况下，其原因是，采伐后的剩余物(如，叶、枝、梢头以及枯落物层)中含有大部分来自前茬林分的营养物质。虽然在全木收获时移走大量养分情况下需要补充，但只要在新一茬人工林成林之前未发生过量的营分淋溶，在正常的收获体系下失去的养分是很少的。

营养缺乏症的诊断

表症观察

在许多养分浓度严重不足时，可以通过叶片颜色或其他特征观察到症状，特别是在休眠季节中的常绿针叶树。表 9-3 总结了最常见的症状，具体描述和说明见 Taylor(1991)等人。对于落叶树种养分缺乏的识别比较困难，文献记载也较少，部分原因是，它们往往生长在没有养分问题的立地上。Baule 和 Fricke(1970)解释过一些阔叶树养分不足的情况。

对于所补充的养分的生长反应，往往在明显观察到养分缺乏很长之前就发生了，所以，谨慎的经营管理人员通常通过其他方法预测这种严重情况的发生。

表 9-3　常绿针叶树营养不足的视觉症状

元　素	视觉症状
氮	通常健康暗绿色叶片变为均匀的苍白色，使整个树冠呈黄绿色或黄色。针叶变短因而重量更轻，比健康叶更小。高生长缓慢降低。顶梢细长。树形不变
磷	无明显的颜色变化，针叶呈暗绿色(缺磷和缺氮的情况常一起发生，因此磷素缺乏被氮素缺乏所掩盖)；针叶的重量和长度大幅度减少，高生长缓慢下降，如不是长期缺磷则树形无变化，而长期缺磷可能导致失去顶端优势
钾	幼树的一般性的缺钾，当年新枝上的针叶芽(一些松类是前一年的叶芽)呈黄色。在严重的情况下，当年生所有新枝的所有针叶都会受到影响。对于老龄树木，黄色针叶仅限于老的针叶，常常仅在下枝盘。针叶的大小与健康叶类似。如果不是极端缺素或是幼小林木的情况，不会有明显的生长量降低。树形大小不受影响，但缺磷严重的情况下除外，此时顶端优势可能失去或受到影响，树木呈灌丛状发育，特别是幼龄林木
镁	当年新枝基部以上的针叶部分变黄，变黄顺序自针叶顶部至下部(部分松树的表现是所有当年的针叶一起变黄)。常常与缺钾的症状相混淆，但在缺镁的情况下，从黄色到绿色的转型更加迅速而直观

资料来源：Binns 等(1980)；van Goor(1970)

植物组织的化学分析

植物组织内养分元素的浓度，往往能反映人工林的营养和健康状况。发展中的营养缺乏症可通过对树木组织的化学分析检测到，有关方法 Leyton(1958)和 Bonneau(1978)有深入研究。通常情况下，对于常绿针叶树，应对树木上部轮枝最幼嫩叶样品进行分析。这通常在叶面养分浓度相当稳定的冬季采集。对于落叶树种这方面的经验较少，原因是它们常种植在养分相对丰富的立地上，采样通常在七月或八月(生长季的中间)进行。实现最佳生长量所需要的养分浓度，在同一植株的不同部分，以及对于不同树种甚至不同种源，是不同的。最佳浓度还因所考虑的生长参数不同而有差异。例如，与材积生长相比，高生长的最佳养分浓度往往处在一个较低水平。养分浓度还因植株的大小或年龄而显著变化(Miller 等，1981；Miller，1984)。然而，对于特定的发育阶段和组织类型，如某个树种乃至树种组的叶片，养分浓度往往是相对均一的。

如果对土壤-林木系统施用一个元素导致了高生长，说明有养分缺乏症的存在(Prichett，1979)。但不容易确定临界浓度，特别是最佳的养分浓度水平，其原因是，在一组营养和环境条件下适合树木生长的浓度水平，在其他条件下又是不合适的。因此，临界浓度(critical concentration)是一个不确定值，可被更准确地视为一个狭窄范围内的浓度值。最佳浓度往往是个更广泛范围内的值。表 9-1(第 115 页)给出了常见的浓度范围值。重要的是，部分养分浓度应与其他养分处在一个合理平衡的水平上。例如，如果元素的比值大幅偏离于 N:P:K = 10:1:5，表明可能存在营养问题。

生物测定(bioassay)

这是由 Jones 等(1991)及 McDonald 等(1991)开发的方法，用鲜切根对树木氮和磷的状态实施快速测定。这一方法的应用上，是把树根置于溶液中测量根其对 ^{15}N 和 ^{32}P 的吸收率或吸收模式。

土壤分析

除了在苗圃之外，农业部门通过土壤样品分析检测养分缺乏的技术，在林业上很难实施(Leyton，1958；Khanna，1981)。其部分原因在于，目前的技术难以区分总养分浓度和有效养分浓度，特别是在土壤中有大量有机物质的情况下，而森林基本都是这种情况而且常常存在养分不足的情况。进一步的难点在于土壤的异质性和不确定性，这需要土壤取样时考虑，因为树木根系往往不仅很深而且遍布整个土壤剖面(Meredieu 等，1996)。同时，对树木对肥料反应的测试结果如何解释，现有信息不多(Prichett，1979)。Miller 等(1977)建议把腐殖质中的氮素水平作为一个很好的衡量氮素状况的指标。

施肥制度

纠正立地养分缺乏症的试验和其他证据，导致了针对不同树种和立地的推荐施肥制度的研发。这些制度的选择取决于财务可行性和其他诸多因素。通常情况下，投资回报最大化的是个基本要求。参见 Taylor (1991)给的一些例子。

昂贵、高投入的施肥制度必须对应高价值的产出并回收成本。频繁争辩的一些方面包括：采用便宜而低产出的施肥制度，还是操作要求不高而树种价值也不高的施肥制度，哪种制度更有利可图，尤其是在林木面临风折、火灾或放牧的高风险的情况下。如果对立地进行全木采伐利用，也会出现另外的问题。由于树木养分的$\frac{2}{3}\sim\frac{3}{4}$到存在于叶部(Miller，1995)，这样做造成的养分损失会很大。土壤风化过程和从大气输入往往不足以补偿被移走的养分，维持生产力水平就必须施肥，尤其是那些超短轮伐期的树木，譬如杨树矮林(Ranger 和 Nys，1996)。

施肥对木材质量的影响

对人工林施加肥料的一般目的，是提高材积生产量和经济效益。对提高所缺乏的某一养分含量的最直接反应，通常是光合面积的增加，树木生长速度更快。较快的生长速度会一定程度上影响木材的品质，举例来说，这和疏伐或加大初植密度影响木材品质是一样的。这些方面将在第十章介绍，可参见 Bevege(1984)有关肥料的综述。生长率增加对木材品质的影响(特别是针叶树)是复杂的，难以进行简单的概括。在限定条件下，有证据表明施肥导致晚材的比例下降、木材密度降低，而且纤维长度呈减少趋势，这方面的证据有些自相矛盾。如果在第一阶段的施肥与较宽株间距和较短的轮伐期有关，树干的幼龄材的比例会增加。

所有这些后果都使木材品质和部分用途下降，但增加的生长量可以大幅度弥补林木总价值的降低。只有在施加的缺乏养分改善了树形（例如，防止干枯）的情况下，施肥才算的的确确提高了产量和质量。

肥料种类

理想的情况下，用于林木肥料的养分单位价格应比较低廉，有效成分含量便于实施低成本地面机械施肥或空中施肥，而且不会造成任何污染（Binns，1975）。林业中泛使用的肥料，见表9-4。关于这些肥料及其性质的详细描述，参见Taylor（1991）和Prichett（1979）。

氮（N）

目前全世界只有三种水溶性肥料广泛使用，即：硝酸铵，硝酸铵钙和尿素。这些肥料的氮有效含量合适而且价格便宜。有证据表明，在北纬度地区，包括斯堪的纳维亚和英国，硝酸铵是林木氮较好的氮素来源（Binns，1975；Taylor，1991）。在英国，同当量氮的硝酸铵和尿素之间的施肥响应差别很小，这导致尿素实际使用较多，原因是尿素便宜、有效成分高，更为经济适用。相比之下，在瑞典，硝酸铵被证明更为有效而在20世纪70年代使用，但在20世纪80年代由硝酸铵钙替代，以抵消酸雨引起的土壤酸化。缓释氮肥，如：尿素甲醛和氰氨化钙，通常情况下与水溶性肥料在肥效上不具可比性，在任何情况下这些肥料的使用常常都太贵了。氮素林木施肥量通常约每公顷150~250kg。用于幼林时必须小心，不能让这类高效肥料接触树根，否则会杀死树木。

表9-4 常用的氮、磷、钾肥料

化肥名称	分子式及养分含量（%）	
氮　肥		
尿　素	$(NH_2)_2CO$	46
硝酸铵	NH_4NO_3	34.5
硝酸铵钙	$NH_4NO_3 + CaCO$	27.4
硫酸铵	$(NH_4)_2SO_4$	20.6
磷　肥		
磷矿石	通常 $Ca_{10}F_2(PO_4)_6 \times CaCO_3$	11~17
过磷酸钙	$CaH_4(PO_4)_2H_2O + CaSO_4$	8~9
三过磷酸钙	$CaH_4(PO_4)_2H_2O$	19~21
钾　肥		
氯化钾	KCL	50
硫酸钾	K_2SO_4	42

当然，也可利用固氮植物提高氮素养分含量，这一技术正在新西兰和其他地方应用(Miller，1981c)，有时对于纠正第一阶段养分缺乏是有用的(如，在沙丘地上)。由于固氮植物是强阳性植物，难以林下存活，所以难以用于应对第三阶段养分缺乏的症状。大部分固氮植物不在有深厚有机质层酸性的土壤上生长发育。少数能在这类土壤上生长的固氮植物，例如金雀花(*Cytisus scoparius*)，很难成功培育并承受碰擦，培育成功了也往往生长过旺，与树木产生强烈竞争。

磷(P)

磷元素通常以每公顷50~125kg的施用量在栽植时使用。主要选择水溶性材料，如过磷酸钙、三过磷酸钙和缓释的磷矿石。

磷矿石通常源于北非，已证明对于pH值低于5.5的酸性土壤有特别价值(Binns，1975)，因此应用广泛。对高固磷能力的土壤(如，源于钙质岩或蛇纹岩、磷矿石的母岩的土壤)，其供磷能力受到限制，采用溶解性较好的过磷酸钙更为合适。

钾(K)

钾素有两种常见形式(KCl和K_2SO_4)，氯化钾价格便宜且容易获取，是各种情况下均使用的钾肥。它的施用量通常是每公顷约125kg。硫酸钾在需要避免氯缺乏恶化时，施用价值较高，否则其施用需要添加硫。

混合肥料

大面积森林施肥往往需要混施磷和钾，而很少混合使用磷和氮。在同时需要磷和钾时，施用磷矿石和氯化钾的混合物很难均匀撒播。包括两种元素材料的颗粒肥料具有更好的撒播性。当同一地域需要尿素和磷矿石时，由于撒播特性完全不同，通常认为最好它们应分别施用。

污泥肥与粪肥

污泥与动物粪便富含有益于人工林的养分，其作用方式与其他高有效含量的天然和人造肥料相同。这在不少文献中有成功的实例记述(如，McAllister和Savill，1977；Taylor，1991)。这些肥料体积巨大，使得运输和施用的成本非常高(图9-5)。例如，超过100t的污泥肥提供的磷元素，相当于半吨矿石，这常可以满足1hm^{2}缺磷立地的施肥需要。用相同重量的磷矿石却可以进行 200hm^2 的施肥处理。施用污泥肥的林业操作指南已由 Wolstenholme 等人(1992)提出。根据该指南的推荐施肥量，每年每公顷的最大施肥量为 200m^3，在浅层土壤立地适当减少；污泥肥料需要实施筛选或浸渍，并避免在大于 25°的坡地上施用，在缓坡地上施用要采取防护措施，同时不超过规定限量，以免造成潜在有毒重金属元素的损害。

图 9-5 施用污泥肥料(Crown 版权)

图 9-6 空气中撒施磷矿石肥料(Crown 版权)

施肥方法

人工施肥在20世纪60年代以前是很常见的，尤其是对人工林实施点施或穴施的情况下。随后发现，在整个立地上撒施供树根吸收，会产生更好的生长效果(Dickson，1971)。从此之后，地面开展的机器辅助施肥和后来的固定翼飞机和直升机施肥(图9-6)投入使用，降低了施肥作业成本。到了1970年，大部分施肥作业都由这些方法的一种完成，而不再通过人工施肥了。20世纪90年代以来，直升机施肥成为主要施肥作业方法。空中施肥方法提供了新的改进机遇，原因是很多幼龄人工林地几乎不可能从地面通过。目前仍然存在的问题是，虽然在肥料形状和撒播技术方面完成的技术改进很大，但空中施肥仍然难以取得满意的撒播均匀度。瑞典通过大颗粒(直径5~9mm)方法取得了大范围均一化施肥。如果能确保均匀撒播，施肥量就可以降低。

施肥季节

一度认为，高度可溶性的肥料，包括所有常用的氮肥和钾肥，如不在林木生长活跃季节(通常是3~9月)施用，就很容易因淋洗作用而流失。但新近研究(Heilman等，1982b；Taylor，1991)表明，如果不是在冰雪覆盖的立地施肥，施肥季节对任何常用肥料的肥效影响不大。

施肥的环境影响

不加区分地施用化肥会导致流域内的水的养分增加，随之造成河流、湖泊和水库的富营养化(eutrophication)。在某些情况下，藻类可能会大量繁殖，对水库过滤设备造成阻滞，氧气水平降低加上藻类生长，导致鱼类和其他水生生物死亡。对森林之外的土地施肥，会强化养分导致对不同珍稀植物栖息地的破坏(例如，各种沼泽地)。显然，防止对环境的破坏应遵循一些指南，这方面的信息参见Binns(1975)。其中的措施包括：尽量减少对水和有价值立地的污染，提高施肥精准度和均匀度避免土壤养分过度富集等。在一些国家(如瑞典)，由于担心部分氮肥的施用导致土壤酸化，已提议只施用硝酸铵钙。

第十章
植距、疏伐、修枝与轮伐期长度

树木间的植距(spacing)或者说是林木生长的立木度(stocking)，影响林分内竞争的强度，进一步影响到林木的枯损、单位面积总产量、单木生长大小、木材质量、病虫害易感性等。植距还对木材价值和经营管理成本产生影响。植距和疏伐作业方案如同经营者直接进行的树种选择一样，还影响木材的最终用途及收益率，所以人工林培育的一大关键是，要清楚理解密度与疏伐对生产的潜在影响。

林分密度关系

林分最大密度

同龄纯林林分立地只能支撑一定数量的既定大小的树木。一旦林分充分郁闭，单木会因相互竞争生长资源出现自疏(self-thinning)。能够承载的最大株数，取决于树种及其生长阶段。无论初植间距多么低，林分密度也不能超过某特定水平。当林龄逐渐增加、树冠直径增加时，林分密度的上限则相应变小。

林分密度过大会导致林木枯损。无论树龄大小、立地条件优劣及初始密度大小，单木尺寸和单位面积株数之间的关系都可用单线图表示。树木死于严酷竞争的原因，是由其基因(如生理过程)控制的。比如，任一个树干维持生长均需要一个最低的光合作用空间面积。尽管环境确实能影响林木的生长速度，但并不会改变既定林分密度下林木的最大平均尺度，树木的最大平均尺度与树龄无关(Drew 和 Flewelling，1977)。

Reineke(1933)发现，最大株数与单木平均直径之间的对数关系可用直线表示。就大多数树种而言，尽管常量(k)会因树种不同发生小的变化，但该直线的斜率不变。Reineke 用下列公式表示直线走势：

$$\log p = -1.605\log D + k \tag{10.1}$$

其中：p 表示单位面积株数，D 表示林木平均胸径，k 是因树种而变的常数。

Yoda 等(1963)发现一种非常相似的关系，不仅可应用于林木也适用于其他物种。通过对包括草本在内的物种的研究，他们认识到，无论植物各类如何，植物重量和密度的关系在对数轴上，其斜率都近乎 -3/2，即：

$$\log w = k\log p^{-3/2} \tag{10.2}$$

其中：w 表示存活植物的平均重量，p 表示密度(如图 10-1)。

与 Reineke 不同，Yoda 等将林分密度当作自变量而非因变量。如果只是考虑树木的重量而非直径，那么上述公式与 Reineke 的公式就十分相似。树木重量几乎与胸高直径的 2.5 次方成正比，所以，Reineke 公式可转化为：

$$\log w = k\log p^{-1.558} \tag{10.3}$$

该公式与上述公式中其他物种的 -3/2 次方数十分接近。

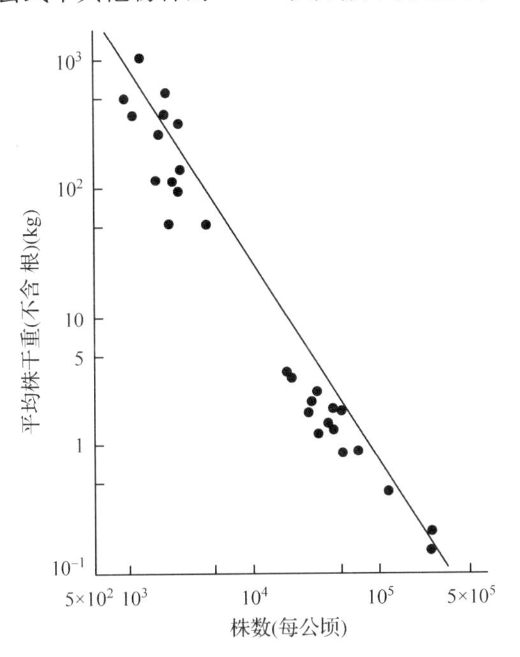

图 10-1　-3/2 次方自然稀疏法则在库页冷杉(*Abies sachali nesis*)
天然纯林林分中的应用(见 Yoda 等，1963)

公式 10.2 表示的关系对于植物中的普遍适用性，被称作 -3/2 方自然稀疏法则(−3/2 *power of self-thinning*)。该公式也适用于生存竞争激烈导致自然稀疏的同龄纯林林分，详见 Harper(1982)。

与密度较低、植株较少及单株径级较大的林分相比，密度较大的林分会出现自然稀疏现象，单位面积内的小径级树木也相对较多。在林业、农业及园艺业中，人们通常不希望密度过大造成的竞争导致植株枯损。疏伐的实施通常需要达到这样的结果，即：以林分密度和重量为横、纵坐标做图，疏伐密度应处在图 10-1 所示自然稀疏线较靠左的位置。而以疏伐线右侧的点代表植物种群的情况不可能发生。在疏伐过的人工林中，即便出现树木之间的生存竞争，−3/2 方的陡斜率永不会达到。在不考虑生存竞争的情况下，随着林分生长并完全占据立地，单位面积的干物质收获与所植株数无关，收获量在较大的初始栽植间距范围内处于高水平(图 10-2)。

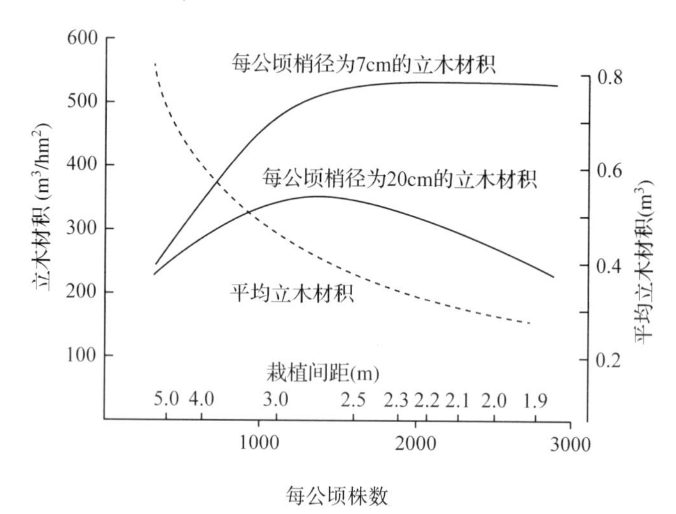

图 10-2 优势高为 18.5a 的未疏伐西加云杉林分密度、材积及单木尺寸之间的关系。若每公顷密度超过 1500 株，总立木材积(通常以梢径超过 7cm 的材积计)与每公顷株数无关。(见 Kilpatrick 等，1981)

树冠直径—树干直径比

就单木而非林分的生长而言，单木生长的空间愈大，其材积也愈大(如下文所讨论的，此时树木重量不变大)。在整个轮伐期最为关键的营林作业期间，多数树木的树冠直径和树干直径的比值几乎保持恒定。该比值随着树龄的增加会稍微变小，但从未发现其发生变大的现象(Dawkins，1963)。因此，假设树冠—树干的直径比为 20，并且未受到约束，单棵健康树木的平均树干直径用 d 表示，那么其平均树冠大小为 $20 \times d$。同样，树木的平均植距也应为 $20 \times d$。了解某一特定树种的树冠直径—树干直径比，就很容易确定“疏伐方案(thinning regime)”。无论树龄大小，在树冠开始激烈竞争时，应该根据树木径级目标决定疏伐方式。

树高—胸高直径比

树高—胸高直径比(h/d)能很方便地表示树干的修长度(slenderness)。利用密度和疏伐数据可以相对容易地算出。大多数树木自然设计隐含的原则是保持弹性相似，因此当由于风道、树枝重量而导致树干弯曲超过特定阀值时，树干或树枝的直径就开始增加。引发这一响应的机制目前尚不清楚(McMahon，1975)。

密度较大的林分中，树木之间相互扶持、交流。它们比较细长，树高—胸径直径比常超过100。相反，林分密度较小时，对既定重量的树木来说，其径级比较大，树高—胸径比较低。相似地，一旦树木开始竞争，在优势木和疏伐过的林分中，树木的修长度开始自然降低，而未经疏伐的林分中则相反。即使树木在数年内通过直径增加可以适应新的林分密度，但由于树高—胸高直径比暂时不够适宜，若突然将这些林分密度较大的树木暴露(例如，通过疏伐方式)，它们就更易遭受风倒(windthrow)或风折(windsnap)的侵害。

高度—密度的关系和立地指数

与树木的重量或直径不同，林分中优势木的平均高度大体上与密度无关。高度或通常所说的“优势高(top height)”是指每公顷林地中100棵直径最大树木的平均高度。研究发现，某一既定立地上的多数树种的高度，几乎不会随着密度改变而发生改变(Evert，1971)。还发现，在在广泛的条件范围内，在某一特定阶段树木高生长与立地木材生产的能力有密切联系，但与任一其他树木的尺度无关(见：艾希霍恩猜想 Eichhorn's hypothesis，第135页)。在密度和培育措施各不相同的同龄林分中，常用优势高指数表示立地质量。

既定林分年龄的优势高(如在欧洲为50年的林分)，通常被称作该林分的立地指数(site index)。确定立地指数常要求利用高度—树龄生长曲线来估测标准树龄的高度。通常情况下，处于该树龄的林分高度范围可分为多个级别，每一级别包含有相等的高度浮动范围(一般为2～3

米)。Parde 和 Bouchon (1988) 及 Alder (1980) 描述了建构此类曲线及和相关的收获模型的方法。当然，在密度达到极值时，林分优势高与生产力相关性不理想。在阔叶林(如栎树)成熟期其树冠呈圆顶状，随着植距的大幅增加，其高度会降低(Savill 和 Spilsbury，1991)。区位不同也引发差别，比如，与避风区域相比，欧洲西部多风区域相同产量水平林分的优势高较低。然而，如果造林采用了正常范围内的密度，那么即使在很大的地区范围内，其产量大体上趋同。例如，Hagglund (1974) 发现，疏伐的和未疏伐的赤松林分的高生长，在瑞典北部和南部地区是相似的。

植 距

对上文讨论的各种关系，以及下文关于林木植距对同龄人工林分的整体影响问题，归纳如下：

(1) 林分密度过大导致林木间较早发生生长竞争，并且通过自然稀疏过程，导致较高的枯损率。

(2) 大体而言，无论树龄大小，与密度较小的林分相比，高密度的林分的木材产量也较高，这是立地资源在树木生长的早期就被充分利用所致。

(3) 植距较大的林分一旦树冠郁闭，立地资源就会被充分利用，干物质生长量与同一立地的植距较小的林分相似；由于林分植距较大可防止树木呼吸时生长量的丧失，因此其生长量可能比植距较小的林分稍大。

(4) 密度较低，树木之间的竞争趋缓，使单木的材积更大。

(5) 优势木的高度几乎不受密度的影响。

(6) 林分密度较大，使得形数(form factor)增加，削度降低。

(7) 林分密度较小使树木多侧枝，多枝材，形成未成熟髓心，部分树种的木材密度低于其平均水平。

植距模式

在大多数人工林中，通常会精确地确定行距。但也有许多立地的行距内的植距难以准确确定。行内的株距由于需要避开石头、树桩及排水管道等而有变化。有些树种(如杨树)也是例外，因为栽植的立地平整、无石砾，从多个方向都可以看出树木呈直线状。

出于现实需要(如，进行除草及后续按行进行疏伐)，沿直线作业十分重要，这样可以很容易注意到幼苗。按照行距和株距确定的长方形空间配置，有重要实用价值。例如，为使拖拉机牵引的悬挂式除草机的作业更加经济，需要留有足够大的行距(至少为2.4米)便于机器作业。为达到每公顷预期栽植株数，需要缩短株距而非行距，使树木的空间配置呈长方形。因此，如果每公顷栽培2500株，密度模式差不多为2.0m×2.0m或者株距1.7m、行距2.4m。

一般性的长方形密度配置不会对生长造成影响，但如果行距过大，树冠郁闭时间就会延长，造成立地资源在很长一段时间内得不到充分利用，从而导致木材产量降低。这清楚体现在热带农林间作系统中的南洋樱(*Gliricidia sepium*)的极端例子中(Karim 和 Savill，1991)。按照统一的单株栽植面积为2平方米安排，栽植密度为0.25m×0.8m或者0.5m×4m的人工林，树冠郁闭时每公顷林分的生物量不足密度模式为1m×2m的一半。

植距与木材收获

由于植距影响总产量及林产品规格，因此，也会对人工林的价值产生巨大影响。了解林分密度如何影响产量以及如何调谐林分密度十分重要。已就此制订了欧洲主要人工林的对案。基于不同植距和疏伐制度，许多国家都制定了某种形式产量或收获模型。通常情况下，此类模型常包括了基于树高和树龄的立地指数曲线。

生产实践中主要从两个方面考虑植距：早期或初始植距的影响和疏伐的影响。初始密度常是林分一直保持的密度，不考虑枯损因素，尤其是当疏伐成本过高或疏伐导致风折后果时。在英国和爱尔兰，提议的针叶树造林密度从20世纪30年代的每公顷约4500株，降至20世纪90年代的每公顷约2500株。图10-2通过优势高为18.5m的西加云杉实验，展示了密度对生产力的影响。在该实验中，密度处于并远低于这一波动范围值。在该例中，密度大于每公顷1500株的林分，最低小头直径(top diameter)为7cm的干材的额外总产量极小。但对于每公顷株数较少的林分而言，干材额外总产量呈急剧下降趋势。

很大的密度范围、疏伐强度均不会对林分总产量产生影响的事实，将在下文讨论。优势木高度和密度因素基本无关的事实引发的推论，被称为艾希霍恩猜想(Eichhorn's hypothesis，1904)(由德国人首次提出)。该猜想认为，林分的总产量是树高的函数(Assmann，1955；Parde 和

Bouchon，1988)，而其中的林分总产量指现有立木材积加上之前疏伐中移出的所有的材积量。该猜想是用于预测产量的各类收获模型的现实基础。因此，通过了解林分高度，就可以预测不同立木度条件下自树木栽植之后木材产出总量。无论林分是否经过疏伐，无论树龄大小，该预测能够达到的误差率都是可以接受的(通常为10%~15%之间)。

木材总产量只是影响其价值的因素之一，而更为重要的是立木材积中不同径级(size class)的分布。之所以如此，是因为树木径级和采伐株数影响收获成本及木材产品的市场销售。密度过大导致大径材总产量降低(图10-3)。在漫长的轮伐期内，树木枯损和林分呼吸加剧，导致密度较大且未疏伐林分中的可用材产量下降。见图10-6(第141页)。

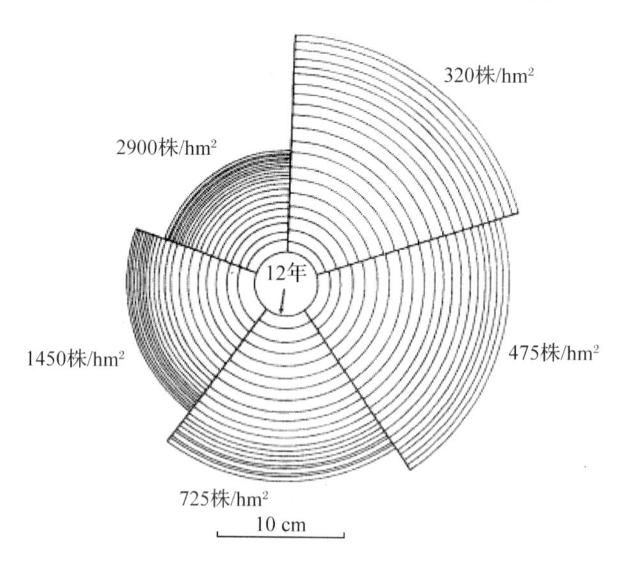

图10-3 密度对林木平均胸径及年轮宽度的影响：32年生的西加云杉

(见Savill与Sandels，1983)

植距与木材质量

林分密度较小的单木生长较快，尤其是针叶树，但也导致髓心未成熟材(juvenile wood)尺寸变大。这对于木材的诸多最终用途来说是不理想的(如，Nepveu 和 Blachon，1989；Leban 等，1991)。枝杈大节疤越大，产生的应压木(compression wood)越多。针叶树的木材密度较大使其具备了许多理想特征，可满足许多最终用途的强度要求。许多速生树种，如西加云杉和欧洲云杉的强度特征，接近某些工业用途木材标准的低限，宽植距导致生产的木材不符合高价木材的最终用途的要求(Brazier 和 Mobbs，1993)。尽管植距和疏伐都影响林分木材的密度，但和不同树木存在的基因变异相比，其影响极小（Savill 和 Sandels，1983；Zobel 等，1983)。西加云杉和火炬松(*Pinus taeda*)中总变异性的60%~70%与树木之间的变异相关（Savill 和 Sandels，1983；Zobel 等，1983)。然而，密度较小林分的快速生长导致年轮较宽，并最终形成许多宽幅的低密度早材，与年轮较窄、密度较大的晚材交替出现。质地不均导致木材无法满足一些最终用途(如细木工)处理的要求。

植距的其他影响

由于植距影响树冠郁闭的时间，杂草在密度较大的林分中会更快地受到抑制，这有助于降低除草成本，减少源自易燃植被的火灾风险。林分密度低，所需要的苗木较少，节约造林成本。密度会对动物、昆虫有利生境形成的时间产生影响。密度较大的林分在干旱时易受到抑制，也易遭到害虫侵害及真菌感染。林分密度较小会减少自然选择或经营人员选择的机会，因此也降低目标树木的基因品质。如表 10-1 所示，密度影响树木的修枝、疏伐及收获的成本。

疏　伐

疏伐是为了降低林分的密度，进而弱化树木之间的竞争，使余留的树木有更大的生长空间。通常情况下，疏伐能增加林分业主的收入。但早期的疏伐并不一定是为了增加收入，而可是期望在后续的轮伐期内获得更大回报。对阔叶树种进行疏伐是为了改善最终木材的质量。疏伐作业还有一些不十分明显的原因。例如，Savill 和 Mather（1990)发现，环裂和星裂(star shakes)是欧洲栎(*Quercus robur*)和无梗花栎(*Q. petraea*)在干旱突出立地条件下产生的严重缺陷，如果通过疏伐移除易感树木，那么上述缺陷就能够减少。这些树木拥有较大的木质部导管，春季出叶晚于其他树木，使其在移除时很容易辨认和标记。

表 10-1 宽植距对作业成本的影响(+表示成本较高，-表示成本较低)
(根据 Evans，1992 修订)

作业措施	对单位成本的影响	对作业期的影响	总体影响	评价说明
整 地	-		-	较宽间距的犁沟，挖穴数量减少
栽 植	-		-	栽植株数较少
补 植	+		+	较高的存活率十分重要
抚 育	-	+	无	适宜机械化作业，但经常很长时间树木都不需抚育
低修枝			无	极少树木受到密集树枝的抑制，而密枝修剪耗时耗力
高修枝	+		+	树枝稠密
防 火		+	+	树冠郁闭时间延迟，野草火灾风险较长
疏 伐	-		-	为达到相同的材积，只需采伐少量较大的树木
收获(未疏伐林分)	-		-	单位材积的株数更少、径级更大

林分中单木的形态分类

鉴于所提及的目的(尤其是疏伐方面)，以树木在冠层的位置和树形为视角描述单木的状况十分有用。表 10-2 所示的 4 个位置和 3 大形态特征，通常能够满足对同龄林分的描述。但是对于不规整林(irregular forest)和某些具体作业类型来说，需要进行更细的分类。

表 10-2 同龄人工林的林木状况分级(Dawkins，1958；Ford - Robertson，1971)

树冠在林冠中的位置	定 义
优势木	位于林冠上层，树冠较大未郁闭，暴露于垂直空间，通常后期会与其他树冠相接
共同优势木	位于林冠上层，与优势木相似且通常难以辨认，但郁闭树冠与其他树冠相接较大
亚优势木	位于林冠中、低层，树冠部分裸露，部分被其他树冠垂直遮阴，但顶枝生长自由，又被称为中庸木或受压木
被压木	位于林冠低层，被其他树冠完全遮阴，又称劣势木或下层木
干形及冠形	
优 良	规格材发育良好，树干通直，树冠呈圆形
可接受	材积较好，茎干可能不十分通直，树冠非对称且稀疏
缺 陷	倾斜茎、分叉大、分枝多、生长缓慢、感染病害的不良木、废材

人工林对疏伐措施的响应

针对密度、疏伐和初级生产量的研究表明，疏伐具有 4 个主要影响：

（1）假如林冠得以合理而完整的保持，那么在多种作业措施范围内获得的单位面积总产量的波动也较小。在对林木实施频繁而又高强度的疏伐的情况下，总产量只集中于极少数树木。这意味着，与每公顷产量分散于很多树木的情况相比，树木材积的生长更多以单木方式实现（Hamilton，1976a；1981）。

（2）移除濒死的被压木对单位面积材积生长量的影响极小。但是一旦最具活力的树木被伐除，生长量便会迅速降低，其原因是留下的树木不能充分利用立地资源。在采取多种不同措施情况下，林分的生长量不会永久性降低。林分不仅恢复了正常的生长量，而且在疏伐后生长量低于正常水平时，能够迅速补偿生长。Bradley（1963）提出图 10-4 表示的恢复模型假设。该模型表明，恢复期的长度和疏伐材积成正比。疏伐强度愈大，恢复期愈长。该模型的内在原因尚不明确，但也许和林分呼吸所损失的生长量以及疏伐时移除部分树木有关，这使一定阶段内净生产量增加成为可能（见下文）。

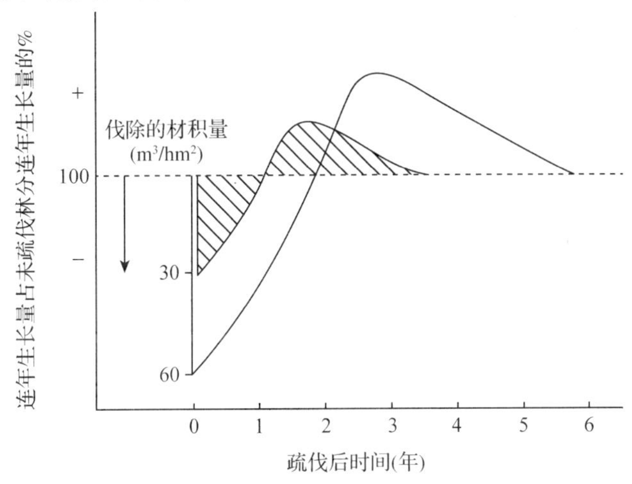

图 10-4　每公顷疏伐材积和连年生长量恢复模型之间的假设关系（修订 Bradley，1963）

（3）如果未疏伐林分中立木蓄积较大、活枝较多，林分在进行呼吸作用时会消耗比经疏伐的、低蓄积量的林分更多的同化碳，因此密度较大的林分净产量会降低。随着立木蓄积量的增加，净产量降减数量会更加明显。

（4）疏伐作业中有两种方式会大幅度降低木材总产量。一是连续移除林分中能产生疏伐响应的精英木或优势木，留存生长潜能不足、个体较小的树木；二是疏伐强度过大，树木无法补偿丧失的产量，立地资源未被有效利用(Hamilton，1981)。实施上述作业也许常基于充分的经济因素考虑。

考虑到人工林常规作业活动复杂多样，疏伐的类型、强度及周期之间的相互作用对单位面积总产量所产生的确切影响很难确定。只所以如此，是因为这类差别很小，以至于可以忽略不计。作业活动对单木生长的影响已愈加清晰，对于经营人员也十分重要。

疏伐强度

Bradley 等（1966）在英国的疏伐实验表明，在所谓的法正疏伐期内，在不影响未来产量的情况下，每年安全采伐的立木蓄积量接近林分最大平均年生长量的 70%。树种不同或栽植同一树种林分的生长率不同，法正间伐期也不同，但均始自连年生长量最大时，并在最大平均年生长量的林龄级到来不久之前结束。年疏伐收获在法正疏伐期前后疏伐时较低。图 10-5 表明，挪威云杉林分的最大平均年生长量为每公顷 $20m^3$。在不损害未来总产量的情况下，每年每公顷安全移除树龄 25 ~ 55 年树木的蓄积量 $14m^3$(最大平均年生长量的 70%)是可能的。若一林分

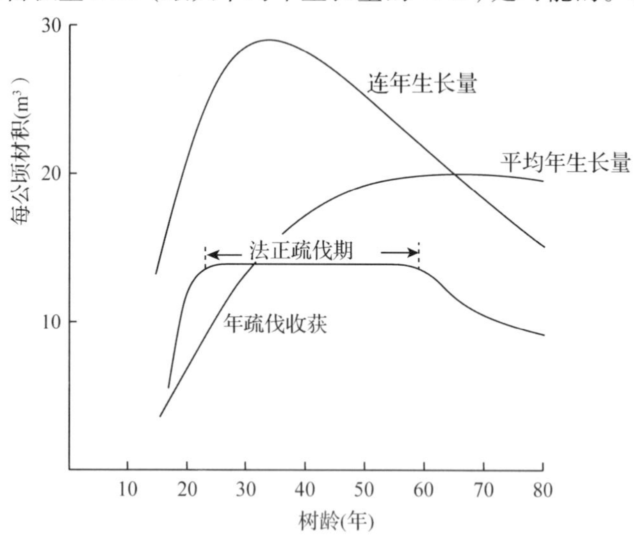

图 10-5 最大平均生长量为每公顷每年 $20m^3$ 的挪威云杉在临界强度进行疏伐后的树龄、平均年生长量(MAI)、连年生长量(CAI)以及年间伐收获之间的关系

(数据自 Hamilton 和 Christie，1971)

以该临界强度进行疏伐，在轮伐期结束前会砍去一半的总蓄积量，余留的另一半总蓄积量将存留至主伐收获(图 10-6)。相反，对于树种、树龄、生长率相同的未疏伐林分，其立木蓄积量比疏伐林分的总产量约少10%，生长竞争及呼吸作用增强使一些树木枯死，导致损失部分潜在生产量。就树木的断面积而言，在疏伐后留存树木胸径有实质性增长之前，每公顷必须伐去至少 25%。

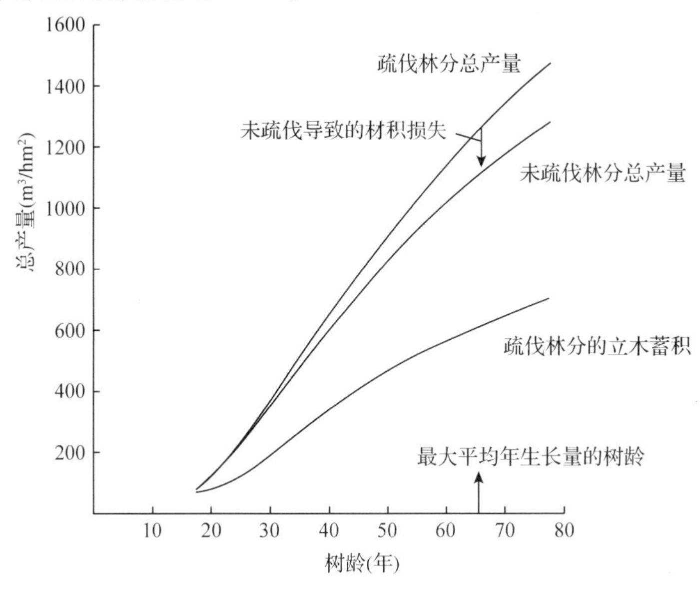

图 10-6　疏伐与未疏伐挪威云杉总产量的收获级每年每公顷 20m³，栽植密度 2500 株/hm²(数据源于 Edwards 和 Christie，1981)

首次疏伐时间及疏伐周期

在不损害潜在生产量的情况下，林分最早进行疏伐的时间因完整立木度林分的生长率而有所不同。法国南部和西部海岸松(*Pinus spinaster*)首次疏伐林分的树龄最早为 12 年，而法国中央高原(Massif Central)的花旗松首次疏伐林分的树龄最早为 15 年(Vanniere，1984)。英国多数阔叶树树种首次疏伐的树龄为 20~35 年，而在瑞典一些气候恶劣地区，阔叶树首次疏伐的树龄至少 50 年。在大多数地区，首次疏伐时每公顷总立木蓄积量，介于喜光树种(如，落叶松属)的约 70m³ 和耐阴树种的约 100m³ 之间。

之后的疏伐频率或疏伐周期很大程度上取决于营林企业的经济条

件。疏伐作业可每年进行，但在正常情况下，为提高营林经济效益，也可偶尔进行强度较大（而非频繁、强度较小）的疏伐作业。疏伐周期内单次疏伐的采伐量为每公顷 40～60m^3。因此，对于最大平均年生长量每公顷为 10m^3 的林分，依照临界强度施业，理论采伐量为每年每公顷 7m^3。实际上，疏伐周期也许为 7～8 年，其间的采伐总量为每公顷 49m^3 或者 56m^3。较长的疏伐周期和慢生林木相关，而较短疏伐周期则常与速生林木相关。

假如疏伐周期过长，余留树木树冠之间的林隙较大，立地资源在数年内得不到充分利用。即使疏伐强度未超过临界强度，之后也会使林分总生长量较少。

疏伐类型

针对不同树种，为达到某特定疏伐强度可以采取不同疏伐方法。在以伐去树木的大小描述疏伐类型时，一个有用的指标是，疏伐的平均蓄积量（v）和疏伐前林分的平均蓄积量（V）的比值。通常，疏伐可能大致划分为如下几种类型：

（1）系统疏伐法

行状和带状疏伐——v/V 比值为 1.0。

（2）选择性疏伐法

下层疏伐——v/V 比值约为 0.6；

中层疏伐——v/V 比值约为 0.8；

冠层或上层疏伐——v/V 比值约为 1.2。

（3）综合疏伐法——1/2

例如：昆士兰择伐法——v/V 比值变动。

系统疏伐法（中性疏伐法）

无论树木的大小和品质如何，系统疏伐法以先决方式伐去树木。尽管其他系统疏伐模式也具有可行性，系统疏伐法经常以行状或带状伐除按行或未按行栽植生长的树木。就伐去的树木的尺寸而言，系统疏伐法没有偏倚。所伐去的树木平均蓄积量和整个林分中的树木平均蓄积量一致，因此 v/V 的比值为 1。Hamilton（1976b；1980）描述了系统疏伐法适宜的林分类型、作业技术以及人工林的响应。

林分的首次疏伐通常采用系统疏伐法，原因是树木平均尺寸较小，经常无疏伐收入。低修枝或选择性标记都不十分必要，因此作业成本较低。此外，通过首次及后续疏伐形成了采运路径(图 10-7)。

系统疏伐法的不足在于伐去了包括优势木在内的所有尺寸的林木，但却并未刻意伐除不良木，这导致总立木蓄积量减少，一般每公顷减少 $6\sim8m^3$(Hamilton，1976b)。如果在林木的生命周期内只进行一次行状疏伐，那么疏伐损失的蓄积量对总蓄积量来说极小，约相当于总蓄积量的 1%。然而，即便是单行疏伐，也会促使沿线暴露树木的大枝发育形成应力木(reaction wood)。该疏伐方法会使林分受到严重的风倒威胁，例如，Oswald 和 Parde (1976)及 Oswald (1980)开展的花旗松和大冷杉(*Abies grandis*)人工林的实验清晰地表明，选择性疏伐和系统疏伐法的优势相比，前者能够抵御多种气候灾害——尤其是风折。

图 10-7　芬兰对经系统行状疏伐的欧洲赤松林分进行高修枝

择伐式疏伐(selective thinning)

下层疏伐是一种从下层林冠到上层林冠进行渐进择伐的方法，十分有利于优势木的生长。下层疏伐首先伐除被压木，其次是亚优势木($v/V=0.6$)。下层疏伐强度较大时，为达到理想材积，也可能需要伐除优势木。与下层疏伐相对应的上层疏伐，有利于最具潜力的林木生长，所伐林木通常(但不一定)为优势木。理论上，无论树木的树冠级如何，只要其干扰了选定树木的生长就应被伐除。多数情况下，需要伐除材质较差的优势木和亚优势木。与其他疏伐类型相比（v/V = 约 1.2），它们拥有的平均材积量更高。

择伐式疏伐最常见的是介于下层疏伐和冠层伐之间的中层疏伐(v/V = 0.8)，但是所有的择伐式疏伐法都会伐除不良木，尤其是不良优势木。上述择伐式疏伐法的各种作业方式共性之一，是在阔叶林分中较早选择主伐单木。如今，这被广泛地应用于英国和法国的人工林抚育采伐(Lanier，1986；Evans，1982a)。最优木在幼龄期就被标记出来，以使并在之后的疏伐中得到优待。一些最优木有时不可避免地受到损害或未达到理想的生长预期，这就需要在开始阶段后通过 2~3 次的标记作业，以确定最后的主伐木。

Assmann (1970)详细研究了不同疏伐类型对林木生产力的影响。Hamilton (1976a)描述了在苏格兰进行的一项经典的英国实验——鲍蒙特挪威云杉疏伐试验(Bowmont Thinning Experiment)。在此试验中，采用了如下四种不同强度的疏伐作业：

B 级——极端下层疏伐，仅伐除多数枯死木和濒死木。

C 级——适度下层疏伐，强度介于 B 级与 D 级之间。

D 级——强度下层疏伐，余留的主要是优势木(最优木)，为其提供树冠完全发育需要的空间。其疏伐强度稍大于临界疏伐强度。

LC 级——适度树冠疏伐，和 D 级相似，伐除不良优势木，但保留被压木和亚优势木以补占最优木之间的空间。

结果证实(表 10-3)，在经较大强度疏伐的 64 年生林分中发现了预期会出现的较大单木。但除了 B 级疏伐强度之外，其余疏伐强度的林分总产量总体差异很小。

B 级疏伐强度作业的林分总产量明显较低，可能部分缘于林分感染了严重的异担孔菌(*Heterobasidion annosum*)。密度较大的挪威云杉和欧洲赤松(或其他针叶树)林分与密度较小的相比，前者更可能易感异担孔菌(Belyi，1975；Tribun 等，1983)。B 级疏伐总产量低，可能部分是由于立木蓄积较大导致林分呼吸消耗增加(第 139 页)。

表 10-3　Bowmont 64 年生挪威云杉林的部分试验结果(见 Hamilton，1976a)

处理	株数(/hm²)	优势高(m)	平均每木		每公顷蓄积(m^3)	累计收获量	
			胸径(cm)	材积(m^3)		每公顷断面积(m^2)	每公顷材积(m^3)
B	2204	19.6	21.7	0.333	733	109	861
C	1062	20.2	27.8	0.569	605	123	965
D	327	21.6	42.5	1.387	453	127	953
LC	691	20.9	30.2	0.641	443	128	924

系统疏伐和择伐式疏伐相结合的疏伐方法

在条件允许的情况下，将节约成本的纯系统疏伐法与注重活力、林相潜力的疏伐方法相结合，更具吸引力。综合性疏伐方法昆士兰择伐法(澳大利亚林业部，布里斯班，1963)专为昆士兰州的南洋杉(*Araucaria cunninghamii*)人工林研制的，它在温带森林中的应用潜力较大。

昆士兰择伐法通过高修枝(high pruning)对优势木按行进行保留选择并作明显标记。如表 10-4，按行将树木 4 株划为一组(通过数空格计株数)，并进行连续分组。因此第一组所包含树木的序号分别为 1、2、3、4，其中序号为 1 的树木干形最佳，被选择(S)并进行修枝。下一组中树木的序号分别为 2、3、4、5，则序号为 5 的树木被选择留存。再下一组中树木的序号分别为 3、4、5、6，其中序号为 6 的树木优于序号为 5 的树木，因而其被选中。下一组中树木序号为 4、5、6、7，其中 6 号仍是最优木，因此不再选其他树木，以此类推。

即使不具备任何技术背景的林业工人也可以很快地选择优势木。最终，原栽植株数中 40% 的树木会被选留存。当每组中的株数规模改变时，被选树木的百分比也会发生变动。疏伐规则可同样轻易地用于所选树木。例如，在首次疏伐时，毗邻被选树木并与其高度相同的所有树木可能被伐除。

表 10-4　昆士兰州上层疏伐择树示例

被选木	S				S	S	S				S	
林木序号	1	2	3	4	5	6	7	8	9	10	11	12

预商业性疏伐(pre-commercial thinning)

当所伐的树木太小不敷销售时，对林分进行疏伐被称之为预商业性疏伐，又称林分密度重置、无收获疏伐(thinning-to-waste)或者非商业性疏伐。预商业性疏伐通常在树冠将郁闭且仍能轻易进入林内时进行。可通过化学方法[如，给间伐木注射草甘膦(glyphosate)致其枯死]或直接伐除留在林中的方法实施。

人工林经营，要么按照皆伐或首次商业疏伐时的密度栽植林木，要么高密度栽植而后进行预商业性疏伐。Edwards(1980) 和 Savill 及 Sandels (1983) 讨论了支持密植之后进行预商业性疏伐的观点。该观点认为，预商业性疏伐可确保成林，并有可选择最具活动力的单木、树木自修枝迅速、未成熟心材少等优势。预商业性疏伐的缺点主要在于成本高：造林成本更高且预商业性疏伐作业本身成本高昂。

当小规格材销售营利困难时，预商业性疏伐更具吸引力。预商业性疏伐可降低林分密度，避免林分达到一定高度时受风倒侵害。为促进阔叶树天然更新也会偶尔进行预商业性疏伐，形成防止出现针叶纯林的林分多样性。

修 枝

修枝可能有三大原因：

(1)为方便出入林分而对林木进行全部或部分下部修枝至一人高(称低修枝 brashing)的目的，在于使林分作业更加方便、安全，有时也为了降低林分对林火的易感性。

(2)去除有价值的树干下部的节疤可提高材质。最大修枝高度约为6m(图 10-7)。

(3)许多阔叶树需要所谓的定型修枝(formative pruning)以防林木多枝多叉。

林木树枝的持久性因树种和林分密度而异。在同一条件下，与非耐阴树种相比，耐阴树种的活枝留存时间较长。非耐阴树种死枝的留存时间长短也不相同。落叶松、欧洲白蜡 (*Fraxinus excelsior*)及桉树的自修枝能力较强；云杉和冷杉的自修枝能力一般；但松类、野黑樱桃(*Prunus avium*)和杨树不进行自修枝(Boudru，1986；1989)。死枝久留在树干可导致林木形成松软或腐烂的节疤。为收获经济价值较高的无节良木就必须确保结疤材靠近树干小髓心位置，其一般直径不超过10~15cm。

修枝对林木生长的影响

修剪直径为 10~15cm 以上的树干需剪掉活枝。正常栽植条件下，活枝修剪过多，会影响林木进行光合作用，导致生长缓慢。但从树冠低层进行修枝不会影响林木的生长，其原因是，树冠低层枝条受光条件差，进行呼吸时消耗的能量与其进行光合作用时产生的能量一样多，有时实际消耗更多，所以其对林木材积贡献极少，甚至会消耗树木的资源储备。Wang 等(1980)发现，修去日本柳杉(*Cryptomeria japonica*)活冠的 10% 乃至更高比例的枝条能够促进树木生长。

通过详细分析欧洲和北美大多关于针叶树的修枝实验，Moller (1960)发现，修掉大部分树种活冠的 25% 不会影响树木生长，修掉树冠的 3/1 只会使林分在轮伐期结束时总产量下降 1% 。有些树种甚至可安全修掉一半甚至更多的树冠。更高强度修枝不仅影响树高甚至会影响林木直径。与其他树种相比，一些树种对修枝强度较为敏感。例如，花旗松比云杉对修枝强度敏感，反过来，云杉比松树敏感(Henman, 1963)。活枝打枝强度过大，有时可能导致林木生长缓慢及更易受昆虫和病菌侵害威胁。

在密度较小的林分中对幼树进行修枝可能会产生不同响应。Funk (1979)发现，5 年生黑核桃(*Juglans nigra*)林分以 6.1m × 6.1m 的密度栽植，3 年内对其进行强度逐渐增大的修枝(修枝强度不超过树干长度的 80%)，尽管材积生长并未因修枝强度而变化，但修枝强度较大的林木生长量较大，树干也更易长成圆柱形。

如果林木直径较小、无心材，可安全地修去活枝，不必担心修枝带来的过多病腐威胁。针叶树尤其如此，原因是即使林木因修剪而遭到损伤，或切口不可避免地受到感染，林木仍能用具有保护性的阻隔区将切口感染区隔开。在切口愈合期内，树干直径会将整个切口封闭起来。因此如果单木修枝时直径为 10cm，那么不良心材就不会超过 10cm。

修枝与木材质量

在除去节疤之外，修枝还能提高一些树种的材质。修去活枝能减少树干低密度未熟材的形成并防止应力木(reaction wood)的产生（Keller 和 Thiercelin, 1984)。对辐射松进行修枝后的 2~3 年间，木材密度会暂时增加达 7% ，晚材增加的比例增大，木材纤维长度增加且螺旋形木纹减少（Gerischer 和 de Villiers, 1963)。对一些阔叶树林分的早期修枝，通常可能将轮裂和色变限制在较小的心材范围内(Butin 和 Shigo, 1981)。修枝的消极影响在于，易导致树脂淤积并使切口附近的树皮被树干包含。徒长枝(epicormic branch)在一些树种(如，栎树)修枝后疯长，强度修枝后更是如此。

修枝作业

为获得约6m高的无节材，通常需要进行至少2次修枝作业(图10-8)。如想使修枝木的心材尽可能小并保留足够大的树冠保持树木活力，就要分阶段进行修枝。当林分中优势木胸高直径平均12cm(不超过15cm)时，可进行首次修枝。当胸高直径约10cm时，修枝高度约为4m。数年后进行第二次修枝：4m高干径增大至12cm时实施，可继续修至6m高或干径10cm处。少数情况下(例如，杨树)需进行3或4次修枝，修枝高度达8m。即使使用目前最长的修枝工具，从地面到树高超过6m但也难以操作。当希望修枝高时就需要修枝梯或其他工具，但这会极大增加作业成本。一般情况下很少考虑修枝，除非修枝部分梢径在采伐时的带皮直径可长到40cm。因此，通常只有林木很可能生长至该尺寸或其有一半可能成为主伐木时才会修枝。对密度较大林分中择留木进行高强度修枝，应同时在其周围进行疏伐，否则其可能失去生长优势。因而，修枝和疏伐经常同时进行。一些国家已经制定了详细的修枝制度(Hubert 和 Courraud, 1987, 法国)。

一年内对哪一树种在什么具体时间进行修枝，似乎并无明确共识。

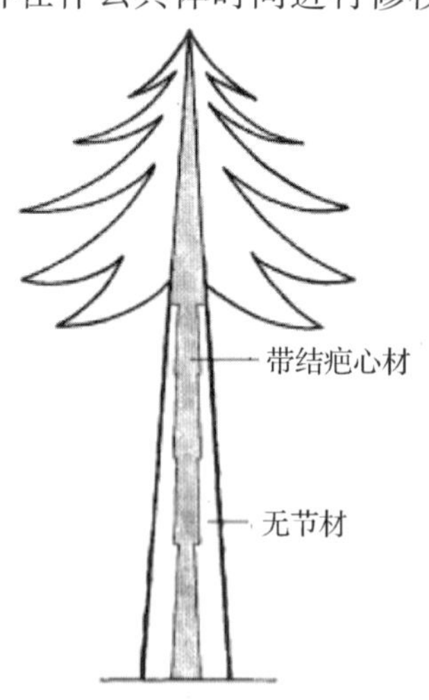

图10-8 经4次修枝(间隔期数年)的林木纵向图示

但对于多数树种而言，应避开修枝切口易感病害的时间段，譬如林木的休眠季。对如李属（*Prunus*）和水青冈（*Fagus*）等的树种，建议在夏季修枝（如 Kerr 和 Evans，1993）。易感树种的修枝也应避开酷寒和严重干旱时节。在徒长嫩枝将萌发时间段可以进行修枝（通常建议 12 月份对栎树进行修枝）。

尽管修枝方法各不相同，但定型修枝对林分实现预期价值十分必要（阔叶树除外）。修枝作业成本较高，但在德国、法国、比利时及其他欧洲国家的部分地区，修枝材的价格可能是未修枝材的两倍（Luscher 等，1991）。修枝林分的官方认证级别有时被用于表示材质（Mauge，1986；1987；Hugon，1994）。但在其他国家（英国和爱尔兰），培育优质木材的传统较少，因此修枝相对罕见。当木材用途级别较低时，修枝在经济上是不合算的。

轮伐期—皆伐

轮伐期指进行连续的林分更新的间隔期。轮伐期可由技术因素如特定的原木尺寸，或营林因素，或者最大材积收获以及财务回报等决定。对于一些私有林所有者而言，轮伐期可能由实现资本收益或促进现金流的必要性决定。有时，按照习惯做法或现实条件确定轮伐期；有时甚至不会确定轮伐期。然而，通常情况下，人工林需要满足现实或预期需求，其轮伐期一般较短（Fenton，1967）。

19 世纪，“法正林（normal forest）”理念意味着采用固定的轮伐期（见第 51 页）。如今，固定轮伐期可能成为人工林发展的障碍。根据林业企业目标的变化或影响实现既定目标的方法的条件的变化，应不断审视采伐时间（Johnston 等，1967）。如今，通过施肥、林木育种及其他营林措施可有效地改善林分，因此管理更为灵活。

此外，林分采伐的最佳时间通常应考虑整个林业企业的资源状况。轮伐期一般与理论上的最佳采伐时间不同，而是强调确保木材供应及就业的连续性。例如，对以现有标准判定的大面积连片的过熟林进行采伐显然不明智，原因是这会压低木材价格并对景观和保育产生深远不利影响。在其他情况下，早期伐去一些林木以保持木材供应也许是比较谨慎的做法。在许多情况下，当轮伐期业已确定时，林业企业只需简单地制定配给方案将资源分配给木材工业。偶尔，在特殊时期也会考虑生物或营林因素进行皆伐。例如，易受严重风倒侵害的未成熟林分，在风倒发生之前，就可能被采伐。为实现天然更新，有必要在林木大量结实，或在产籽年份进行采伐。少数国家（如瑞士和斯洛文尼亚）法律禁止皆伐。大型林业企业及国家林业部门通常认为，当林分收获的净收入最大或有其他盈利时采伐最佳。许多针叶树林分的最大净收入时机经常和最大平均年生长量的轮伐期相一致。因地区不同，轮伐期可能较短（如英国）或较长（如瑞典），但一般为10~15年。阔叶树种（如栎类）随着轮伐期的延长具有价值陡增的优势，木材的用途也从薪柴延伸到矿柱材、篱用材、原木锯材和单板材。

一些国家采用的财务标准差别很大。例如，在可以确保木材质量的前提下，采伐时可实现价值最大化的长轮伐期受到青睐。净贴现收益最大化适用于短轮伐期，收获的是材质较低的速生材。德国北部地区栽植的欧洲赤松通常轮伐期为200年，木材质量优异、价值较高，适合做细木工艺品。在英国，通过多次轮伐获取更大收入，尽管采伐时每立方米木材的价值明显较低，但会在相同时间段内对相似立地条件和生长率的欧洲赤松进行3次轮伐，或对欧洲黑松亚种（科西嘉松）进行4次轮伐。

植距、疏伐及修枝的应用

Craib（1939）认为，大多数商品林的密度调控、修枝及轮伐期长度，既不能收获最大材积，也不能在既定时间收获最大径级木材，而是为了生产最能满足市场需求的产品，以使木材收益最大化。

然而，空谈容易实干难。许多人工林所有者对所想要努力达到的目标脑海中只有大致的想法，但没有人能精确预测未来十年的市场需求。此外，这些林主们也不了解林木生长与材质、林分龄级、立地条件及密度、疏伐和修枝成本之间的相互联系，而这需对无数的试验进行分析与措施整合。

各国的营林方法差别很大。在德国的一些地区，现在欧洲赤松每公顷栽植10000~18000株，“明显低于以往密度”（Otto，1976），定期对林分进行疏伐和修枝作业，约200年的轮伐期过后才进行主伐。在英国，多数针叶树林分的栽植密度为每公顷约2500株，由于林分易受风倒侵害，所以不会经常对其进行疏伐或修枝，轮伐期不超过70年。另一极端例子是在新西兰，国内人工林木材供大于求，营林注重生产用于出口的优质无节材。在一些林地上，辐射松的栽植密度每公顷仅为200株，并且十分注意对其进行修枝。只有到轮伐期末树冠才会郁闭，林间生长的草用于放牧或生产青贮饲料。该类林分的轮伐期已从早先的 40 年缩短至现今的 28 年左右。尽管 Craib 的观点正确，但由于不同国家的经济条件和其他条件不同，加上人工林主的自身状况的差异，使取得最佳效果的制度方法大相径庭。

第十一章
野生动物、病虫的侵害及对策

人工林意味着一笔可观的投资，因此，如第二章所述，其健康状况是整个营林工作需要关注的一个重要方面。在天然林中，幼苗和成熟木是生态系统食物链中必不可少的环节。许多生命形式部分或完全依赖树木而生存。

人工林受到的损害通常难以预测，无规律，严重程度变化大。尽管如此，值得庆幸的是，温带和寒带大部分的人工林培育都很成功，这得益于严重损害罕见，防护措施尽管有时成本高昂，但一般可以做得比较充分。

侵害的可预测性

预防侵害需要区分新造林地和再造林地，对不同立地采用不同方法。新造林地通常不会有有害动物及病源真菌。而在再造林地域，大多数有机体已经存在，并能对新的食物供应或者合适的生活垫面产生响应。

某些类型的损害是可以预测的。比如，大多数森林经营人员能预料到，新造针叶幼林可能受到松皮象（*Hylobius abietus*）的攻击，松皮象虫会在针叶树皆伐区根桩的树皮下繁殖。而在某些地区，如果幼树没有栅栏保护，就会被鹿啃食而难以存活。如果没有提前对针叶人工林树桩进行处理防止感染，收益通常会因茎干和根腐病而减少。

其他类型损害难以预测，这些损害的发生没有规律，严重程度不一。极端气候可使林分对害虫侵袭变得敏感。正确选择树种和种源可以确保大多数人工林计划获得成功，但也有例外。

常见的人工林都是栽培单一树种，有固定的间距和相同的林龄，这种结构使人工林比天然林更容易受到害虫和病原体的影响，原因是天然林里的害虫和病原体与其捕食者和竞争者是共存的。但如果造林地选址得当并加以良好维护，人工林遭受其他竞争、土壤透气性差或微地形贫瘠威胁的可能性会降低。因此，与天然林相比，人工林来自昆虫和弱致病有机体的风险往往更高。

许多有害动物和真菌依附于特定树种和特定规格的树木。有些虫类，包括各种蝴蝶幼虫、飞蛾、膜翅目昆虫，寄生于健康而又富有活力的树木上。麋鹿、鹿、野猪、兔子、田鼠和北欧雷鸟(capercaillie)喜欢施肥的速生树木。其他的动物害虫和真菌，包括树皮甲虫，常见的腐生真菌(saprophytic fungi)如蜜环菌(*Armillaria* spp.)，会攻击受到胁迫的树木。

胁　迫

许多生存在森林里的潜在害虫可以达到种群规模，但不足以产生危害。一旦树木受到胁迫(stress)，就助推了它们的攻击，爆发流行性的侵害。在如下条件下，天然林或人工林会受到胁迫：

——极端的温度；

——水分不足或过剩；

——高强度的辐射；

——营养不足、盐分或有毒气体过量引起化学抑制；

——多风的环境；

——其他病虫的攻击，如食叶害虫和叶部病害。

有些植物具备适应能力，这使其能够回避或容忍胁迫(后者被外行人称为“抗性”hardiness)，Levitt(1971)对此做过详细研究。如果一棵树缺乏适当的忍耐或回避机制，其生理平衡就会被打破，产生影响树木活力的条件。随后，树木的防御机制降低并诱发疾病，害虫乘机入侵。

在无胁迫的自然条件下，破坏性病原体在宿主发育阶段流行性最强，但不会对繁殖活力产生大的影响，尤其是在幼苗及衰老阶段。因此，苗圃植物同老龄植物相比，往往需要更多的保护。生殖成熟阶段流行性最强的致病菌是专性种，它们依附于宿主，与宿主度过或长短不一的共生(symbiotic existance)期，而后获得较强的生理生殖能力(Harley，1971)。这些菌种属于非攻击性病原体，常见的是出现在死亡或垂死植物组织上的腐生菌。只要宿主活力旺盛，它们就不会产生破坏作用。同样，许多昆虫对健康树木的损害较小，但对遭受抑制的树木损害很大。

任何降低树木液流压力的物质，都会引发树木遭到嫩枝、树皮或蚀干害虫的攻击。

了解哪种胁迫作用使树木被特定害虫破坏非常重要。最容易受到胁迫的立地包括垦复地（见第十四章）、受污染地、泥炭层很厚的土地，以及易发生干旱的沙地和高海拔林地。

种植高抗逆性树种是维持林分的活力，防止由极端环境引发的病害的最有效的方法（Schoenweiss，1981）。为此，为考虑中的立地精心选择树种、种源极其重要。

由于物理环境不是一成不变的，所以林木受到胁迫不可避免。人工林的生命期会不可避免地出现这样的年份：长时间异常干旱、冬季低温和狂风天气。这些情况为弱致病有机体的形成并对树木造成破坏创造了环境条件，相关例子见第二章。

了解造成害虫种群的规模和结构的变化的因子，常可为我们提供最佳防治方法。理论生态学家已在这些方面取得长足进步。Southwood（1981）和 Conway（1981）研究了有机体的生物生态特征，如大小、寿命、繁殖力、死亡率、迁移率的相关性，这些要素使得它们能最大程度上适应其生存环境。按照所谓的 r－K 序列方向进行选择。r 是指种群的数量增加的速率，K 是指物种个体在其生境下的最大可持续数量（即承载量）。

r－策略和 K－策略

无论是否是害虫，极端的 r－策略的生物总是不断拓殖转瞬即逝的生境，面对多种变幻莫测的环境条件，实施投机型的"繁荣和衰败"策略。因此，r－策略生物繁殖力高，生殖期和幼年期短，在生态真空生境地勿需高竞争能力。通常情况下，在条件比较差的生境中，迁徙和扩散是其生活史的主要内容，因此，它们会在适宜的生境中快速成长，快速交配繁殖。部分 r－选择型生物会产生大量有性生殖的后代，以确保合适的基因型遗传高概率传播到安全的立地上；而其他的，如蚜虫（aphids），则进行无性生殖。r－策略的生物的种群数量不稳定且会随着环境的恶化迅速下降。就害虫来说，其数量下降通常并不是由于死亡或繁殖力降低，而是快速扩散的结果。它们防御捕食者的主要手段包括移动和同步繁殖或萌发以暂时满足捕食者。

大多数典型的害虫，如老鼠、蝗虫和小麦锈病菌，是典型的 r－策略生物。单作在农业和人工林业中的广泛应用，增加了适宜 r－策略有害生物的栖居生境，其中大部分是食叶和食根的有害生物。r－策略有害生物难以控制，原因是它们数量增加迅速，扩散力强，往往造成巨大破坏。

与之相反的是，K－策略生物是专性种(specialists)，常在稳定且拥挤的生境中占据狭窄的生态位，种群朝着接近于均衡的水平进化。K－策略生物的繁殖力，就林木的个体补充(recruitment)来说并不很高，但其竞争能力很强，尤其是那些体型较大、世代间隔期较长的K－策略生物。通过在复杂防御机制方面的投入的保障，其存活状况比较好。相对于r－策略生物，K－策略生物迁徙趋势较低。为维持种群数量，其存活的生境不能发生不可逆转性的干扰。如死亡确有发生，种群会通过快速增加繁殖率使其数量迅速恢复到均衡水平，否则资源会被竞争对手抢占。对K－策略生物来说，如果其数量密度远小于平衡水平时的数量密度，就不能很好地调整恢复；如果其数量密度降低到一定水平，它们将走向灭绝。

K－策略生物很少成为对天然林有害的生物，实际上，很多K－策略的生物需要环保人士的经常关注，但是K－策略生物一旦成为人工林中的有害生物，将会顽固得让人觉得棘手。

大部分有害生物，尤其是对森林有害的生物，是介于r－K连续体的两个极端。它们最重要的特点，是通过对食物、空间或配偶的种内竞争机制调节种群数量。在生态系统中，它们的数量也常被伴随它们的天敌或林木的内在防御机制调节。这种调节通常足以把对人工林的伤害维持在低于控制所要求的水平。因此，如果它们偶尔成为有害生物，可能是由于气候异常对它们造成了压力。

最知名的中间宿主害虫(intermediate pest)是那些被引入地球新的地区但其天敌仍留在起源国家的生物(见第二章)。其他一些有害生物，包括那些天敌被农药杀死、迄今为止无关紧要的害虫，其之所以变得重要，是因为人类的杀虫剂减弱了其天敌的效力。人类还增加了食物供应并改变了非生物环境，这使得竞争压力变小，为增加其繁殖提供了条件。

对害虫的攻击风险进行预测是避免人工林受损的明智做法。利用整地、选择能忍受害虫攻击的树种及苗木规格的方式，其成本总是低于通过重新造林、补植死株等修复方法的成本。

实用技术问题

天然林中的大部分有机体已共存了数千年。为了生存和扩张，每个树种都进化出了一套以牺牲其他有机体为代价的生存策略。在营造人工林时，尽可能尝试理解生境中栽植的树木与其他有机体之间的关系非常有益。例如，许多树木已经进化出了不适口性、多刺的防啃食机制；厚树皮和大量树脂流动为树木可防止部分害虫和真菌。一些树种通过多产生种子应对攻击。

关于树种与其潜在害虫之间复杂交互关系的认知，提示经营者采取合适的保护和预防措施。正确认定造成破坏的主要导因，对于控制病虫害至关重要。

病虫害的识别

将树木遭啃食和剥皮的模式特点，与某些动物的体型和齿印相联系，是比较容易的。菌类和害虫的攻击不易观察，因此更难识别，例如，尽管一些树皮甲虫的虫室极具特色，但也很难识别。严重的病虫害常伴有很明显的衍生介质引发的症状。

一个容易长期忽略的潜在严重问题是，一些干基腐(butt rot)菌，如异担孔菌(*Heterobasidion annosum*)和暗孔菌(*Phaeolus schweinitzii*)，在孢子产生之前，几乎没有任何可见的感染症状。受到抑制的树叶会减少化学保护物质(如，树脂和单宁)的释放，这种减少虽不可见，但对许多害虫来说释放量减少使得这类树种更加可口。即使损害可见，人们在多年后才发现病虫害存在的情况常常发生。英国云杉爆发过的云杉大小蠹(*Dendroctonus micans*)疫情就是这种情况，该病原发于欧洲大陆，破坏性严重。人们最早于1982年在英格兰和威尔士发现它，但从遭破坏树木的愈伤组织来看，该病原传入英国已约有九年之久。

一般情况下，问题都是首先通过观察发现：寻找菌类子实体、受损的树叶、果实或嫩枝或更为普通的症状，如，生长缓慢，顶梢枯死，甲壳虫羽化孔，褪色或树叶稀疏等。因为菌类和害虫等物种的同时攻击可能出现在轮伐期的特定阶段，所以可在一定程度上进行预测(Murray，1979；Crooke，1979)。有时可根据最近的气候模式预测严重虫害，并根据以往经验将某些立地列为高危立地。

一旦发现人工林受到破坏，正确认定破坏发生的主要原因至关重要。查找原因可能既耗时又困难，通常涉及森林病理学和昆虫学专业问题。未能确定主要原因并应对二次感染或攻击，会导致严重的资源浪费。

对于“新”出现的害虫，在制定全面而适当的控制策略之前，需要花费一定的时间(常需要数年)，研究其生活史、生态学特性和使林树易受攻击的因素。

预防措施

完善的造林工作会在整个轮伐期内考虑害虫对林木的潜在破坏。一般而言，预见潜在威胁的成本要低于病虫害爆发之后的控制或砍伐、补植的成本。

外来病虫害的防治

欧洲各国政府很早就颁布法律防止动植物在不同国家间的运移。立法的导因是人们惊奇的发现，有许多有机体原本只是在一些小区域范围内存在。将树种远距离移植进入新生态系统的经验有时有益，但偶尔却是灾难性的。欧洲引进了许多主要原产于北美洲的外来树种，它们在欧洲生长良好、高产，其中一个原因是不存在专门针对它们的致病菌(参见第二章)。

商品林发生过一些不幸的案例，譬如，将具有啃食和剥皮习性的动物引入新的生境中。这包括引入瑞典等地的兔子，引入英国的北美灰松鼠(图 11-1)，以及引入英国和新西兰的各种鹿。更严重的案例是寄生真菌和害虫的引入，典型的案例是松疱锈病(*Cronartium ribicola*)引入北美(见 Karlman，1981 及其中引用的文献)。在欧洲，该真菌作为虚弱无害的寄生菌，以乡土五针松、瑞士石松(*Pinus cembra*)和西伯利亚红松(*P. sibirica*)为寄主。19 世纪早期，法国和德国大规模引入北美乔松(*Pinus strobus*)，19 世纪中期，种植该树种的人工林突然遭受锈菌侵染。只过了 30 年，疫情便蔓延到了整个欧洲大陆。由于北美乔松没有抵抗能力，其影响一直是灾害性的。1906~1910 年，德国出口的北美乔松幼苗，将生柱锈菌(*C. ribicola*)传入美国东北部，并在之后扩散到北美乔松的全部自然生境。引入温哥华的植物对当地其他五针树造成巨大损害，这包括加州山松(*P. monticola*)、糖松(*P. lambertiana*)，以及柔枝松(*P. flexilis*)。对这些树种抵抗力进化的研究进展缓慢(Ziller，1979)，控制灾害最有效的方法是选育有抵抗力的树种个体(Agiios，1978)。

Karlman(1981)给出的另一个案例是荷兰榆树病(*Ophiostoma ulmi* 和 *O. novo-ulimi*)在世界范围内的传播。这种昆虫携带的寄生真菌于 1918 年首次在法国发现。1927 年人们在英国发现该疫情，短期后通过大西洋被携带至美国，对北美的榆树(*Ulmus* spp.)造成了严重伤害。20 世纪 60 年代，它以更致命的形式横扫大西洋，西欧的成年榆树因此不久遭到灭绝。

这些及其他源于园艺和农业的案例，使大多数政府以立法形式控制动植物在各国的迁运。海关官员负责在边境对有关森林卫生事项进行检查并对一些动物实施检疫检查。从森林卫生角度来看，严格遵循这些规则是明智的。

图 11-1 在英格兰，北美灰松鼠剥食一棵幼龄山毛榉底部树皮所造成破坏。幸运的是，这个外来害兽在欧洲大陆仍非常罕见，但在英国已成为一个非常严重的问题

国内害虫的防治

为防止虫害发生，大多数欧洲国家对营林实践提出要求并通过特别机构执行。病虫害爆发前或发生时，这些特别机构也会向林场主提供建议和协助。有一些虫害爆发风险严重情形的案例，如风暴、火灾或严重干旱过后，树皮甲虫种群增速快于其天敌种群。害虫繁殖期间，贮藏未剥皮的树木(图 11-2)会导致虫害爆发。

图 11-2　在欧洲的许多地方，需要对伐倒原木立即造材并剥皮，以消除树皮甲虫纵坑切梢小蠹(*Tomicus piniperda*)的潜在繁殖地

大型哺乳动物危害的防治

在一定程度上，欧洲许多以树木为食或破坏树木的大型哺乳动物捕食者，如驼鹿、鹿、野猪现在已经灭绝。保护人工林免受严重破坏，通过狩猎减少其数量至关重要(同时可提供游憩和肉类)。猎人和森林经营人员须就使每一树种可持续经营的动物种群密度达成一致，这样才能保证森林不会受到过分破坏。

封禁人工林防止鹿、野猪、野兔的代价昂贵，但有时至关重要。要使栅栏发挥有效作用，必需对其进行维护。要消除围场内潜在的破坏性动物，通常需要进行长达十年的狩猎活动。最常用的栅栏是金属网，如今电围网比较廉价，但需要人们的注意日常安全。

最近，使用1m以上的塑料套筒对树木个体进行保护越来越普遍(见第97页，图7-3)。这些塑料套筒可以防止鹿啃食和食草动物(例如，在林牧混作系统中——参见第十六章)以及田鼠的攻击，特别用于保护阔叶树。塑料套筒花费昂贵，但在某些情况下它们是唯一有效的方法。不幸的是，一些食虫鸟类如野鹟(*Saxicola torquata*)一旦进入塑料套筒，就会致命。

可以使用驱避剂减少鹿、野兔和兔子对幼苗的破坏。驱避剂具有难受的气味或味道，是一种对立地和森林均无毒的化学品。大多数驱避剂有效期较短，须失效后再次使用。因此，利用驱虫剂成本昂贵，除非是在需要保护少量的树木的情况下(Pepper，1978)。

当使用毒药防止人工林受到严重袭击时，选择和使用只有目标害虫会受影响的化学品至关重要。例如，瑞典使用经过华法令(warfarin)阻凝剂处理的谷物控制田鼠，将谷物放入狭长套管中，田鼠可以进入套管，而鸟类无法进入。英国也使用类似的方法控制灰松鼠。

真菌的防治

曾使欧洲遭受最严重经济损失的异担孔菌(*Heterobasidion annosum*)，是唯一对常规防治措施有抗体的真菌(图11-3)。例如，它是导致英国东部塞特福德(Thetford)森林里50~60年生欧洲赤松腐烂的主要原因。在一些立地上，腐烂树木所占比例高达15%，树木腐烂长度偶尔达根部以上2m高(Greig，1995)。该病菌侵染大多数针叶树种，并在林分第一个轮伐期内，通过风媒芽孢(airborne basidiospore)感染疏伐后的新伐桩进入林内。发芽后，菌丝生长深入树桩及其根系。通过根系接触，侵染邻近树木，使树桩和根系开始腐烂并蔓延到树干的心材，导致干基腐烂。它也会攻击整个根系使树木死亡，但这种情况并不常见，通常只有幼龄的树木才会发生。在林分的第二个轮伐期，源自以前林分的病菌使树桩受侵染发生的时间更早。冬季极度严寒(北欧)时期的预防措施有：疏伐，向树桩喷洒竞争力强的真菌悬浮液(例如，英国东部用大隔孢伏革菌 *Peniophora gigantea* 喷洒松树)、尿素或其他化学品，达到抑制异孔菌增生的目的。在受影响极其严重的立地上，比如塞特福德的部分森林，轮伐期结束时移除树桩可能是唯一有效的补救措施(见第67页，图5-4)。

虽然许多真菌不会流行性发生，却会降低受侵染树木的质量和产量。这类真菌多是栅锈菌属(*Melampsora*)锈菌，它们首先攻击叶子，减

图 11-3　异担孔菌(*Heterobasidion annosum*)引起的破坏——树干中间的暗色部分和树桩是腐烂的(照片：M. Morelet, INRA)

弱光合作用。通常来说，在生命周期的不同阶段，这类真菌以不同树种为交替寄主。两个寄主树种的存在使立地受侵染的风险大幅度增加。例如，栅锈菌(*M. pinitorqua*)以欧洲山杨(*Populus tremula*)和欧洲赤松为交替寄主。在这两个寄主树种都常见的地方，受侵染风险也较大。前文已提到了侵染五针松树的疱锈病。如上所述，五叶松疱锈病(*Cronartium ribicola*)以茶藨属植物(*Ribes*)为交替寄主。消灭交替寄主几乎难以实现，因此美国五针松在欧洲任何地方都不能大规模生长。

除森林苗圃常规的杀虫剂防治法及防治异担孔菌案例的经验外，在欧洲很难找到防范真菌流行病的成功案例，这可能是因为这样的案例本来就很罕见。新西兰采用空中喷洒硫酸铜的方法，对辐射松赤斑叶枯病(Dothistroma blight)、松针红斑病(*Scirrhia pini*)进行控制。新西兰气候利于真菌发展，该方法为辐射松健康生长创造了可能。

跟踪真菌疫情爆发的情况，发现就诸多树种与其所生疾病间相互作用方面，还有很多空白需要研究。美国黑松受到枯梢病菌(*Gremmeniella abietina*)引发的黑腐病攻击就是一个相关例证。20 世纪 70 年代，瑞典北部最早大规模种植美国黑松(Karlman 等，1994)。对枯梢病菌(*Gremmeniella*)疫情研究表明：恶劣的天气条件、立地因子、不当种源与树木受到的攻击间存在明显相关性。已对黑松引进提出新要求：瑞典北部的低海拔地区，每年新植面积的上限是28000hm^2，禁止在质地良好的土壤上种植黑松(Anon，1994)。

虫害预防措施

森林收获和风折后，应保证森林卫生，确保森林里没有太多适合甲虫繁殖的材料，这对于防止纵坑切梢小蠹(*Tomicus piniperda*)爆发损害健康树木至关重要。减少虫害影响的其他措施包括：

(1)维持破坏性害虫天敌的种群数量，建议避免过度清林及去除死树；

(2)选择能在特定立地上生长的树种及种源——不健康树木死于攻击的可能性更大；

(3)良好的整地工作也可保证树木的健康成长，减少树木受到抑制。

对幼苗进行化学处理以防范某些害虫的做法很常见。在这些害虫中，松皮象(*Hylobius abietis*，图 11-4)在新最近伐倒的针叶树树桩和树

图 11-4　松皮象(*Hylobius abietis*)对幼树进行环剥给移植的针叶树造成的伤害要大于北欧任何其他害虫所造成的伤害(照片：R. Axelsson.)

根上繁殖。通常来说，在移植针叶树幼苗之前，人们用杀虫剂对树木根颈进行处理以防止松皮象环食树皮。如果疏于采取保护措施，那么整个人工林都会遭受损失。树木在移植前一年半到前3年的这段时间里最易受到攻击，这段时间是松皮象从卵发育成成虫的重要时期，所以成功的保护工作至关重要。一些杀虫剂具有这些功能，但目前斯堪的纳维亚半岛允许使用的杀虫剂功效不持久，只鼓励经营人员使用非化学控制方法。

如第69页所述，对不能使用化学品的立地进行翻垦，可以减少松皮象危害，推迟造林2到3年也可取得同样效果，但很少有人认为这种做法可行。

防治措施

如果造成的损失不严重，没有采取任何特别防治措施的必要，在某些情况下，防控措施成本极高，因而不具备使用的合理性。云杉高蚜(*Elatobium abietinum*)的防治案例就是这种情况。云杉蚜虫是r－策略型生物，英国北美云杉曾受到云杉蚜虫的周期性非致命性的攻击(Hibberd，1991)。这类案例中，人工林减产不可避免。

化学防治

成熟森林爆发虫害或真菌时，喷洒杀虫剂或者杀菌剂的做法在当今已非常罕见。仅在极特殊情况下，才会使用杀虫剂减少害虫种群——通常是食叶害虫的数量。油杉毒蛾(*Lymantria monacha*)幼虫造成的损害十分严重，需要采用空中喷洒的方法。但该方法的长期有效性仍值得怀疑，由于杀虫剂不具备选择性，在杀死害虫的同时也会杀死其天敌。

生物防治

对蛾和叶蜂幼虫进行生物防治的办法有很多，其中脓病病毒(NPV)方法最受欢迎，这种方法可以对流行病进行选择性控制。虽然可用此方法防治许多潜在破坏性害虫，但在全球的防治记录中只有6种害虫(Speight和Wainhouse，1989)。其中，空中喷洒寄生病毒乳剂防治欧洲松叶蜂(*Neodiprion sertifer*)的成功经验已有30年之久。

严重的树皮甲虫疫情，可以采用诱捕法，该方法以适当的合成外激素作为诱饵，这些化学诱饵物质与害虫分泌出的吸引异性的外激素非常相似。外激素诱捕可降低害虫的繁殖率。另一个防范害虫的做法是使用

"陷阱树"，将具有内吸功能的杀虫剂注射到"陷阱树"中，以防止流行病侵染到周围健康的林分，这个做法部分相当于生物防控。

然而，应对有害生物暴发最常见的方法是等待、观察和测定种群的规模。因为一些中介害虫的存在，害虫天敌种群的规模可能会逐渐增加至可以控制害虫数量的水平。如增加不到，就应采取必要措施。r－选择型害虫的种群通常会因自身疾病而最终崩溃。人工林受到的严重损害已明显可察时，那么任何补救措施常都为时已晚。

野生动物、害虫和病原体防治中的环境问题

单一种植条件下，大量过剩食物可以为害虫生长和快速繁殖提供条件，因此单作人工林比天然林受攻击的风险更大(参见第二章)。Speight (1983)指出：几乎所有的例子都表明，林分系统复杂性和多样性的增加会促进寄生虫和天敌的生存和发展。多样性可能最终被视为降低害虫扩散能力最好的第一道防线。对其他害虫防治技术的要求应该更少，规模也应更小。

增加同龄人工林多样性的措施：

(1)即使是单一种树的种植，也可进行不同林龄的镶嵌；

(2)保护河岸区域；

(3)建立适当的森林边界；

(4)引入复层林分(这种做法很少具有可行性)；

(5)使用长轮伐期(可能的话)；

(6)在预商业间伐和其他疏伐作业条件下，鼓励使用其他树种的天然更新苗。

在当今营林活动中，使用杀虫剂和杀菌剂使用已成为不可接受的行为，这一要求可能在21世纪更加凸显。利用选择性的生物制剂似乎是成功控制流行病的未来，正在进行试验的选择性生物防控措施包括：用病毒对抗叶蜂，用线虫对抗树皮甲虫，释放蚜虫等害虫天敌等。

结论：病虫害综合防治

Speight和Wainhouse(1989)详细描述了病虫害综合防治(integrated pest management，IPM)法，这是最常用的防治方法。除需要在虫害及疫情爆发时采取防治措施外，该方法要求通过营林措施(正确选择树种、使用有活力和无害虫的种植材料，等)减少森林的易感性。虽然这一切

显而易见，但成功防治病虫害需要依靠所有林主的合作，也可能需要政府的支持和立法。

第十二章
防止风害

森林风害在世界许多地区反复发生。强风将树木连根拔起，破坏茎干，导致树木畸形并阻碍生长。强风还会扰乱经营方案的执行，破坏景观质量和野生动物栖息地，并因更高的采伐成本、储藏期间的破坏、未收获的树木、残存林分生长量减少以及缩短轮伐周期，造成经济损失。

温带海洋性气候地区的森林遭受风害损失最为严重，但处于大陆山地的森林同样会受到严重影响。某些地区有暴风雨的破坏，风是对这些地区天然林物种组成影响最大的生态因素。这导致了有利于先锋树种而非顶极树种的演替。风暴灾害是许多地区永久性的风险，但也是可预料的事件。它对英国高地商品林的活力影响最大。

破坏性大风

没有树木能免于风速超过每秒 30m，且持续 10min 或以上的暴风的破坏(Mayer，1989)。平均每秒达 25~29m 的持续风力几乎能对任何土壤上的树木造成巨大破坏。每秒 22~27m 的狂风能将单个树木或生根受限的小树丛连根拔起。甚至当平均风速约 18m/s 时也会发生这类狂风，每秒 18m 是蒲福风级(Beaufort scale)大风的下限。

Leyton(1975)、Grace(1977；1983)对植物表面气流的特性和效果进行了描述，Quine 等(1995)及 Coutts 和 Grace(1995)作过详述。一般来说，风速在平静和狂风之间无规律地波动；这种波动由湍流引发，湍流(而非平均风速)是导致破坏最主要的因素。湍流是一种极端复杂的现象(图 12-1)，但通常情况下，风速越大，林冠空气流动越剧烈，大气湍流越强。通常风对林冠造成的伤害较小，尤其在相邻树木林冠相连的地域，但湍流易导致树干和树枝摇晃，引发土壤中的树根移动。如果侧根不牢固，根盘就会上下移动，树木会被最终连根拔起。树木被风刮倒的方向是随机的，与风向无关，这体现了湍流的无规律性。

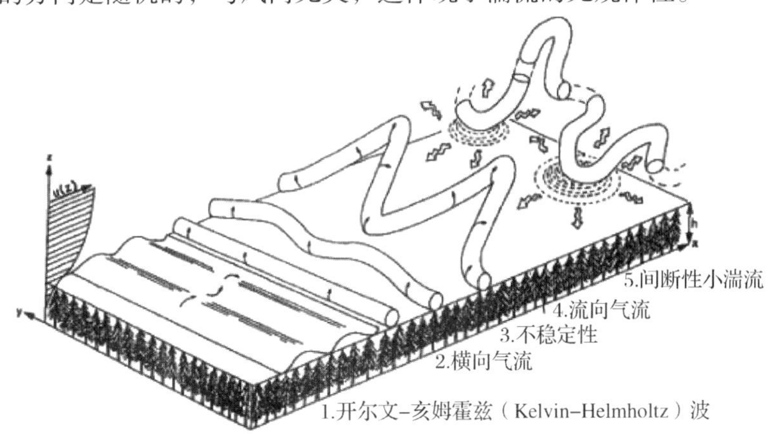

图 12-1 森林破坏性大风形成图示(Finnigan 和 Brunet，1995)

受威胁的人工林

Quine(1992)提出了脆弱性的三要素：持久性、渐进性和偶发性。持久性脆弱是由林分生命周期保持相对不变的因素决定的，如土壤或其垦耕方法。脆弱性随着树龄的增加有渐进性的变化，这些变化与树形有关，体现在树高、胸高直径比等方面。偶发性变化由包括疏伐、密度调整、下种伐在内的营林措施引起，也可由积雪、强降雨以及刮风时节树木是否落叶引起。轮伐期的后期内，在脆弱性高且持久的土壤上开展造林活动，遭受毁损的风险会显著提高。即使是幼苗也会遭受风害，尤其是种植在会被吹倒的单木护筒中时。

显然，风是导致破坏的直接因素，因此，风险最大的人工林无疑处在国家的多风地区，尤其是高海拔几乎无地形上的庇护、土壤生根条件差地区的人工林。大范围地形特征使风汇集形成漏斗风引发反复损害，小范围地形特征决定风折影响的具体位置(Jane，1986)。大陆上的人工林常会由于风速、湍流的增强导致破坏加剧。这与夏季雷雨以及由逆温现象引起的山区焚风有关。风力最大的地方出现在孤立山丘，尤其是在气流从山谷穿过的地区。高山会增强吹向坡底的风力，坡底会发生大风暴。Quine 和 Miller(1990)推断，焚风现象解释了多数欧洲大陆研究文献中对背风坡损害的担忧(例如，Hütte，1968)。在一般天气条件下，背风坡能为易受影响立地提供庇护，但在风暴期间，其敏感性会增强(Jane，1986)。

浅根性的人工林极为脆弱，尤其是在潮湿土壤、土壤抗剪力差的土壤上，譬如，刚疏伐过的林分，无法凭借树冠的互相支撑消散风的能量。

针叶林会比阔叶林更早出现损害，且破坏随树龄增加而增加。松、云杉和冷杉最为危险。这一定程度上是由于这些属类树木种植在暴露的土地上，以及它们的内在特性决定的。每年风暴期都是阔叶林的无叶期，因此遭遇的风险更低。然而，Quine(1989)认为，树木茂盛并不一定在所有情况下都会加剧风害。完整的林冠能够降低风的穿透力，使风以更低的速度穿过，既定风力穿过林冠，可降低作用于树干的力。

对于影响能量传播的林木结构的具体因素现在尚不清楚，这是个一直在研究的命题。显然，冠幅、密度和树高都很重要，但树木的空间分布和地形同样重要(Miller 等，1987；Ford，1980)。Mayer(1989)指出，如果针叶林能从湍流风中幸免于难，也只说是在一定风灾频率范围内吸收了能量的原因。脆弱性总是随着树高而增强，因此也随着树龄增强。尽管 10~15m 的高度常是危险的界限值，但极端环境下，5 米或以上可能就处于危险之中。既定速度的风使树冠摇摆，无疑高树比矮树摇摆幅度更大。具有良好削度的树冠高且树冠占据树高很大比例的树木，其弯曲幅度比短冠树木弯曲幅度低，因此也更稳固。

众所周知，修长的树木，即树干削度随高度减小的幅度很小时，更易被连根拔起或毁坏。如果削度小的话，风产生的弯曲力矩与树干弹性产生的阻力的比率便增加(Petty 和 Worrel，1981)。削度在优势木和疏伐后的人工林中更加显著，而在竞争开始但仍未疏伐的人工林和亚优势木中不那么明显(Newnham，1965)。因此，亚优势木比优势木更常发生林冠破损。细长树形是最易为森林经营者调控形成的，可通过适当间隔期的疏伐实现。木材密度对风折敏感性也有影响。Nepveal 等(1985)发现，风暴过后，66% 的欧洲云杉(*Picea excelsa*)受损树干的密度低于对照组林分的密度，胸径较小的树木尤其如此。

对树根的任何感染或伤害都会使其处于危险中，包括日常森林作业期间的机械土壤夯实、根腐病及水淹等。

风的破坏作用

最为壮观但又是灾难性的风是由强风暴和热带气旋引起的，幸运的是，它们并不常见，大约每隔 50～100 年发生一次。它们通常会毁灭坐落在强风带上的小片地域，损失无法弥补。即使树木未被连根拔起，那么树木最有价值的部位(通常是底部附近的树干和树枝)也会被折断(图 12-2)。近期灾难性损害的案例是广泛报道的 1972 年 11 月和 1973 年 4 月强风暴，毁坏了德国下萨克森州和周边地区(Kleinschmit 和 Otto，1974)、荷兰和丹麦共 7000hm^2 阔叶树和 65000hm^2 针叶树。当时记录风速达到每秒 48m(16 级)。前西德大约 1900 万 m^3 的林木遭到破坏，其中 1500 万 m^3 树木位于下萨克森州，相当于这里可持续年采伐量的 12 倍(Anon，1973)。1987 年 10 月 16 日的强风暴是最严重的风害之一，波及英国南部(1500 万株树木，被连根拔起的树木材积达 400 万 m^3)以及欧洲大陆周边地区。当时记录的最高平均风速相当于每秒 41m(Quine 等，1995)。

图 12-2　云杉遭受的严重风暴灾害，导致大范围风折(Crown 版权)

Shellard(1976)预估，英国任一地区强风暴的重现期约为50年。其他地区强风暴的重现期或长或短。例如，Lorimer(1977)预估，美国缅因州东北部大规模造成风折的重现期为1150年，这远比森林达到顶极演替的异龄结构所需的时间要长。新西兰南岛部分地区强风暴重现期仅约为10年(Hill，1979)。

破坏性风的另一极端类型是每年可能至少发生一次的风害。它们并不那么剧烈，但从其对树木造成的潜在耗损性伤害来看，单株树木或树木群被连根拔起，危害性更为严重。一旦这种地方性风折发生，便迅速蔓延(图12-3)，常需要在预期轮伐来临前，对所有人工林进行成熟前清理。在英国，15%的木材年产量来于风折树木。

图12-3　在地表水潜育土上种植的西加云杉遭受风折。树木倾向于沿着犁起的垄被连根拔起。注意：生根非常浅

地方性风折常常发生在林分连年生长量最高时期。如果风折能够延后几年，总产量和大径级原木的比例就会大幅提升(图12-4)。

在非极端条件下，林冠风折会发生在柔嫩的顶梢头上，导致分叉变形。某些树种，包括海岸种源的美国黑松和其他松树，因其幼苗生根差而容易倒伏，导致树干基部出现不良弯曲，最终发育为应力木(reaction wood)。之后，它们就更易受风折和雪害的影响(Petty 和 Worrell，1981)。

风还影响树木生长速度。在受控实验环境下，Rees 和 Grace (1980a；b)发现，美国黑松受每秒8.5米风速影响，尽管径向生长未受

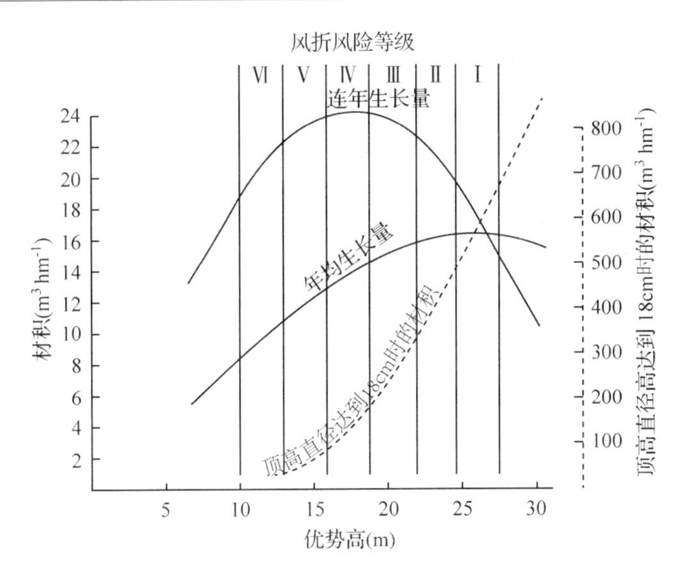

图 12-4　西加云杉每年每公顷 $16m^3$ 的生长量与优势高的关系(数据源自 Edwards 和 Christie, 1981)。**同样显示了不同风险等级风折阶段**(数据来自 Miller, 1985)

影响，但树高生长减少 20%。这被认为是风的摇晃效应而非缺水压力的结果，由细胞的长度而非细胞数量的变化所致。

降低风折风险的营林方法

防止地方性风折的方法有三种(Ford, 1980)：

(1)改善根系发育；

(2)设计适合短轮伐期的营林管理措施；

(3)改善森林设计。

实践中，营林管理人员对容易风折的森林常常采用一种以上的方法，Savill(1983)对此做过评论。进一步的意见就是放弃在最差立地上种植，这在有其他土地利用方式(如放羊)时，很值得考虑。

改善根系发育

整　地

延迟风折发生时间的一个显而易见的方法是，通过提高生根深度和根系的径向生长(即使是小幅度增加)，提高树木的锚地力。Quine 等

(1995)对此进行过详细讨论。

一些树种的根的形态可能是由相关土壤的类型决定的。目前最困难的土壤是湿润土壤(如，淤泥和黏质潜育土)，由于缺氧，其质地使生根深度受到永久性限制。在这些土壤中(甚至在已排水地带)，绝大多数树木的根都很浅，且严格限制在地表以下约10cm处。在这类土壤上人工林稳定的可能性很小。水淹是风折的一个导因。为防水淹而耕犁出间隔排列的垄沟进行高强度排水的举措，导致根系伸展受到限制，而根系伸展有助于树木稳定。在潜育土中进行开沟排水，对泥炭土进行暗沟(mole drainage)排水，属于将合理土壤排水与根系伸展、略好的生根深度相结合的较有前途的技术(第68页)。爱尔兰新造林计划中广泛采用此类方法。Quine等(1991)指出，在湿润的再造林地区，之前在旧根桩附近略高的土壤进行种植的做法可能导致日后发生不稳定。这是因为种植地点70cm内存在旧树桩的话，导致树桩以外根系丛集，会阻碍统一根系的形成。如今常通过堆土克服这个问题(见第五章)。

在较干燥紧实的土壤和铁磐土上，树木生根的上层土壤和下部紧实土壤之间存在巨大差异，形成的脆弱平面导致林分易受风折影响。深松土有助于根系发育，大幅提升立地稳定性。

从长期看，繁育根系通气性好的树木，能够使树木在水淹土壤生根更深(Sanderson和Armstrong，1978)，而其他特点，如根的再生能力(Nambiar，1981)或更平坦的截面等其他特征，可提升稳定性(Brinar，1972)，也至关重要。

种植材料

改善苗木根系质量和栽植质量，是使一些树种更加稳定的重要方法。一些松树(花旗松和落叶松)，在第一生长季节早期失去形成一级侧根的能力，而这些侧根可能是未来的主根结构(Burdett，1978；1979)。因此，根系的最终结构或许在生长早期形成，不随时间发生改变。栽植不妥会导致不稳定。克服一些问题要求选择小的容器苗(第七章)，在根系能够发育的情况下，容器苗具有特殊意义，其生长方式与天然下种树木的生长方式类似。

树种选择

种植抗风的树种在理论上具有显著优势。生根深、能长出有板根的树干、牢固且具弹性是抗风树木的特点，不幸的是，一般种植的人工林很少具备这些特点。落叶阔叶林无叶时，其抗阻系数会降低 10 点(Quine 等，1995)，这往往是一年中的风暴常发期。阔叶树种有显著的优势，它们在湿润土壤中生根更深(Gill，1970)。不幸的是，在贫瘠地上的产量低导致其商业吸引力不足。一些阔叶林(如，核桃和泡桐)以易受风害影响而闻名，一些杨树无性系，如欧洲大叶杨‘弗立兹·派莱’(*P. trichocarpa* ‘Fritzi Pauley’)也是如此。

一些树种有避风害能力，它们会在大风导致风折、折枝(干)之前，掉去叶子和小枝，以至于飓风也不致灾害。一些热带桉树和南洋杉属(*Araucaria*)树种以此闻名(Stocker，1976；Brouard，1967)。不幸的是，欧洲大部分地区一些最具商业价值的树种是云杉、冷杉和松树。它们叶片受风面积大，叶片坚韧且抗风性强。比如，与具有在风中摇曳的弹性树枝的花旗松、落叶松和加州铁杉(*Tsuga heterophylla*)相比，它们的阻力系数(drag coefficient)更高(Raymer，1962；Walshe 和 Fraser，1963)。后三个树种在欧洲大陆部分地区广为种植，重要性在增加。然而，不同树种和不同风速的阻力系数存在差异(Mayhead，1973)。在许多风折的报道中，云杉属和松属受害最严重。然而，不同种源的风害敏感性有时也存在巨大差异。在旋风频发的中美洲沿海地区，加勒比松(*Pinus caribaea*)种源比内陆种源更具抵抗力(昆士兰林业部，1981)。

根腐病

受各类根腐病感染的树木，通常会有许多坏死或垂死的根以及活力降低的树干，这使得它们比健康树木更易遭受风倒或风折。早在 1937 年 Bornebusch 就在丹麦异担孔菌病案例中确认了这一现象。第一个轮伐期的土地经常免受此类此病害。种植抗性强的树种仍至关重要，尽管不可能永远免受此病害，但一开始就对残根桩进行精心处置，至少可延迟感染的发生。

短轮伐期林木的营林管理

作业法

Quine 和 Miller(1990)针对风折脆弱性提出一系列的作业法建议。他们认为，在风折风险最大的地方，可广泛实施的最合适的作业法是皆伐，无需进行任何商业性疏伐。理想的情况下，人工林龄级范围要广，要特别关注林缘的管护。择伐作业和矮林作业也可采用，尽管不可能广泛适用。除规整伞伐作业和群状作业以外，其他作业法可能不合适。

轮伐期长度

如果人工林轮伐期长度足够短，生长期内树木高生长面临的风险就很少，风害可能性会降低。英国部分地区提出通过强度施肥、加宽间距和早期抚育间伐，对高度20米、达到锯材尺寸的树木实施轮伐。

密　度

上文已讨论了密度和疏伐互不匹配导致稳定性问题的一些方面。一方面，相对平缓的林冠，意味着种植密度大，但能够减轻破坏性的风湍流；另一方面，要想使有良好削度的树干随风摇曳而不折断或不被连根拔起，则需要降低种植密度。

大量欧洲大陆和澳大利亚的文献都强调了保持树木良好削度的重要性，修长度(slenderness)通常以树高－胸径比值表示(例如，Braastad，1978；Brünig，1973；Sheehan等，1982)。许多人认为，保持合适的比率是稳定性的最重要影响因素。Faber和Sissingh(1975)认为，要使荷兰林木具有足够的抗风性，其高径比不应超过50/1或60/1。Kramer和Bjerg(1978)认为80/1的比率可以接受。为保持低的高径比，极低的种植密度且随后不疏伐或在早期实施强度疏伐是必要的：如果高径比达到了较高水平，晚期的疏伐不可能使其大幅降低。

Brünig(1973)批评许多收获表所包括的关于疏伐的传统措施，导致危险性的过高的高径比。更高的稳定性意味着比往常更低的林木立木度配置(表12-1)以及更低的产量。另一种观点是，高种植密度和保持相对平缓的林冠比稳定性更重要。在对德国西北部萨尔州内欧洲云杉的研究中，Richter(1975)发现，随着林分密度增加，损害趋向降低。爱沙尼亚的Etverk(1971)也发现了这种趋势，并得出结论：密度大但树形修长的林分比稀疏林分更为稳定。新西兰的Sutton(1970)、丹麦的Bornebusch(1937)以及多位英国森林经营人员(如Fraser 1964)提倡密林，尤其是在生根条件差的地区。当冰雪与风一同出现时，种植密度低更安全，但当问题仅是风时，种植密度高的林分面临的风险更小，尤其是在湿润土壤立地上。

疏　伐

与疏伐有关的伤害很容易理解。疏伐后林冠重新闭合的1~5年间，疏伐林木无法通过林冠消散风的湍流能量，更易受到损害。比如，Cremer 等(1977)在堪培拉附近辐射松林中发现，树高超过 30m，近期未进行疏伐的林分在 1974 年 7 月的大风中仅 0.1% 的树木风折，而在之前 5 年进行过疏伐的林分，11% 的树木遭风折。

表 12-1　优势高为 20m 的未疏伐西加云杉的高径比(据 Kilpatrick 等 1981)

株数(每公顷)	树高 - 胸径比
500	64
1000	72
1500	80
2000	88
2500	96
3000	104

移除周围的树会使树木受力增加一倍(Walshe 和 Fraser，1963)。英国高地大风频发的经验显示：疏伐过的人工林的预期高生长比未疏伐过的低 3 米左右。此外，一旦林分 3%~4% 的树木发生风折，余留树木树高再增加 3 米的话，其中的 50% 会遭到破坏(Mayhead 等，1975)。因此未进行疏伐或放弃过早疏伐具有显著优势。英国林业委员会拥有的一半森林(Ford，1980)以及北爱尔兰四分之三的森林(Savill 和 McEwen，1978)采用了此类方案。

在疏伐风险高的立地上，强度疏伐、系统疏伐等产生大的林隙的经营措施，比弱度疏伐或选择疏伐造成的损害更大。延期实施疏伐，特别是对老龄林分进行的强度疏伐，保留高径比值大的高大、细长的树木，常被视为导致破坏的重要原因。许多作者(如 Slodicak，1987)提倡对此类树木进行早期疏伐，提升对风害和雪害的抵抗力。

在传统疏伐具有风险的地方，通过预商业性疏伐调整最初的高种植密度，保持树木质量备受重视。预商业性疏伐即在树木不高于 5~6m，远未达到危险高度时，进行疏伐。永不让林冠完全展开危及邻近林木的疏伐技术同样得到关注。这包括慢生树种、速生树种的自疏，同一树种的慢生种源和速生种源(Lines，1996)自疏，以及对非目标树木注射毒剂，如草甘膦(Ogilvie 和 Taylor，1984)等多种技术。

修　枝

高修枝，尤其是对林缘木的修枝，对林分稳定性的效果尚不清楚，需进一步调查。一些工作者认为，修枝使风穿过林木，有助于减弱湍流，通过减少摇摆降低硕大林冠的“船帆”效应。

森林设计

风险分级

人工林布局和当地地形影响到风害程度。然而，在大面积造林时很难考虑到这些因素。

许多作者对风险进行了分级。例如，依据四个立地变量(从地图中确定的风带、海拔、暴露性以及土壤)，J. F. Miller(1985)为英国制定了6个风险等级，Quine和White(1993)对此进行了审订。该体系用于500hm^{2}及以上的针叶林的区划，尤其是西加云杉，还针对各风险等级列出可能发生风折的林分高度。对体系的调整应用考虑了疏伐的影响和犁耕的方法。这种分级方法为描述大面积未疏伐或早期疏伐立地奠定了基础。

其他地区的经验涉及更详细的行动方案。例如，对德国哈尔茨山脉的研究中，Hengst和Schulze(1976)提出了提升抗风性的措施，包括利用重建的林分边缘建立公路网，将大面积人工林转换为抗风的不同树种、树龄的镶嵌状人工林，针对主风向以弹性时间顺序进行采伐等。

林　缘

林缘是脆弱性的一个特殊导因。不合适的林缘容易破坏林分，反之则不一定成立，其原因在下文讨论。过去有过很多建立抗风林缘的尝试，希望能够保护后面的林木但大多以失败告终。林缘通常很稳定，但其后的林木仍同以往同样脆弱，甚至更脆弱。

林缘易带来危险，原因是在林缘边相当于树高10~15倍距离处，会产生巨大的风涡和瞬间的挠矩(bending moment)。在此外更广大的延伸区域内，直到树高40~50倍的距离处，风湍流逐渐减弱。林缘木造成并加强湍流，但自身保存基本完好(Hill，1979)。事实上，要使永久林缘区树木发生损害，平均风速需高达约每秒36m(Papesch，1974)。

因此，林分边缘的营林措施备受重视。例如，Kramer(1980)称，林缘之后30~50m范围内应专门作为防护林带。在树木达到8~10m高时进行强度疏伐，达到15m高度后停止疏伐。这会促使树木稳定，形成良好削度和硕长的树冠。他还强调，林缘区需要降低种植密度，使风可以穿过边界区域，而不是密不透风。Fraser(1964)指出，这些治理措施具有消除林缘后面的风力波动区的效果。Mitscherlich(1973)、Gardiner和Stacey(1996)同样强调了密集林缘的不利影响，提出降低种植密度、修枝使风穿透林缘区。Hütte(1968)和Neckelmann(1981，1982)尝试以车载液压剪截去林缘区15~25m树木的树顶，形成缓慢隆起林相。尽管这减弱了林缘所受伤害，但其后面的人工林依然发生风折，而且那些高大的林缘木由于树冠切除，常常一两年就死亡，并完全失去价值。皆伐区边界刚修剪的林缘木不具备任何优势，常遭受严重破坏。英国的经验是：只要能够抵御使树木看上去整齐的诱惑，风害不会很快蔓延。这一经验几乎于事无补。沿森林内部沿隔离带建造林道的宽度应达30~40m，以实现林缘木较低的高径比。

树种的混交

Ford(1982)称，应对灾害的传统方法是栽植不易受损的树种，使森林多样化。1972、1973年大风灾害后，德国便采取这种应对方法，大幅减小云杉和松树面积，栽植阔叶树种。

在浅根性常绿针叶树林立地上种植小部分深根性落叶树，或与其进行均匀性混交的做法常被采用，以提升稳定性，其结果多样，常收效甚微。英国常得出这样的经验：桤木属或桦木属落叶树种能保持稳定，而针叶树，通常是云杉属树种，至少同过去一样脆弱。强风暴期间落叶树木通常脱叶，林内形成口袋状风湍流加强区，脆弱性可能会加强。

皆伐区的规模

对相同面积的未伐树和已伐树而言，毗邻大面积皆伐区要比毗邻小面积皆伐区遭受的破坏更小。这很大程度上是因为，对于单位伐区面积来说，少量较大面积伐区面临危险的林缘周长，短于大量的面积较小的伐区(Gordon，1973；Neustein，1964)。例如，一个$10hm^2$的方形伐区周长大约为1.3km，而五个$2hm^2$的方形伐区的总周长为2.8km，是一个$10hm^2$伐区周长的两倍。

进行皆伐时，通常最安全的做法是沿着公路、河道、幼林等进行，或者沿开阔地进行采伐，次之的做法为：沿与主风相反的方向采伐。

异龄化

有意识地将林分龄级多样化是分散风险，避免当地风折损害的有力措施。这种举措能大幅减少某时间点上面临危险的树木的比例。它还能使当地收获、造材和劳动力的承受的压力最小化，避免大规模风折使当地不堪重负。例如，Webber 和 Gibbs(1996)指出，自 1987 年大风将英国南部 400 万 m^3 树木吹倒后，7 万 m^3 的松树原木必须在连续灌溉的楞区储存大约 3 年，以防蓝变和腐菌滋生(见图 12-5)。

图 12-5 英国 Thetford forest 风折材楞场喷水防腐场景(Crown 版权)

第十三章
森林防火

对于人工林来说，火可以是一种壮观但又极具破坏性的因素。尽管欧洲的大部分林火都是人为的，当考虑到火对人工林的威胁时，我们仍然容易忘记具有关联性的一点，那就是：长期以来，林火都是自然生态系统的一个组分。Pyne(1984)完备地分析了北美林火的种类、意义和管理，其中就包括防火的内容。在南欧，林火每年发生，有时波及面积巨大。现在，对于那里林火的性质以及预防火灾的研究已经开展，Trabaud(1989)、Delabraze(1989)和Moreno以及Oechel(1994)对这方面的现有知识有详尽的描述。

火生态学

在北方森林中，当今所采伐的大部分天然林林分是在林火后更新形成的。事实上，这些林分之所以具备成分、活力、特质上的多样性，是因为无规律的周期性林火。作为主要的养分循环和更新机制，林火助推有机质释放养分，否则受低温、干旱、酸度的影响，有机质的矿化会十分缓慢；此外，林火能促进固氮植物的生长。关于林火在森林系统中的重要性，Kozlowski和Ahlgren(1974)、Wein和MacLean(1983)、Kilgore(1987)都进行过详细讨论。在美国，人们广泛流传的一个观念是："对于在自然区域内发生的火灾，不应进行人工扑救或者压制。"这种观点一直延续到1988年黄石公园发生的那场毁灭性火灾，该火灾毁灭了公园内32000hm^2的土地，公园外170000hm^2的森林，并对民众和定居点造成了威胁(Calabri和Ciesna，1992)。自此以后，大量的研究都致力于如何在控制自然火条件下管理自然生态系统。已经证实，系统性地抑制火灾有诸多破坏性影响，其中主要的一项是：大量燃料的堆积会使得火灾失去控制。

树木对火的反应各不相同，林火可以导致产生部分亚顶极森林。Rowe(1983)根据树木对于火的反应，将林木分为火的侵入种、逃避种、拒止种、忍耐种和躲避种。

“侵入种”指的是典型的r选择策略树种，它们能够产生大量的风媒种子，在新近火烧过的立地上定植并快速生长。这类树种包括桤木、杨、柳、桦木和地中海松(*Pinus halepensis*)等(Trabaud，1981)。

“逃避种”会储存大量的强休眠种子，它们要么位于树冠中的晚熟球果中，要么位于土壤内。火产生的高温会促使它们发芽。因此，在一些火灾较为常见的地方，比如它们所处范围的北部(加拿大和美国)，如果粘连果球鳞片的树脂不遭遇高温，短叶松(*Pinus banksiana*)、美国黑松，还有黑云杉(*Picea mariana*)的球果就不会打开。欧洲的地中海松和土耳其松(*P. brutia*)的情况类似(Naveh，1975；Saracino 和 Leone，1994)。

“拒止种”包括海岸松(*Pinus pinaster*)、意大利石松(*P. pinea*)和栓皮栎(*Quercus suber*)等。它们要么都有极厚的树皮作为御火屏障，要么就像大部分的栎树、部分桉树那样，通过茎中的休眠芽而生存，使得烧焦后的树木树冠能重获新生。

“忍耐种”有着相似的机制。即使地表上的树木已经完全烧毁，一些杨树和桤木从根蘖中、冬青栎从新芽中、少数的桉树从木块茎(lignotuber)中也能够得到重生。

一般只有避开火的树种被火消灭。这些树种大部分是后期演替种，且通常具有强耐阴特质，比如，许多云杉属和冷杉属树木能占据未燃地域，并在少火、缺火地带茁壮生长。

在应对火灾对人工林的破坏方面，对火的适应会有时是一种帮助，有时是阻碍。对于栓皮栎或欧洲栗(*Castanea*)来说，这样的幼龄阔叶林一经燃烧，通常能从基部茁壮再生，有利于恢复林分密度。相比较而言，当树冠火烧过干材期的人工林，自然更新苗有时会勃然生长，进而产生一些处置方式方面的问题：是将其清理、重新布局，还是清除并重新种植呢？

火灾损失

在欧洲，每年林火导致的平均损失面积接近50万 hm^2(Calabri 和

Ciesla，1992），不同年份之间受灾面积变化较大：在法国，1988 年火灾面积达 6700hm^2，而在 1989 年却超过了 75000hm^2。然而，这类火灾主要发生于自然生态系统之中，有时林木覆盖较为稀疏。比如，法国的统计数字包括了植被覆盖率超过 10% 的森林的群系（formation）以及“亚森林植被（subforest）”，其中包括欧石楠地、“地中海灌木地带（maquis）”和“灌木林（garrigue）”。在意大利，所有的植被火灾都被视为林火。在法国，平均每年都会有超过有 80% 的火灾发生在“亚森林植被”中，但如果是灾年的话，森林占到 50% 的火烧面积（Van Effenterre，1990）。在一些偏远地带，主要是北美和澳大利亚，丛林火灾不会受到人类干预；欧洲的人口密度大，人类居住区和产业区密集，通常需要对火灾进行控制。

相对来说，人工林火灾的火势较小。当然，工业人工林和集约经营的森林经济价值高，投资巨大。法国在 1981～1990 的十年间，有两年的火灾情况极其严重：1989 年烧毁面积达 75000hm^2，1990 年则达 72000hm^2。在高产的 Landes 省山区，这两场火灾的烧毁面积分别是 3600hm^2 和 5600hm^2，而该地曾因良好林火预防管理而著称。

欧洲大部分的火灾都发生在南欧（表 13-1），法国 80% 的火灾发生于地中海一带。然而，即使在 Brittany 也受到林火的影响，每年烧掉 0.5% 的森林面积。

除了树林的损失，林火破坏还导致水流量剧增，引发洪水、侵蚀、河道淤积等危险。森林的游憩和环境设施价值降低，火灾也会威胁到农作物以及建筑物的安全。与普遍的观点不同，大部分野生脊椎动物都会通过飞行、奔跑或挖洞躲避火灾。火灾主要对栖息地产生影响，经过灾后的短期恢复，栖息地中的动物数量和种类都会大幅增加（Wright 和 Bailey，1982；Fox，1983）。

林木对火的敏感性

林木对火险的敏感性，包括以下两个方面：

（1）火灾风险，指森林状况以及植被和树木的易燃程度；

（2）火源，也就是导致火灾的原因。

表 13-1 欧洲年均森林火灾面积(1981～1990 年)(数据来自 Calabri 和 Ciesla)

国 家	过火面积($10^3 hm^2$)
法 国	49
希 腊	38
意大利	61
葡萄牙	81
西班牙	191
其他(南欧)	18
其他(北欧)	10
合 计	448

火险因子

气 候

干旱、大气湿度低、地表高温以及强风会增加火灾风险。

在春季，干燥的极地大陆空气穿过北欧地区，加上强劲的东风，稀少的降水，使 1～4 月(北部则是 2～5 月)成为各地火灾高发期，而新草长出之前存留的上一季的枯草是火险原因之一(图 13-1、图 13-2)(Parsons 和 Evans，1977)。在盛夏季节，高温低湿造成林下灌木干燥易燃，因此成为春季之外的另一高火险期。

相比较而言，南欧地区森林的卫生条件差，农牧活动(尤其是矮树烧除)多，一些火灾发生在 1～3 月，但是极端火险期经常是在 7～8 月(图 13-2)。

森林状况

在很大程度上，林分组成决定了其对火的敏感性。从可燃物负载方面，我们能够最为简单地理解这一点。火灾的发生需要有足够多的燃料，但燃料的易燃性又有差别：茂盛的绿色植被发生火灾的风险就较低。森林中的易燃物有 3 个来源：林木本身、林下灌丛以及林床上枯落物；如果林木生长于泥炭立地的话，泥炭属于第四种易燃物，原因是它本身也会燃烧。

图 13-1　火灾从酸沼草(*Molinia caerulea*)蔓延到阿拉斯加云杉(*Picea sitchensis*)。早春的干旱期，干燥的枯草极易引燃(Crown 版权)

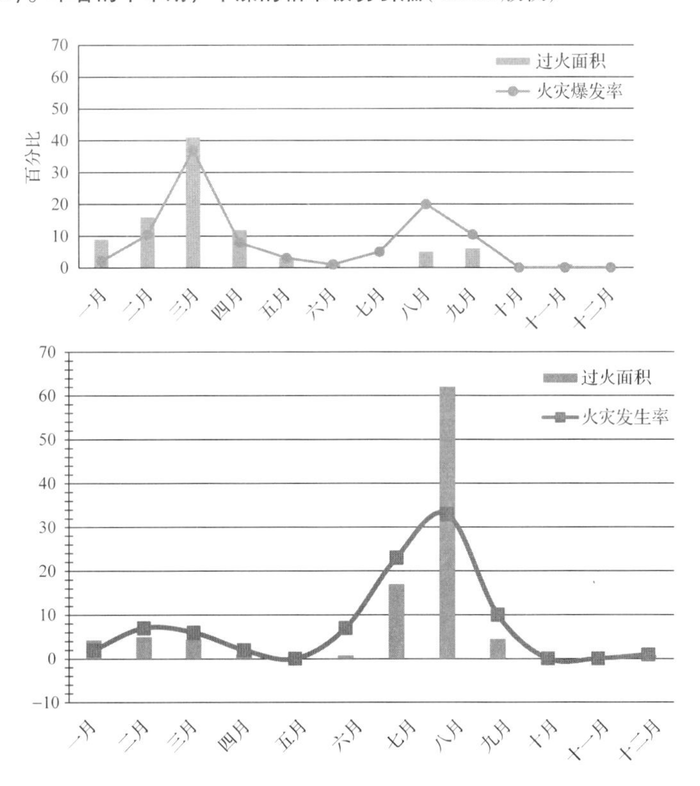

图 13-2　1993 年火灾发生率和过火面积的月际分布

上图：在法国北部和大西洋地区；下图：在法国地中海地区。在相对顺利的这一年，在法国的大西洋地区发生 1802 场火灾，过火面积 4950hm^2，主要发生在 Landes 地块。地中海地区爆发了 2963 场火灾，过火面积 11745hm^2(自 Stephan，1994)

林分内的林下植被是火灾的最大源头。如果幼树生长在浓密的草丛中，要承受林分生命期中最大的火灾风险。在北欧地区，大部分火灾由此产生。草木火灾产生的高温足以烧毁树木，且具有较快的移动速度。一旦林木郁闭，大部分杂草的生长会受到抑制，但部分林下灌木却继续存活。在干旱地区，灌木的可燃性通常较强（比如，欧石楠 *Erica*、帚楠南 *Calluna*，欧洲冬青 *Phyllirea*）。这些灌木是最为严重的危害，易燃性高于更为密集但无林下植被的人工林。因此，森林防火需要减少这类林下植被。

对于林木本身来说，一些树种的易燃性要比其他树种更高。Valette（1990）通过对南欧的许多树木和灌木的研究，发现以下树种更易燃烧：相思、桤木（*Alnus subcordata*）、欧洲栗、桉树、地中海松（*Pinus halepensis*）、圣栎（*Quercus ilex*）和毛冬青（*Q. pubescens*）。针叶林不像传言的那样有很高的易燃性；这一传言大致起源于这样一个事实：在以针叶树为优势种的林分中，林下灌木丛都是由易燃性较强的植物种组成的。在南欧，种植易燃性较低的树种会更安全、火灾的险更最低，这类树种有：绿干柏（*Cupressus arizonica*）及意大利柏（*C. sempervirens*），在一些有利的立地上，还有大西洋雪松（*Cedrus atlantica*）和冷杉属。

林床上的枯落物是由枯死的树叶和枝干堆积起来的。在气候温和的一些地区，森林枯落物分解缓慢，每公顷堆积物可达 10t。一旦这些杂物干燥、堆积，就会成为严重火患。总的来说，与阔叶林树木相比，针叶树木枯落物的降解速度更为缓慢（详见第九章）。

火　源

火源（或火灾风险）是火灾危险的另一方面，指的是火灾爆发的可能性以及导致火灾的原因。尽管在过去的 20 年间，针对火灾原因的问题，已在欧洲进行了深入调查。然而，在法国北部仍有 55% 的火灾事出无因，而这一比重在地中海地区达到了 70%（Stéphan，1994）。统计数据通常不易获取，对于数据的解读也需要谨慎。地中海沿岸各国通力合作，所建立的统一的数据库已投入使用（Chevrou 等，1995）。本书给出的数据大多涉及法国的温带地区，对此已经进行了细致的研究（Stéphan，1994）。

自然情况下，几乎所有的森林火灾都是由闪电或火山活动引发的。而在经营的人工林中，这类原因较罕见，更多的是由人类无意或有意所为。在欧洲，仅有 2% 的森林火灾由闪电引发，尽管在一些人口稀少的北部国家，这个数值要略高一些：比如，芬兰达到了25%，瑞典则是12%。

在法国北部起源明确的森林火灾中（过火面积占总过火面积的55%）中，80%都是意外或疏忽大意所致。大量的意外火灾是由相邻土地上的合法行为引发的。其中包括了农业活动——比如在旷野上放火促进早春草层的生长——这一活动占法国北部意外火灾的47%（当地火灾的76%是意外发生的）。森林作业也导致了26%的火灾。其他的意外包括休闲活动（户外烧烤、烟蒂）引燃垃圾堆、公路或铁路车辆产生的火花，以及输电系统引发的火花等。

最令人担忧的火灾风险是纵火。然而，纵火产生的火灾仅占已知起源火灾的13%，仅占据了法国北部火灾区域的15%。普遍认为，大部分火灾都是由于纵火，然而在法国地中海地区的一项细致的研究表明，事实恰恰相反：从数据上看，未知火灾与已知起源的火灾的发生数量十分相似，这也就说明了，对已知起源火灾数据稍加修正，就大致可以运用到所有的火灾中（Alexandrian 和 Gouiran，1990）。纵火在法国地中海地区并不比法国北部更常见，但是在意大利的科西嘉，纵火却要普遍得多——在意大利南部纵火比重达50%，而在撒丁岛更是达到了94%。

这些数据表明，我们应该把防火的主要努力放在公共教育上，尤其是对于那些农林务工人员来说。

火灾预警

经过上文的分析，以下观点应该非常明确了：较多的火险因子和较高的火灾风险同时发生，会产生最大的火灾危险性。比如说，一片幼林生长在浓密的下木中（火险因子），紧邻野餐点（火灾风险），二者处于同一位置，那么这里产生火灾的敏感性就极高。此外，气候状况就会对整个危险程度起决定作用——比如说，如果长久干旱之后刮起强风，那么火灾的风险也会上升高。

为衡量火灾危险性，提出了一些考究的方法，其中通常会考虑许多气候参数，比如：土壤水分储备、强降雨持续天数、空气和土壤温度、相关湿度以及风速（Sol，1990）等。如果预报称，在春季的北欧或是夏季的南欧，会出现高强度的干燥状况和强风，加之当地有许多可燃的植被，那么当地火灾的危险性就极大了。在北欧的一些时期——比如周末或节假日，由于森林中的游客增加，火灾的风险甚至会更高。在地中海地区部分区域，在夏季期间不得不因此而禁止公共游览。

一旦预测到极端危险的林火气候，通常要播报警告，启动减少进入林地的途径的程序，还要将危险广而告之。所有这些措施的目的，都是通过减少由意外或疏忽（这也是最为重要的）带来的火灾风险，减少火灾发生机率。

火灾的本性

已发现，破坏性火灾有如下3个发展阶段（Rothermel，1982）：

（1）引燃和起火。之所以大部分的林火一经点燃很快就会熄灭，是因为地表和燃料太过潮湿，或者燃料不够：这就是防火（线）带的工作机制。

（2）火势通过地表可燃物扩散。在有大量可燃物（比如，干草、灌木、丢弃物和草丛）供给时，火灾将会爆发。对于像草这样的多孔可燃物来说，蔓延速度非常快。而像倒木这样的密质可燃物，蔓延速度相对缓慢。

（3）树冠起火。对于树冠火来说，整棵树以及下木都会燃烧。在密集的林分中，仅树冠中的材料不足以引发树林冠火的扩散，原因是树冠火必须要有持续不断的热量供给。除非是炎热、气候干旱而多风的天气，这些热量就只能来自树下地表的快速燃烧。这一事实是控制这类毁灭性火灾主要办法的关键——要通过消除下木和修剪树木，切断地表和树冠之间的联系。

极少森林火灾达到第三个发展阶段，达到这一阶段的火灾大部分发生在针叶林中，主要的原因是存有大量的高可燃性干燥下木。这类火灾对于人类和财产极其危险，且对宝贵的人工林也有着破坏性影响。由于直接控制困难，为了防止火灾达到该阶段，对保护性措施进行投资极其重要。这在下文中讨论。

林火预防

防火既有被动的一面，也包含主动成分。我们可以主动采取措施，减少火灾发生的可能性，比如：建立外部防火林带，减少公路沿线和住所周围的地表植被，来预防荒野火灾的入侵。一旦火灾发生，还可以采取其他措施进行有效应对。典型的方法是，这两方面会得到防火和消防部门的关注。但是，首要的是预防火灾蔓延并为消防人员预备战略防区；在火灾强度自然减弱时，扑救可能是上策。

治火患于未燃

由于大部分火灾是人为引起的——不论是因为疏忽还是意外——最好的防火办法就是警示人们火灾的风险。不幸的是，这一办法仅部分有效，不能通用于所有的纵火事件中。因此，需要诉诸其他防火策略。虽然如此，减少火灾风险的一个重要方法就是大力宣传森林火灾的危险性，让公众意识到火灾的存在，尤其是在那些高风险地带。在一些实例中，政府通过法律帮助减少火灾的危险。例如，英国限制在春季燃草；地中海地区根据季节的不同，要求部分或全面限制燃烧，以及禁止在夏季进入森林。

通过营林措施防止火灾发生和蔓延十分重要。Delabraze(1990b) 全面描述了有助于防火的造林的原则，涉及以下三个方面：

(1)增加燃料的间断性；

(2)人工林的设计和布局；

(3)减少燃料负荷。

总体上看，最佳选择是营造植株较小、类型和高度相同的密集林分，这样可以减少林下植被的生长并有利于自然整枝，产生垂直的可燃物阻断。实施林分的多样化，可以在主要人工林树种之外，种植一些敏感性较低的树种，这也是北欧一个重要的防护措施，下萨克森州就是一个例子(Otto，1982)。然而，重要的是，不要引进生长缓慢的树种作为下层木，原因是这会形成草本、灌木、下层枝到树冠的垂直的连续燃料结构。

如前所述，幼林的火灾风险性最大。如能将这类林分的总面积最小化，整个森林的危险性也会减小。当发展人工林时，必须设计混交林，其中林木的树种、树龄、高度和结构都不尽相同，籍此可以建立横向的间断性，农作物可以起到同样的作用。

在火灾风险较高地区的一个普遍做法是建立防火带和防火设施。这类防火林带通常沿敏感边界(比如，桥梁、道路，以及外部边界)建立，穿过人工林，将整个林区分割成多个小区块。以下两种防火带有着不同的作用：

(1)传统的沿路防火带。尽管防火带可以阻止火灾蔓延，其主要作用却不仅仅是一道隔离带(减少烟头或机动车的火星扩散)，而主要是降减火灾强度，以便消防员和消防设备能冒着生命危险快速到达现场控制火情。因此，是否出入方便是这类保护带的一个极其重要的方面。

(2)大型战略阻燃带。为阻止火势蔓延的，其宽度通常大于100m。如果只是更窄的未种植带，既不美观，也会导致林火移动，原因是它们会起到风渠(wind channel)的作用，增加风速，并导致空气湍流(Cheney，1971；Delabraze，1990b)。

战略燃料带占据了很多土地(每100m要占至少1hm^2)，但这些地带常常不是个减少了可燃物的区域。它们可被用于放牧，保留部分树木覆盖(图13-3)，也可全立地或局部立地造林，以减缓风速，为家畜提供庇护之所，减少草木生长，改善景观质量。

在许多林分中，减少可燃物负荷是森林防火的重要办法。其目标一般是减少可燃物(枯落物或林下植被)的数量，减少到大约每公顷1~3t。达到这一目的的方法包括低位修枝和大部分用来控制杂草的技术手段(详见第八章)：

——垦耕(如果需要全面除草的话)；

——机械处理，切割或压碎；

——使用除草剂(如法律允许的话)：根据管理目标，使用广谱性或选择性除草剂，也可使用生长延缓剂；

——定制烧除；

——放牧。

在道路边缘地带，需要消除所有植被，或只允许低可燃性植被生长，以减少人类活动区及消防人员所使用岔道沿线的燃料。为了美观并减缓风速，常在燃源隔离带上保留稀疏的高剪枝树木。如有必要，将不具适口性(non-palatable)的树种破坏之后，林内放牧是当前新西兰沿用的做法(Knowles，1991)，南欧国家对其使用越来越广泛(Bland 和 Auclair，1996)。

林内定制烧除在北美洲(Johnson，1984)及澳大利亚部分地区(Cheney，1990)广泛沿用，有控制地使用林火烧过干材阶段老龄林分，降低易燃林下植被及枯落物的总量，使其不可能在野火条件下燃烧。由于可燃物负荷降低，且烧除主要限于道路沿线防火带，因此该做法在欧洲并不常见。当前在斯堪地纳维亚有所使用(Viro，1969；Lindholm 和 Vasander，1987)，但在其他一些国家仍然属于违法行为，意大利便是其中之一。其用途有不断增加趋势，葡萄牙和法国也正对此进行研究(Rigolot，1993)。

通常对多种方法结合运用限制火灾风险：对灌木层进行机械切割和

图 13-3　在一片地中海地区松属林分中，采取林农牧复合经营防止林火。草皮生长后，下层林木用于放牧。与茂盛的地中海灌木相比，矮草层的可燃性较低，通过放牧对其进行维护(照片：M. Etienne，INRA)

压碎；定制烧除摧毁采伐下来的材料；使用专性除草剂减缓植被再生，以及牲畜放养。必要的话，可以采取改善牧业的措施(草地补播和施肥等)。与机械或化学控制相比，管理完备的林牧混作体系在降低火险方面更为经济有效。

扑　火

有效的扑火包括以下两个方面：

(1)探测火；

(2)扑灭火。

火灾的探测在于良好的沟通传达(communication)。除了必须侦测火灾，还要快速报告给相关权威机构，让其发起行动控制火灾，将火扑灭。防火塔、瞭望哨、空中监测、电台和电话都用于快速探测和报告火情。

如上所述，扑灭重大林火要从预防开始，预防不仅能够减少火灾风险，还能够降低战略防区沿线火灾的强度。

扑火方法

只有当热量、氧气、易燃物全部俱备时，火才会燃烧；这就是所谓的火三角(fire triangle)。三者中的一个得到降低或消除，火就会熄灭。这一点是所有扑火的基础。下面用于抑制林火的3种主要方法也主要是减少火三角因素。

(1)水。水蒸发会耗去许多热量，降低温度，起到扑火的作用。水源可由背负式灭火器或便捷式水泵提供，也可直接从消防车或飞行器中获得。水源供给应包括水的补充，比如路边水坝、专用水罐车、常流河等。添加剂通常用来增强水的功效，通常分两种：第一种能够增强水的黏性，增加树叶上的水分。藻酸盐(alginafes)通常用来达成这一效果；泡沫也有着相似的功效，且能见度更高。第二种为增湿剂，或表面活化剂，能够降低表面张力，克服大部分树叶和针叶自有的防水性。耐火剂作为另一种解决办法，通过干预燃烧的物理和化学过程，降低燃烧强度。它们能够产生绝缘气体，促进发热而不会燃烧，因此能够减少热量输出和火势蔓延。阻燃剂中，最常见的是硫酸铵和磷酸氢二胺。它们同样能用作为肥料使用，且价格便宜，易于获取，环境危害性较小。

(2)拍打器具(beaters)。对平坦表面上的火进行拍打，会暂时将氧气排出。虽然种类多样，但基本上是在末端的配具把手或扁平的拍击面，事实上，即使桦树的枝干或者幼木都可使用。拍打器仅适用于表面灭火，在约1米范围内能够安全接触。挖土并掩埋火源的做法可产生相似的效果。

(3)减少燃料。有时我们能够通过铲平防火带或采取迎面烧火(counterfire)的方法，清理掉林火路径上的易燃材料。这可能是抑制火灾唯一可行的方法。然而，迎面烧火很难实施，且会导致法律问题：在火灾高风险期，法律禁止自发引火。在私人财产范围内燃火(非野火)的做法是是纵火行为。

关于灭火的主要方法，Pyne（1984）和Delabraze(1990a)进行过深入研究。

第三部分

特殊用途人工林

第十四章
受干扰立地上的人工林

人工基质(artificial substrate)和废弃地修复

采矿和其他工业活动会形成受干扰立地(disturbed land)，这类立地由结构性差的材料组成，基本没有表土和底土(图 14-1)。对此类“废弃地(derelict land)”的定义是，“深受工业和其他生产活动破坏，以致有益用途丧失，无人受理的土地”(Wickens 等，1995)。这种立地常见于工业化地区煤矿的矸堆(spoil heap)，大多外观丑陋不堪，有时侵蚀严重，成为一种环境危险。除立地生产潜力因破坏而丧失之外，还有一些其他因素迫切要求能快速修复这类土地。经验表明，将废弃地还原到农业生产的花费极其昂贵。人们通常认为，立地修复不过是使其拥有合理的形状和绿色的表层，因此这一问题通常用植树方法“解决”。这使得植被面积越来越大，尤其是在缺乏树木覆盖的工业化地区。然而，林务人员不应无保留地期待通过造林创造前景，当今，要实现可持续发展的目标，需要更多关注成土物质和成土过程，将其视作复垦的不可分割的组成部分。废弃地带来许多问题，即使在许多地区能成功植树造林，高产林木能否实现仍然有相当大的不确定性。

许多工业活动对立地产生干扰，主要的是煤炭和各种矿石、沙子、砾石和黏土(包括瓷土，也就是高岭土)的开采，岩石和石灰岩采掘，以及工业垃圾的沉淀(比如，粉煤灰和垃圾场的生活垃圾)。立地受干扰的面积不仅涉及产品的种类，还有生产方式。深度开采生产形成矸石堆，在狭长地带或地表进行露天开采，包括表土的迁移和再分配，污水塘中的尾矿堆积等，会引发许多金属浸出过程。

大部分废弃地发生在工业化国家。尽管这种退化土地的面积通常低于0.5%的占比，但由于发生在人口较密集的地区，对这种土地的掠夺趋于激烈。作为一个例子，表14-1呈现了对英国不同地区的废矿地的评估情况。

图14-1 法国 Abbaye de Thoronet 铝矿开采区的垦复

（照片：P. Allemand，INRA）

表14-1 1993年4月统计的英国废弃土地的位置和种类（来源：Wickens等，1995）

	城区内（hm^2）	其他市区（hm^2）	乡村（hm^2）	合计（hm^2）
废弃堆	435	3518	5237	9191
煤炭废弃堆	219	1930	1960	4109
金属废弃堆	8	523	2473	3003
其他废弃堆	209	1065	805	2079
挖掘和矿井	195	1476	4135	5807
废弃军用地	77	397	2801	3275
废弃铁路土地	635	2199	2782	5615
采空塌陷地	88	425	162	674
一般工业废弃物	2904	4657	2188	9749
其他废弃地	909	2565	1815	5289
总　计	5243	15236	19212	39600

主要问题

针对不同类别受干扰土地的主要问题，以及植被的修复方法，Moffat 和 McNeill（1994），Bradshaw 和 Chadwick（1980）以及 Fox（1984）开展了详细的研究。发现的主要问题是，复垦所需的底土几乎只来源于采矿或客土，因此基本上都是未发育的生土或岩石。许多废弃地缺乏自然建群过程（natural colonization），表明这类土地不适宜植物生长（图 14-2）。这种现象并不为人工建立底土的土地所独有，在火山熔岩、火山灰、沙丘土地以及冰川消退的沿线也可发现这种现象，这些土地的土壤结构的发育可能需要一百年的时间。与此相似的情况在北欧的许多地方也可发现，当地数百年的过度放牧和燃烧已经导致了森林覆盖的丧失，造成侵蚀和水土流失。在许多地方，成本昂贵的复垦工程正在开展（图 14-3）。除有极端的毒性存在的情况外，随着自然土壤的形成，大部分问题会得到解决。如果自然建群本身不是土地规划的目标，复垦所需的数十年时间通常让人难以接受。

下文中对成功植树造林所面临的问题进行概括，分土壤状况、暴露以及保护三个方面。

生根基质的物理特性

许多底土来自工业生产过程，其物理性质不适宜于树木生长。

图 14-2　南威尔士煤田一个露天开采点上的 4 年生落叶松人工林（***Larix kaempferi***）。注意在这个页岩立地上，不存在任何杂草入侵（Crown 版权）

图 14-3　法国上普罗旺斯省的阿尔卑斯山脉地段，在数百年过牧和燃烧的土地上恢复的森林植被

结构和质地

如果不对土壤实施剥离、存储和替换，立地底土通常只是地表岩石碎片、黏土和硬石，不存在有机物质，土壤活性微弱，难以出现结构理想的生物群集(aggregation)。这类物质常由较大的固体颗粒物组成，降水不连续的情况下含水量很少，加上大部分立地处于裸露状态，地表失水迅速，新栽林木干旱问题突出。底土结构和质地差产生的另一个后果是地表温度升高，尤其是材料颜色偏暗时。缺乏保护性植被和地表失水，可以引发高达 50℃ 的致命性地表温度。

除上述不利的内在特性外，在土地复垦初期使用推土机和箱式平地机(box - scraper)，还会压实土壤底土，成为植物根生长和排水的屏障。压实的土壤通风差，水分无法轻易渗入和排出，因此干旱和内涝时有发生。压实不只对土壤结构产生影响。在采矿过程中，表层土会被剥离、存储长达数年，当被重新铺设于地表时，可能无法发挥和以往同样的功能。存储大堆的土壤会导致压实、厌氧情况的发展及许多有机体(比如，能够对养分循环和植物生长提供帮助的蚯蚓)的丧失。减缓土地压实是所有土地复垦工作的重要一步。

排　水

底土特性、土壤压实、重新造型不当都会导致排水问题。过多的水不能从立地排出，会导致树木生长不良。然而，简单地确保合适的坡度，构建合适的水道并不能解决这一问题，原因如下：

(1)许多底土层极易受到侵蚀，快速失水是一个主要的危险；

(2)在受干扰立地上，大部分排出水的沉淀物多，如果没有首先流入沉淀池(siltation ponds)的话，将无法直接注入立地之外的天然河溪网络。

稳定性

许多废弃物质的物理结构，加上地表植被的缺乏，会导致土地暴露于风蚀和水蚀条件下，产生滑坡的风险。这一问题在陡峭的垃圾堆顶部最为严重。如果有部分底土层存在，物质的流动性会增强，因此在暴雨环境下，即使仅仅5°的倾角也会产生滑坡。这要求复垦计划作认真考虑。

土壤的化学特性

养分供应

有机物质的短缺，废弃材料未得到风化均会导致养分供给问题。到目前为止，最普遍的是氮素缺乏：氮的总量可能每公顷仅100kg，而一般表土的氮含量达每公顷750~1000kg。除固有的养分短缺问题外，林木生长的另一个问题是养分循环缺乏有效的途径。因此，在有机物质含量得到实质性提升之前，成林的成功取决于有机废物的利用。为增加氮素，可选取豆科植物和固氮树种——比如桤木、刺槐进行林间栽植。同样重要的是，要使用可促进养分循环的树种(如落叶松)以及阔叶先锋树种(如桦木和柳树)。

毒　性

一些矿业垃圾包含的元素浓度高，而且对于林木和土壤生物体具有毒性，尤其是铜、锌和铅。即便少量的此类元素也足以阻止建群(colonization)，这类物质的溶解还会给河流造成严重污染。长期存放的采矿废弃物问题更大，原因是提炼技术效率较低，会在废弃材料中遗留较多的金属。英国自罗马时代便有了铜矿冶炼，造成植被稀疏。此外，在19世纪，烟囱和烟道下风方向的污染沉积地上就几乎没有任何植被生长。

酸碱性

一些废弃物(尤其是深矿开采带来的煤矸石中)含有二硫化铁(FeS_2)。这类废弃物在风化过程中释放硫酸，导致酸性。当pH值较低，位于2和4之间时，不适宜大部分林木生长，并导致溪流与河道的污染。这一问题的严重程度取决于二硫化铁的数量和颗粒大小。在问题严重情况下，要么等待几十年，二硫化铁大部分风化，酸从土壤淋洗；要么调整复垦措施，不使硫化铁矸石最终覆盖立地(Moffat和McNeill，1994)。施用石灰是一种可行的方案，但巨大的数量需求(每公顷100~300t)也会产生问题。

一些工业废弃物会导致强碱性基质，酸碱值达到9或者更高，比如说粉煤灰(PFA)，以及苏打粉除硫法产生的废弃物。一经沉积，风化最终将酸碱度降低至8左右，适于植被重建。

有机质

使用工业开采产物建成的底土层的有机质极少或者不含任何有机质。如上所述，这一点会影响底土层的生物、物理和化学特性。

暴露性

生长在受干扰立地上的林木常常暴露于风害和大气污染之下。

风的影响

许多立地缺乏植被，加上开垦立地的地形特征，所种植的林木常暴露在外。除损坏林木生长，导致树形不良之外，暴露会引发两个直接问题。第一，一个普遍的现象是栽植穴中的幼树会发生摇动。在一些基土由较大、棱角分明的颗粒以及石块组成的地带，风中摇晃摆动会对树皮和根颈的形成层造成磨损和破坏。第二，许多废弃物表面干燥，极易风蚀，使林木根部暴露，同时卷起的细砾石和沙石也会擦伤幼树。

大气污染

大部分垦复立地位于工业区，大气污染普遍存在。对于大气污染，许多林木比一年生植物更加敏感。过去二氧化硫排放来自各种工业生产过程，比如炼铝普遍产生的污染物，对下风向的林木造成危害。包括臭氧期(ozone episode)在内的各种污染都可能会对恢复中的林木带来更大的压力，并影响树种选择。

保护措施

哺乳动物的破坏

生长在复垦土地上的林木易受兔子、野兔和家畜的破坏。由于很少有其他植被供它们食用，这类动物一经出现在造林地，它们唯一的食物便是几公顷的定距种植的林木。几只动物的啃食就会在数小时内摧毁一棵人工幼林。即使复垦过程营建的植被覆盖较低，所种植的林木仍较为脆弱。

林　火

由于植被稀疏，复垦立地上的人工幼林不易受林火的破坏，可一旦林分郁闭，林火也就成为一种严重危险。如前所述，这类立地多位于工业地带，人口较多，林火问题会随之加剧。因此，不仅人工林本身面临压力，引起林火的风险也较大。

造林立地的恢复

恢复计划

直到20世纪80年代，才出现了对垃圾场或露天矿区实施垦复的些许考虑。这常要求应对一些恶劣的环境。值得庆幸的是，现在这种情况较为罕见，作为整体运作的一部分，目前都着力制定良好的垦复计划。因此，采掘作业或矸石堆放的组织会考虑之后的立地状况，确保地表形状符合他们的利益，并便于重建植被(图14-4)。计划的内容包括：同意保护表土，移除覆土层(overburden)时，将成土材料分类储放；立地排水，避免在陡峭裸露地带堆高，以及耕裂紧实表层等。

整 地

所有的整地都有三个目标：

(1)创造安全而稳定的底土层；

(2)以与景观融合的方式塑造地表；

(3)确保立地适合树木生长。

Moffat 和 McNeill(1994)探究了每一个目标，并研究了开垦土地和林地种植的步骤。本节主要针对第三个目标，也就是如何确保立地适宜树木生长。

保留表土

恢复受干扰立地上的植被的难点，是应对底土层恶劣的物理特性。最简易的方法是，一旦地表重塑完成，即刻重铺一层表土或底土。理想的土壤应该重铺到50cm 或更高的深度。在这层土壤下应该是土壤形成物，比如具有适度体积密度(bulk density)特征及化学、物理特性的风化页岩(Moffat，1987)。重铺土壤最为明显的来源是未利用土地。开采活动的实施计划中的一项重要内容是，移除和储存表土、底土和土壤形成材料，以供复垦工作开始后重新铺设。

图 14-4 南威尔士的尼思谷(Neath Valley)上游区域，露天采矿后恢复的土地。留意图中平缓的斜坡、和谐的地形，以及为种植而开辟的栽植线。篱笆用来防止绵羊啃食幼树

微地形

显然，许多底土的物理特征会迅速导致极端干旱或积水。确保在水聚集处没有平地、洼地，会显著减轻这一问题。平缓起伏的地面上，3°～5°的倾角是理想的地形倾角。

研究表明，土地塑造应形成底宽约 30m（图 14-5），顶高 1～1.5m（Binns 和 Crowther，1983）的地形体系。地形脊线也应有较缓的坡度。这样的地形能够减轻排水问题，促进林木生长，但干旱地带需要加厚表土层（Moffat 和 Roberts，1989）。

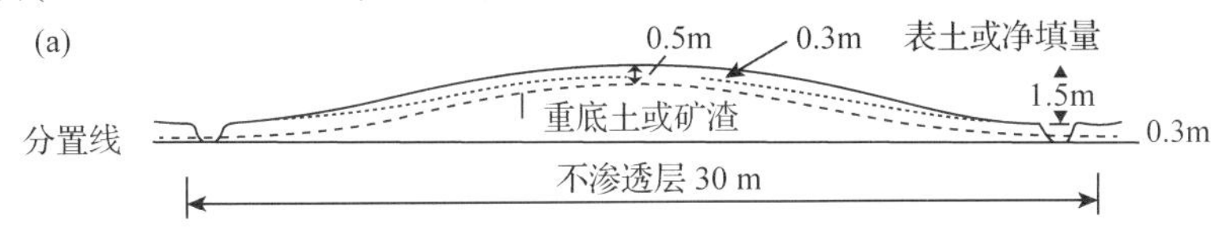

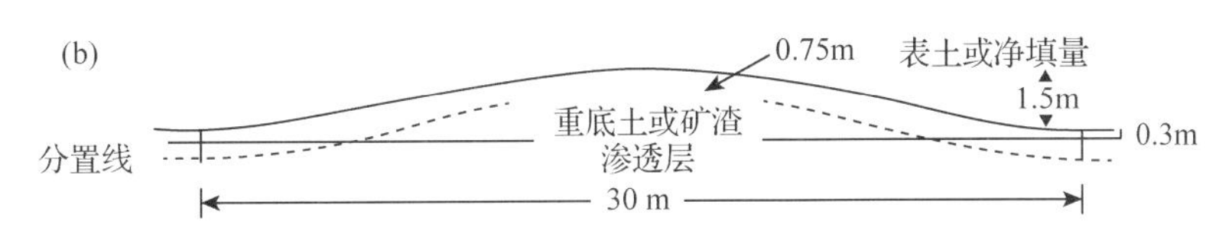

图 14-5　脊和沟的地形配置：(a)高水位的立地；(b)易渗透的立地
（来自 Moffat 和 McNeil，1994，Crown 版权）

防止压实

将立地恢复为视觉上可接受的景观形式，并创造合适的微地形，通常需要运土的重型机械。除翻松土壤的措施外，这项工作不可避免地产生需要在种植前必须缓解的压实问题。深耙（deep tining）能够有效解决这一问题：在耙过土地的时候，耙齿会将土壤轻轻翻起。

改进营养状况

施肥可能是必要措施，尤其是氮肥。在缺氮地带，要每年或更频繁地对一些树种进行施肥养护。大量使用有机物废料，比如下水道污泥，同样可极大提高有机物含量并提供养分。如果石灰能够在 50cm 或更深的位置较好混合，其大量使用可以部分解决酸性严重的问题。然而这种做法需要极其小心的操作，原因是每公顷超过 100t 的使用量可能导致矸石钙镁比例失衡，限制磷素吸收（Costigan 等，1982）。

树种选择

待复垦立地的特性要求使用能够容忍暴露且营养消耗少的树种。这些特征与先锋树种有着一定的联系，这类树种被广泛选择种植不足为奇。桤木(*Alnus*)和刺槐(*Robinia pseudoacacia*)在大部分温带地区极具价值，它们能够固氮，能承受适当压实，能承受低至 pH 3.5 的酸性。

选择树种十分重要，如果不注意将树种和所复垦土地相匹配，做到适地适树，那么其他投资准备措施也会贬值。由 Moffat 和 McNeill (1994)制作的表 14-2 中，列出了英国经验证实的潜在树种。

成林过程

增加植被覆盖

播种草皮是一种常用措施，有助于土壤形成，有时也可防止地表侵蚀。所有的草本中，羊茅草(*Festuca ovina*)和红叶草(*Agrostis tenuis*)总受青睐，这是因为它们与林木的竞争较小。豆科植物包括相对不适口的阔叶山黧豆(*Lathyrus sylvestris* 和 *L. latifolius*)、白车轴草(*Trifolium repens*)、羽扇豆(*Lupinus arboreus*)等高价值先锋植物。

栽植方法

尽管适宜的状况下可以直接播种造林，但最常见的方式是栽植移植苗或容器苗。这在原则上和其他任何人工林的种植并无不同，但是由于立地状况困难，健康和营养储备良好更为重要。在起苗到栽植时还要注意避免失水和损伤。另外，要特别关注受干扰林地上数量庞大的死株的补植补造、杂草控制以及防止动物破坏的问题。

表 14-2 英国适合复垦立地生长的树种(基于 Moffat 和 McNeil)

树 种	难耕立地	石灰质土	酸性土壤	裸露	空气污染	备 注
阔叶林						
栓皮槭(*Acer campestre*)	□	□□	□	□	□	
挪威槭(*Acer platanoldes*)	□	□□	×	□□	□	
欧亚槭(*Acer pseudoplatanus*)	□	□□	□	□□	□□	
意大利赤杨(*Alnus cordata*)	□	□□	×	×	□□	固氮
欧洲桤木(*Alnus glutinosa*)	□□	□	□	□	□□	固氮
灰桤木(*Alnus incana*)	□□	□	□	□	□	固氮
红桤木(*Alnus rubra*)	□□	×	□	□□	□	固氮
银桦(*Betula pendula*)	×	×	□□	□□	□□	
欧洲桦(*Betula pubescens*)	□	×	□	□□	□□	
山楂(*Crataegus monogyna*)	□	□□	□□	□□		
欧洲白蜡树(*Fraxinus excelsior*)	×	×	×	×	×	仅肥沃立地
白杨(*Populus alba*)	□□	□	□	□□	□□	
灰杨(*Populus canescens*)	□□	□□	□	□□	□□	
野黑樱桃(*Prunus avium*)	×	□	×	×	□	仅肥沃立地
欧洲栎(*Quercus robur*)	□	□	□	□	□	仅肥沃立地
红橡(*Quercus rubra*)	□	□	□□	□	□	
刺槐(*Robinia pseudoacacia*)	□	□	□□	×	□□	
黄花柳(*Salix caprea*)	□	□	□	×	□□	固氮
爆竹柳(*Salix fragilis*)	□□	□□	×	×	□	
白花花楸(*Sorbus aria*)	□□	□□	□□	□	□	
欧洲花楸(*Sorbus aucuparia*)	□	□	□	□□	□	
间植花楸(*Sorbus intermedia*)	□□	□	□	□	□	
针叶树						
欧洲落叶松(*Larix decidua*)	□	×	□	□	×	
日本落叶松(*Larix kaempferi*)	□	×	□□	□□		
西加云杉(*Picea sitchensis*)	□□		□□	□□	×	仅肥沃立地
黑松(*Pinus contorta*)	□	□□		□□	×	仅英国北部
科西嘉松(*Pinus nigra* subsp. *laricio*)			□	□		英国低于250米
欧洲赤松(*Pinus sylvestris*)	×		□□	□□	×	

注：根据黏重度(比如季节性水涝立地)、石灰质土、酸性土壤、暴露和空气污染等，将以上树种被分为容忍(□□)，适度容忍(□)或不能容忍(x)

第十五章
短轮伐期人工林

在暖温带，短轮伐期林木指那些轮伐期少于30年的人工林。许多传统的阔叶矮林(coppice)符合这一定义，但该定义还包括了一些为特定产品而种植的短轮伐期林木，尤其是杨树和桉树，以及一些不实施间伐、直接制造纸浆的针叶人工林。随着当前欧洲倾向多元化利用土地，以及休耕政策(set-aside policy)的实施，增加的前农业用地的面积也开始用于种植非粮食作物。与其让这类土地休耕，对于农民来说有利可图就是种植短轮伐期人工林。另外，自从20世纪70年代的能源危机以来，人们更加关注传统能源生产产生的环境问题，不论是产生二氧化碳的化石燃料，还是核电厂，都让人们已经开始考虑替代性能源选择问题，这其中就包括了短轮伐期森林生物质能源(Christersson，1994)。

传统矮林

在较短的采伐周期(10~30年)内，生产薪柴、杆材及其他类型的中小规格材料，是半天然林(semi-natural forest)最古老的经营模式之一。这种生产是通过许多树种的矮林经营以及活树桩萌生繁殖实现的，这些树种包括：栎(*Quercus* spp.)，白蜡(*Fraxinus* spp.)，欧洲栗(*Castanea sativa*)，欧洲榛(*Corylus avellana*)，杨树和柳树等。过去常用天然混交林生产薪柴、建筑原材以及栅栏等，但当今几乎所有的矮林最初都是人工种植的。欧洲栗矮林用于生产薪柴和篱桩，柳条用于编织篮筐，欧洲榛木材则用于制作栅栏(Crowther和Evans，1986)等。

约从1870年以来，欧洲多数地区对传统矮林产品的需求急剧下降，到20世纪早期，这种需求几乎无迹可寻。这种需求上的骤降是从工业革命开始的，新兴的科技和发明生产出了较传统木材更为便宜的更好的替代品。比如，金属丝代替了篱笆所用的欧洲榛栅栏，新建铁路的高效运输给乡村带来了煤炭，进而取代了薪柴。20 世纪二三十年代，农村地区供电最终导致了矮林需求下降，只有在战争时期，能源短缺之际才有些许上涨。然而，目前大面积的地区仍以矮林或中林作业法(coppice with standards)经营，尤其是在法国(500 万 hm^2)和意大利(370 万 hm^2)。

按照林木总生物量计算，在类似立地上矮林的平均年生长量高于传统人工林。但是，在产品质量上，矮林产出的木料不如乔林，原因是大部分矮林种植于较贫瘠的土地，而优良立地则用来种植高质量的传统人工林——事实上，比用于农业生产的土地还要好。因此，收获上矮林处于不利地位(Auclair 和 Cabanettes，1987；Cabanettes，1987；Bergez 等，1989)。然而，在某些用途上，矮林比传统人工林更具吸引力。比如：

(1)使用通常可加挂于农用拖拉机的廉价机器，就可以轻松顺利地运出材料，勿需使用昂贵的大型专业设备。

(2)可在较短时间内生产出合用而又畅销的产品。这一点对于那些没有准备好、支付能力低但又想长期投资于一般规模林业活动的土地所有者(尤其是农民)来说，有着较大吸引力。

(3)在一些因湿度过大而无法种植农作物的立地上(比如，富地表水的潜育土)，矮林同样能够生长。如开展农作，土地难于耕种，成功的牧草生产也需要高水平管理。同样，大功率采伐设备无法使用，只能使用小型机器。

(4)矮林产品由于规格较小，在空气中干燥十分迅速，与大规格的林产品生产相比，能更快投入使用。

(5)与采取传统方法栽植人工林相比，矮林在收获后的更新成本极小，大多数情况下根本没有成本。

短轮伐期矮林

20 世纪 70 年代早期的能源危机刺激了温带国家重振短轮伐期矮林的兴趣。这导致了大量相关生产和文献工作的开展，对此 Mitchell 等(1992)进行过综述。人工造林后 1~5 年时间内实施萌芽林生产，经济价值可观，产品用以替代木材、木炭、液体燃料、化工原料、木浆等，有时还是饲草料的补充。大部分非工业化国家位于热带地区，在森林被大规模毁坏后，主要依靠矮林材料提供做饭和采暖的燃料。在许多发展中国家，能源消耗的90%来自于林木。

北欧的一些国家对矮林感兴趣，比如，芬兰、瑞典、爱尔兰缺乏成本合适的化石燃料，所有的传统能源需要通过进口解决。瑞典的南部和中央地带在1993年有近10000hm^{2}的农地实施“能源林”种植，在3~5年的轮伐期内年平均干物质产量达每公顷10~12t(Christersson等，1993)。当然，人工林不是唯一的生物质能源来源，只是按照收获作物能量与总投入的比值计算，它们的效率是最高的(表15-1)。大田农作物，比如芜箐、油菜、甜菜、农作剩余物以及动物粪便废料等，同样可以用作能源。在巴西，用甘蔗和木薯生产出大量乙醇用作汽车燃料(Monaco，1983)。

表15-1 各种作物的最大收获量和含能量(取自Hall，1983)

林　木	最大产量(干重)(t/a·hm^2)	热能值(GJ/hm^2)	热能比
传统森林	15	225	10~20
短轮伐期森林	12	180	5~15
藻　类	60	900	大于8
填闲作物	8	120	3~4
草	15	225	2.4~5.6
小　麦	5	75	3.4
甜　菜	10	150	3.6

1t油等于42吉焦(GJ)；热能比是指收获作物能量和总能量输入的比值

树　种

与针叶树不同，阔叶树种通常实施短轮伐期种植经营，主要有两个原因：

(1)如果在一次成林后进行多次收获，成本会相应降低。因此，树木最重要的属性是可以蓬勃萌生。许多阔叶树种的萌生特性良好，但很少的针叶树如此，北美红杉(*Sequoia sempervirens*)是个例外。矮林迅速生长的前提是：根系深置于整个立地，存储可供生长的碳水化合物(Auclair等，1988；Dubroca，1983)。

(2)与常绿针叶树不同，落叶阔叶树在其叶子投入的同化物质(assimilated material)微乎其微，单位面积叶面光合作用的效率高于针叶树。

因此，从幼龄时就积累了大量支撑干、枝、根生长的同化物质。尽管常绿针叶树最终可能生长更快，但需多年的时间，需要大量的同化碳支撑茂盛树冠的生长。

有些自相矛盾的是，最受欢迎的短轮伐期人工林树种，往往是那些在长轮伐期人工林中被当作杂木的树种或树种组。它们通常作为自然演替中的先锋树种，成林快，幼林生长繁茂。随着斯堪的纳维亚半岛和爱尔兰能源林的发展，柳树短轮伐期人工林不断增加。优选的造林品种是篙柳(*Salix viminalis*)和毛支柳(*S. dasyclados*)的无性系。其经营管理模式与传统农业作物十分相似(Sennerby-Forsee 和 Johansson，1989；Christersson 等，1993)。杨树(图 15-1)无性系也普遍种植，悬铃木属(*Platanus*)和桉树的种植不断扩大，尤其是后者。近年来，为生产纸浆材，西班牙和葡萄牙北部种植了数千亩的人工林。显然，每个树种都有自己最适宜的立地范围，这样才能速生丰产。对于固氮作物的兴趣不断上涨。

图 15-1　两年生杨树萌生林具有的生物质生产潜力(Crown 版权)

由于桤木和刺槐在固氮过程中会消耗掉大量的同化碳，这类人工林的产量不如其他树种。他们的主要兴趣是这类树木在相对贫瘠土地上的生长能力。

在大多情况下，当今使用的无性系从传统人工林而非矮林中选育而来，都具有高产、抗病特征。

短轮伐期人工林收获量

Cannell 和 Smith(1980)以及 Pardé(1980)从 20 世纪 70 年代的第一批试验结果中得出结论：在大部分温带地区，如果枝、干材干重年产量的预测值高于 6～8t，就是不现实的。Hasen(1988)将这一生产水平定义为“田间产量(field yield)”，以便与严格条件控制下实现的“目标产量”相比较。“田间产量”水平对于不同树种和地域是极其恒定的。它们比传统的每公顷 4～7t 的年收获量更高(这是欧洲大部分地区的标准)。英格兰南部和法国中部的欧洲栗(*Castanea sativa*)矮林就是这样的典型案例(Evans，1982b；Auclair 和 Cabanettes，1987；Cabanettes，1987)(图 15-2)。

图 15-2 刚采伐不久的欧洲栗矮林，背景是 14 年生矮林

(Crown 版权)

已证实，在瑞典(Christersson 等，1993)集约种植的短轮伐期矮林，可以获得每公顷高达 10~12t 的年收获量。生产力较高的针叶林，比如长轮伐期的欧洲云杉，收获量达每公顷 10~11t，而且如果立地条件较好，花旗松(*Pseudotsuga menziesii*)等速生针叶林，可超过每公顷 15t。

传统矮林和现代高产短轮伐期矮林之间的差别在于投入水平和经营强度：后者需要定期施肥、除草、除虫以保持高收获量。集约短轮伐期矮林作业属于高成本、高回报作业体系，而多数传统矮林作业则是低成本、低回报(Auclair 和 Bouvarel，1992)，并且这些经济指标需要认真检测(第 210 页)。据报道，在不施肥的情况下瑞典多数大规模柳树种植，年收获量为每公顷 6~8t(Christersson 等，1993)。

在最佳试验条件下，收获量已超过每年每公顷 20t，但这一结论需要极其谨慎的考虑才能推用到实地生产中。Hall(1983)通过使用选择树种，以及适应不同地理和气候状况的无性系，将立地具体研究成果应用到人工林生产实践中，他发现，高达每年每公顷 25t 的潜在生物质产量水平是可以实现的。此外，关于光合作用方面，同样需要一些基础性调查。但对于未来田间平均产量来说，即使是最乐观的预计，也不会超过每年每公顷 15t(Christersson 等，1993)。

缩短轮伐期并不必然增加年均生物质产量。Cannell(1980)称，繁茂的杨属(*Populus*)无性系、柳树和假山毛榉(*Nothofagus*)的年均生长量相对较低，立地条件较好的情况话，如果 1 年轮伐期种植密度为每公顷 250000 株，或 25 年轮伐期每公顷种植 2000 株，那么生长量的干重会达到每年每公顷 6~8t。Auclair 和 Bouvarel(1992)证明，如果一年的轮伐期每公顷种植 20000 株，两年轮伐期每公顷种植 10000 株，或者三年轮伐期种植 5000 株，在至少 6 年之内，杨树杂交种短轮伐期矮林会产生相同的年生物质收获量。

营林管理

高生产量需要肥沃的土壤，这常会引发能源作物与农作物之间产生直接竞争。爱尔兰和法国之外的大部分研究工作，都是在耕地上进行的。立地必须足够平整，可用机械作业，土壤必须有良好的结构和质地，另外，还要有足够的水源、充分的营养和有机质。这类立地的大部分技术问题已经得到了解决。一些泥炭地或许也可用来种植，但也会暴露排水、栽培和营养方面的问题。

对于短轮伐期人工林，最初的成林过程较为集约和昂贵。种植密度较高，且会根据轮伐期的预期长度和收获前的生长规格进行调整。由于轮伐期较短，快速占据可用空间十分重要，所以栽植密度高于长轮伐期人工林。杨属和柳属树种3~5年的轮伐期内，密度通常每公顷需多于5000株，且一般是在10000和20000株之间(McElroy，1981；Sennerby－Forsse和Johansson，1989)。传统欧洲栗(*Castanea sativa*)在12~15年的轮伐期中(图15-2)，目标密度是每公顷800到1100株(Crowther和Evans，1984)。

种植选择的杨属和柳属树种通常是扦插条，并且必须进行全面整地和杂草控制。此外还必须使用篱笆对其进行保护并管理病虫害。由于地上生物质总量的大部分已收获，营养循环受到干扰，即使叶子未收获，聚集在林木的最小部分——嫩枝和树皮中的大量的矿质营养也被从立地中移走(Ranger等，1986；1988)。为保持收获量，通过林木移走的养分必须以肥料代替，比如氮肥。通常来说，氮肥施肥量每年每公顷80~120kg是推荐的标准(Faber和van den Burg，1982；Sennerby-Forsse和Johansson，1989)，也可使用废水或液态动物粪便进行灌溉(Christersson等，1993)。防止水分抑制的灌溉同样能够提高收获量。冬季通常采用机器收割，在沉重的机器压力下，没有冻实的土壤可能会被压实，导致根株恢复生长不良。

尽管矮林幼苗的早期生长速率远高于实生苗或扦插苗，未来第一个轮伐期内可保持的生产水平，仍不确定(Pardé，1980；Wright，1988)。Auclair和Bouvarel(1992)已经表明，在6个为期一年的轮伐期之后，杂交杨树矮林能否保持常规收获量，取决于气候状况。收获量减少的主要导因是养分流失，而不是生理负荷。关于根桩的寿命，不同树种有着具体的情况：欧洲栗能够承受多个周期的矮林作业，而据报道，在3个轮伐期之后，桦树的根桩死亡率会上升。这一现象与前一树种在每个矮林作业轮伐期中，生长出新根的能力相关(Bédéneau和Auclair，1989)。

正如任何集约经营的单一树种人工林一样，短轮伐期人工林极易降低生态系统的多样性，而集约强度较低、轮伐期较长、更为传统的矮林系统会有相反的效果，因此深得环保人士的喜爱。

矮林材料的使用

传统矮林一直是薪柴的主要来源——在当今一些矮林高产区仍旧如

此。矮林作为一种原木的来源，用来点燃明火，服务于生活便利和取暖。矮林还可以用作杆材和围栏，供编织篮子使用（柳属），或用于制作当地传统手工艺品，比如酒桶或手杖。短轮伐期的主要经济利益在于它们具有的能源转变潜能。最明显的方式就是燃烧林木，产生热量。薪材最近成为居家实用的替换能源，主要是社区家庭，还有一些主要依靠化石燃料进行工业生产的地区。自动送料装置的研发推动了这一过程，该系统可将木片直接运送到效率极高、能够使用新收割木材的锅炉中，能够生产出炭、天然气以及诸如甲醇的液态燃料（Carre 和 Lemasle，1987）。服务于各种目的的商业化应用也取得良好的发展。Stassen（1982）描述了将汽化炉和内燃机的结合发电的创新应用。

柳树木片已经被转化为喂养牛的颗粒饲料（McElroy，1981），杨树用于生产阔叶树木浆（Cannell，1980），但两者均没有取得较大的成功。Grassi 等（1987）和 Hummel 等（1988）综述了短轮伐期人工林的许多其他进程和应用。

经济上的考虑

短轮伐期能源人工林试验和开发新技术方面，有着巨大的利益，而迄今为止，在大部分温带国家中，还未有任何显著的工业应用。可能的情况是，在其他来源——尤其是石油能源生产成本大幅升上升，且升幅可使短轮伐期人工林的价值与其他木的价值相当之前，这一局面是不会改变的。在许多地方，产品的成本要远高于收入，比如说石油、天然气以及煤炭。通常收获薪柴的成本，包括运输成本要高于原料本身的价值，以至于这些产品只能在本地有时才会具有竞争力。对于稻草等其他剩余物来说，也面临着同样的问题。除此之外，在一些人口密集的国家，比如英国，大面积土地的供给会带来许多问题，并产生诸多矛盾。

只有在一些提出政治倡议的国家，才会有实在的进展。在瑞典，Koster（1981）记录到：通过种植十万公顷的短轮伐期人工林，代替该国20%的石油进口的做法，在1985年就已经开始了。1982年9月，欧洲议会的观点是应该将某些农田转用于生产能源，而不是继续生产过量的牛奶、粮食和葡萄酒（Seligman，1983）。

在短期内，温带许多地方的矮林在国家能源战略中只能发挥很小的作用。从长期看，矮林的重要性将增加。当前的研究开发能够确保其最终成功，并且与大多数人工林不同的是，在短期内创植高产矮林是有可能的。

杨树人工林

杨属(*Populus*)包括30多个树种。它们遍布北半球，大多数位于亚极带和亚热带之间的北方温带。大部分杨树树种用于遮蔽防护，以及火柴、木片篮(chipbasket)以及蔬菜板条箱的生产。杨树(图15-3)在欧洲的面积超过50万 hm^2，并正以每年1%的速度增长(Valadon，1996)。关于杨树栽培的所有统计，可参见联合国粮农组织(1980)以及国家杨树委员会(1995)。

图15-3 比利时种植的9年生杨树

欧洲当今主要的三个主要树种是：欧洲黑杨(*P. nigra*)，北美黑杨(*P. deltoides*)以及黑三角叶杨(*P. trichocarpa*)。还有一些树种是由这三个树种杂交而成的：由黑杨(*P. deltoides*)和亚洲黑杨(*P. nigra*)杂交得来的杂交黑杨(*P.* ×*euramericana*)，或者是由黑杨(*P. deltoides*)和黑三角叶杨(*P. trichocarpa*)杂交得来的美洲杨树(*P.* ×*interamericana*)。部分正在开展的重要的研发项目致力于改善遗传繁殖系(genetic stock)，抵抗杨属黄单胞菌(*Xanthomonas populi*)细菌性溃疡和栅锈菌(*Melampsora*)锈病。新型的银白杨(*P. alba*)×欧洲金叶杨(*P. tremula*)也正在研发之中，该杂交无性系可适应暂时水涝的土壤(Lefèvre 等，1994)。

尽管杨树的生长范围十分广阔，但要速生丰产，仍要求有庇护的立地、深厚肥沃的壤质土，且地下水位1~1.5m。几乎所有的杨属树种都无性繁殖，通过10~25cm的硬质扦插条种植，更长的扦插条称扦插杆(setts)，通常是2~3m长、一年生的未生根萌条。在最终栽植时，将扦插杆插入深洞中。

杨属树种会深受杂草或相互间竞争的影响，要达到快速的生长，需要宽带稀植，通常是5m×5m或8m×8m的株行距配置。许多杨树人工林不进行疏伐。在欧洲最好的立地上，生产单板原材、火柴材或蔬菜板条箱用材，根据立地质量的不同，轮伐期应为12~15年。高修枝对于确保单板的质量十分重要，一般要在生长早期修枝到6m的高度。在整个轮伐期中，每两年要进行一次修枝，持续将徒长枝的生长最小化。

第十六章
特殊用途人工林

多数人工林营造的目的是生产可满足多种工业用途的木材，但一些是为实现某个特殊目的，如，种植杨树可能是为生产火柴、工业用蔬菜包装箱，或为获取能源。第十五章对这些内容做了讨论。但正如第一章所指出的，植树造林包括了许多其他用途。木材和环境效益以外产品的经济价值，有时比木材更为重要。这包括了甜栗、核桃、石松（*Pinus pinea*）的种实，部分树种的分泌液（如树脂和枫糖浆），用于制造软木塞的栓皮栎（*Quercus suber*）树皮，产生植物单宁的其他树种的树皮和其他药用和工业化合物的原料等。这些非木林产品，传统上称为林副产品。以某些树木为食的动物生产的丝绸、虫胶和蜂蜜等有可观的经济价值。与特定树木相关的菌类（如松露）是珍贵的食品。许多林下植物生产食用浆果，或其他可在香水、医药行业中使用的物质。人工造林有的是为获得叶子的观赏价值，例如，表现丰富的秋天色彩的树种，也有的是为获得树叶和水果的饲用价值。森林培育的环境效益的经济价值无法估量，这样的造林目的包括美化、遮阴、防护、土壤保护和稳定，复垦废弃土地，自然保育和运动等价值。

总体上看，用材林和非用材林种植难以截然分开，但如果企业是为获得木材以外的产品而造林，往往就与农业或园艺有了联系。尽管如此，在过去的两个世纪里，许多温带地区仍出于管理目的，严格区别这两种用途，极大阻碍了土地综合经营的实施。然而，近年来混农林业实践重新流行起来，并产生各类现代形式。林业解决以上多个方面问题的呼声越来越高，多用途经营正成为常规实践。

对以获取木材以外产品为目的的人工林类型，作如下讨论。

防护林

对于实施耕种、畜牧活动的农场和果园来说，利用树木减少局部风速至关重要。从历史上看，早期树篱(hedgegrow)的主要功能是为了圈养家畜，19世纪期间，树篱又有了很多其他的功能，如：提供防护，防治侵蚀和木材生产。随着农业机械化的推行，20世纪时灌木篱墙被大规模拆除，特别是在1950~1980年(Bazin，1993；Bazin和Schmutz，1994)。在美国的大平原、加拿大的大草原和俄罗斯西伯利亚大草原都开展了关于防护林价值的研究。19世纪与20世纪之交，丹麦和意大利实施了大型防护林带建设项目。20世纪80年代，国际林联(IUFRO)建立了防护林工作组，举办了多次防风林和混农林业研讨会，全球对防护林的研究再度兴起(Anon.，1993)。防护林的主要效益是提高粮食产量，减少或防止水土流失。

防护林带的作用

防护林带通过减少地表面风的剪切力，起到阻止土壤移动、减缓土壤干燥速度、减少水土流失的作用。防护林的设计非常重要，孔隙率、高度、长度和方向是主要考虑因素。当地表易受侵蚀、风速高于土壤颗粒开始运动所需风速时，侵蚀速率与风速的立方成正比。因此，即便风速降低不大，也会造成侵蚀量的大幅减少。Caborn(1965)、Rosemnerg(1974)、Hagen(1976)、Litvina和Takle(1993)、Olesen(1993)防护林带对风的影响有详细研究。

防护林带的高度越大，下风向保护距离就越长，在某种程度上在迎风方向也是如此。一般来说，密集的屏障可以起到一些防护作用，其效果相当于下风向10~15个防护带高度的距离。然而，通过将孔隙率增加50%左右，虽然防护程度略有降低，但在下风方向的影响，可以扩大到20~25个防护带高度的距离(图16-1)。透风性小幅提高，可以降低气流造成作物倒伏和雪堆的发生率。防护林长度越长，其影响越恒定；如果防护林太短或有缺口，喷射效果会增加末端或缺口附近的风速。通常认为，最低有效长度是防护林带最终高度的12倍。理想的防护林密度应随着高度呈对数增加，遵循风速廓线(wind-speed profile)趋势。树冠密集的林带在这方面尤其有效，但一旦树冠被修剪，就会在靠近地面的地方产生相对开阔的间隙。当防护林带之多足以增加地形景观表面的整体粗糙度时，也是可以大幅降低旷野的风速的。已在丹麦发现：与大海相比，防护林地区风速减少约 50%，但在开阔荒芜的乡村，风速只减少了 20%（Olesen，1979；1993）。

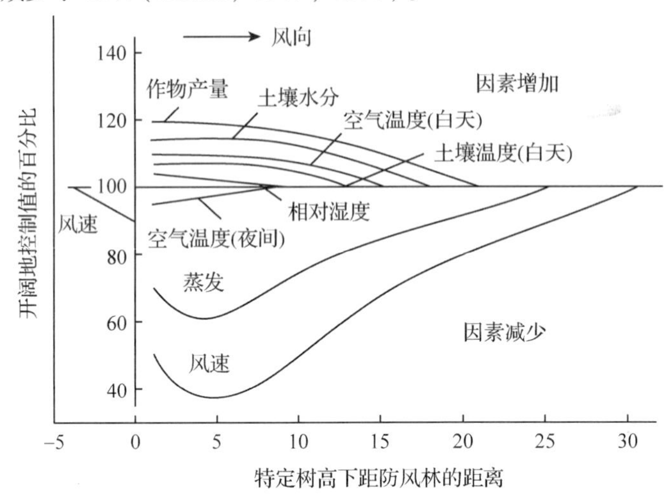

图 16-1 基于丹麦调研结果显示的防护林对生产和小气候的影响。曲线表示总体趋势，不指实际值

（选自 Olesen，1979；以 Marshall ，1967 为基础）

防护林的产量效应

除了减少沙尘暴和土壤流失，防护林还可以通过改变小气候防止过度寒冷、干燥和机械损伤，对林木和牲畜繁殖产生有利影响。

Rosenberg（1974）、Guyot 等（1986）及 Fu（1993）详细研究了防护林对人工林产量等多方面的影响。多数影响源自植物叶子蒸散率降低，而这是由风速和气流降低以及随之而来的林内湿度升高造成的。防护林区内的植物生长和产量通常更好，这表明二氧化碳的净同化率增加了。出现这种情况的部分原因是，因萎蔫被推迟或避免，防护区内植物的光合作用期延长了，另外，防护林区内夜间温度较低（图 16-1）导致植物呼吸减少，从而净同化率增加。相比之下，由于水蒸气运移的阻力更小，暴露区域的耗水量更大。暴露区土壤干燥速率增加，但长时间内，防护林区内暴露区域的土壤也将变得同样干燥。防护林区内树木叶面气孔阻抗减少，有时会导致蒸散量加大，原因是白天温度较高，林木气孔张大。

防护林区内普遍的湿润状况使种子萌芽更快，营养生长更旺盛，产量更高，植物机械损伤如砂伤(sand blasting)也减少。据报道，防护林使小麦的蛋白质含量更高，使向日葵种子产油量更高，甜菜的糖产量更高(Labaznikov，1982；Fu，1993)。

欧洲大陆防护林区内的气候变化，促进作物产量增长20%~150%，例子不胜枚举。然而，在防护带一到两个林带高度距离内，作物生长和产量会因光、水和养分的竞争而降低，农作物生产也不能利用防护林带本身所占据的土地。除非木材生产也被计算在内，对收获的净影响有时会很小(Skidmore，1976)。

部分海洋性气候区(如英国和爱尔兰)湿度很高，很少发生严重干旱，防护林过多可能减缓粮食干燥速度，并在气候潮湿的年份增加疫病带来的损害。在高山地区，防护林可以促进春草较早生长，为食草动物提供早期草场(图16-2和图16-3)。如果保护得当，对优良草种的生长也很有利。

图16-2　新西兰的双层“用材林带”：上层为以获取木材为目的的修剪的辐射松，下层是未修剪用作防护目的的柏树

防护林带还可以通过阻挡强风使牲畜业获益。在西欧，羊产羔或哺乳早期是在山上开始长草时，因此防护林可以促进羊生长并减少寒春季节羔羊的损失。牛对雪和寒风很敏感，通常需要寻求庇护。营造防护林后，以前只能用来养羊的地方有时也可用来养牛了，在迄今为止冬季不能饲养动物的土地上发展畜牧业也成为可能。

图 16-3 法国瓦尔河(Var)流域弗雷瑞斯(Fréjus)附近，羊在意大利石松林里吃草(照片：M. Etienne，INRA)

防护林带的设计

1950~1980 年，随着世界范围内(尤其是欧洲)环保意识的增加，一个新趋势也随之出现。一排排树木可以为人们提供包括围栏、遮阴、防风抗蚀、木材生产、景观质量提升、生物多样性保护等多重效用(Bazin，1993)。人们目前设计的树篱就是要履行部分这样的角色和功能。

新西兰出现了一个新理念。为生产出高品质木材，人们对防护林带的一些树木进行修剪。修剪的数量有所不同，具体取决于防护林带的主要目标或木材生产需求。这些用材林带常包括两层：上层是多次修剪、生长快速的辐射松，下层是生长缓慢的树种(图 16-2)(Tombleson 和 Inglis，1988)。这类经营良好的用材林带的产量可以很高，木材质量也与人工林相媲美(Auclair 等，1991；Tombleson，1993)。欧洲正在开发多种防护林体系。丹麦青睐 3~6 排的大型防护林造林方案，这种方案与澳大利亚和北美的一些防护林带的做法类似(Jørgensen，1993)，而法国的趋势是种植 2~3 层的单排多功能防护带：一层是可以提供庇护的低灌木层，另外一层是更加透风的可产薪材的矮林层，还有一层是生产高品质木材的树木层(IDF，1981；Schmutz，1994)。英国常注重防护林的景观价值。

农林复合经营（agroforestry）

农林复合经营是指在同一片土地上，实施农作物或动物与树木融合的生产方式。这一实践在古代欧洲较为常见，目前仍是世界许多地区重要的经营制度(Nair，1993)。发达国家的农业大量使用重型机械和化学品，加上土地使用权范围的扩大，以及18世纪末过度开发引发的森林覆盖率大幅下降，共同导致了农业和林业的分离，并使农林业活动转移到边缘土地。然而，近年来，欧盟共同农业政策倡导土地综合经营并开展环境友好实践，使欧洲研究人员和土地管理者发展了现代形式的混农林业(Guitton，1994；Auclair，1995；Sheldrick 和 Auclair，1995)。

传统混农林业

欧洲传统上有三类主要的混农林业类型，即：上文已讨论过的树篱、林中放牧及树木-农作物混作，它们目前在某些边缘土地上应用。

林　牧

在森林中牧羊、牧牛或放猪(图16-4)为传统做法，现在一些地区或一年的某些时期仍可以看到。许多山区农民都有自己的小片林地，在早春或寒冷的秋末可以作为牲畜的居所。有时会把这些林地作为羔羊生产的场所，或在冬季温和时将动物赶入。欧洲南部夏季常常干旱，春末和初夏时节森林内的荫凉使牧草干枯期后推，这有利于在野外牧场干枯时为牲畜提供额外的饲料。动物放养时间过长或数量过多，使树皮剥落，立地受践踏，土壤板结及小树受到啃食，因此精细的牲畜管理对于林牧复合系统极其必要(图16-3)。

在法国南部阿尔卑斯山落叶松群落中，欧洲落叶松(*Larix decidua*)宽大的树冠对草本生长十分有利，林下草木是在阿尔卑斯山牧场开放前、关闭后的断草阶段，羊、牛、马的重要饲料来源。在瑞士侏罗山脉(Jura mountains)，开阔的云、冷杉群落用于养牛。许多山林牧场包括多种植被(如以欧洲赤松为先锋树种的林区)(Etienne，1995)。

许多树木的种植目的是为获得其叶子或果实用作饲料。最著名的例子是栎类、甜栗、山毛榉，它们的果实是家畜饲养的重要资源。一般而言，南部地区种植灌木或木本植物，以及一些多功能树木(Talamucci，1989)。这些地区缺乏像地中海角豆树(*Ceratonia siliqua*)那样的多功能高价值温带树木。该豆科植物豆荚含糖量(重量的40%~59%)很高，是

图 16-4 在葡萄牙和西班牙，栓皮栎(*Quercus suber*)和冬青(*Q. ilex*)林中的栎实是猪的重要的季节性食物来源。这种食物是一种口感极佳的宝贵饲料!

一种价值很高的补充饲料。其种子的用途也很多，如，在巧克力的生产和海底钻探胶体保护剂中使用(Winer，1980)。树木也可作薪柴用，在其他作物难以生长的干旱、贫瘠土地或多石地上茁壮生长。

农林混作

一般而言，机械化的发展会导致树木从耕地上消失，但欧洲目前仍在坚持发展一些相对边缘化的林农混作体系。间作蔬菜而不生产木材的果园属于纯粹的农业系统。然而，在法国，人们经常在以果实和木材为经营目的的核桃(*Juglans regia*)园内(第 226 页)种植初年间作玉米，有时，杨树人工林间作核桃数年。必须保留树木周围大面积空地(不种植)以避免树木受到机器破坏，也应谨慎使用除草剂以避免人工林树木受损。

现代混农林业的趋势

当今，在共同农业政策的协力下，欧洲传统混农林业正重新焕发活力，新的、更集约的体系不断发展应用(Guitton，1994；Sheldrick 和 Auclair，1995)。

林牧混作

温带林牧混作的现代科学研究始于20世纪60年代，从新西兰开始，并以辐射松人工林为基础迅速扩大(Knowles，1991)。欧洲正在开发两大林牧混作体系：一个是现代林间放牧，另一个是开展木材生产的牧场。

为减少人工林成林和经营的成本，现代“动态”森林培育要求宽间距种植，并使用高品质的遗传改良材料。为控制林下植被，方便经营管理人员出入，并减少干热季节火灾的发生(参见第十三章)，在树木长到能承载放牧的大小时，可以将牧畜引入森林。所以，牲畜也是一种营林工具，适度的林牧混作体系应避免林分受损并满足牧民对充足的饲料的需求。一般来说，复播(oversow)适应性的草种，如饲料草、三叶草或大百脉根(*Lotus uliginosus*)，除掉非可口的林下荆棘以及施肥等做法的效果都很好(Rapey 等，1994)。

为实现土地利用多样化和缓解农业生产过剩问题，可以在牧场宽间距种植用材树木，这在新西兰已有了很大程度的发展。将该项技术具体应用于欧洲及对欧洲社会经济影响的研究正在进行中。下列技术的初期使用效果似乎很有前景(Rapey，1994；Auclair，1995b)：

——选取适合立地的优质用材树种；

——良种壮苗，每公顷种植50~400株；

——进行合适的整地；

——对树木周围的植被进行5年的局部清理；

——单木保护；

——单木造型修剪；

——牲畜放养量与叶饲料匹配。

林粮混作体系

中国拥有一系列传统混农林业形式和一些令人印象深刻的现代林粮混作体系，特别是泡桐与小麦、豆类和药用植物的混作体系(Newman，1994)。早期的现代英国在杨树下种植谷物的试验因经济压力而崩溃，但随后英国、法国和意大利采用遗传改良的无性系杨树试种的结果喜人(Beaton 等，1995)。

与这些林粮混作体系类似的试验是在优质用材树木下种植农作物，这个做法正在研究当中，尚未产生特定成果(Dupraz，1994；Incoll，

1995)。所提议的方法源自传统核桃园的林农混作和林牧混作经营模式。这两个作业体系大体相似，均根据播种、喷洒所使用的机器决定树木间距，平均大约为13m×4m。还要对树木个体进行套筒保护以免受机械和化学喷雾剂的伤害。树木两侧应分别保留长2m的空白区。

风景林业(amenity forestry)

城市林业和社区森林

如今，以美化市容、软化城市景观为目的的植树造林很普遍。植被覆盖较少的国家(如英国和荷兰)在过去的25年中，为造福当地社区在城市新建了许多森林，这些森林通常由当地社区负责经营。他们呼吁采用新的植树方法满足目前的特殊需求，有关例子参见Hodge(1995)。在任何立地上造林，其原则均为实现良好的树木生长量，但造林目标却截然不同：对木材生产能力关注甚少，而其景观吸引力、快速的恢复力(resilience)及其自然度是衡量成功与否的关键。社区森林首先应是一个社区居民喜欢去的地方。

造林要点简列如下：

(1)种植可以在当地成活、生长的树种——通常来说，这意味着该树种是耐贫瘠的土壤或人工基质的树种，当今城市的大部分森林都是建立在废弃地上；

(2)混种乔木和灌木，常采用群状配置和不规则间距；

(3)对除草工作和保护措施要给予足够重视，以确保树木成活和健康；

(4)保留大量的开阔空间至关重要，有些最好的社区森林的开阔地面积占到25%~30%。

随着新社区森林的建立，森林经营人员与大自然合作、追求完善，往往也不担心土壤贫瘠甚至遭遇失败的问题。不需要考虑经济需求而全面栽植，成败间的转化可以使社区森林的自然度更高。虽然与以木材为导向建立的人工林有很大区别，但社区森林仍是一种需要经营管理人员植树技能和创作技巧的产品，有了这些技能，产品价值就更大。

创建新的乡土森林(native woodland)

引种外来树种并大获成功的人工林实践有很多。通常情况下，用材林要选择事实证明是生产力高的树种，要与立地相匹配、没有地方性病虫害，树木能在新环境下茁壮成长。已取得的卓越成就包括：南半球国家种植辐射松的实践，西班牙、葡萄牙和土耳其种植蓝桉树(*Eucalyptus globulus*)的实践，以及欧洲湿润的温带地区种植多种北美西部针叶林的实践。然而，如今，除获得木材外，人们还有其他更广泛的种植目的，其中包括恢复数世纪前因农业扩张而变贫瘠的原生森林和林地。

创建新的乡土森林远不只是种植乡土树种。成功再造当地林地类型的早前特征，需要充分了解区域生态和植被分类，这样才能做出科学合理的营林决策。在 Rodwell 和 Patterson(1994)的指导下，英国一直在这方面做着尝试，并特别鼓励苏格兰高地扩大乡土树种欧洲赤松的种植面积。

设计新的乡土森林必须落实具体位置，与土壤和景观需求保持一致。通常来说，适当的天然建群要优于人工种植。因此，如已了解并能获得当地的基因型(genotype)，应考虑使用。此外，乡土森林指的不仅仅是森林中的树木。尽管引进地表植被层(尤其是林地中的专性种)的做法仍处于起步阶段，但这方面的探索可能会越来越多。即使植被层到了新旧相接阶段，真正的地表植被层天然建群的速度仍会很慢。初步迹象表明，容器苗优于直接播种，因此，有目的地引进树种将加快这一过程。

户外运动

对许多林主来说，狩猎、围捕、射杀森林内生长的野生动物意味着巨大回报，这是一些庄园和农场植树造林的主要目的，木材产量或防护功能都只是次要考虑。

林木的其他产品

分泌物(exudates)

胶乳(latex)、树脂、树胶和含糖的树液是对人类有价值的原料，用于制造枫蜜(maple syrup)和松香等产品。

树胶和树脂(gums 和 resins)

法国树脂业的历史可以追溯至 18 世纪的荒地开垦(主要在 Landes

地区)，目的是防止流沙造成严重破坏。造林始于1803年，主要树种是海岸松(*Pinus pinaster*)，人们随后采取松脂并收获木材。西班牙、葡萄牙和希腊也种植了大面积松脂林，涉及海岸松、地中海松(*P. halepensis*)和欧洲黑松(*P. nigra*)，俄罗斯从欧洲赤松(*P. sylvestris*)林中采脂。

松香在现代工业生产中用于制造涂料、清漆、油漆，作为胶料用于造纸中提亮和增重，阻止油墨和水分吸收，还用于制造肥皂。制药和化学工业也使用树脂。

芳香油(aromatic oils)

自远古以来，人类就被植物不同部位的芳香油所吸引。人们把这些芳香油叫做挥发油或精油，在医学中(作为吸入剂、涂擦剂、清洗剂和防腐剂)或制药业中应用。葡萄牙和西班牙从人工林种植的桉树树叶中提取芳香油。

树液(sap)

枫蜜是北美最古老的商品之一(一直由农场企业生产)，1860年产量达到顶峰，自此之后产量虽稳步下降，但仍是非常有利可图的商品。Smith和Gibbs(1970)及Lancaster(1974)等对糖槭(*Acer sacharum*)经营做过研究。乌克兰经营的桦树用材林同时用于采取树液(Sendak，1978)。桦树树液含有葡萄糖、果糖和蔗糖，而枫树树液只有蔗糖。

花蜜(nectar)

养蜂成功与否取决于附近植物是否大量开花。树木能够增加野花花卉数量，并在某些情况下成为花蜜的主要来源，槭属(*Acer*)、板栗、刺槐就是如此。

在某些情况下，由于花蜜生产潜力不同，造林树种选择和育种应包括对开花习性的考虑。在匈牙利广泛种植的刺槐(*Robinia pseudoacacia*)用材林就是一例。繁育成的新品种在提高木材产量的同时，也延长了花期，因而提高了养蜂人的花蜜产量(Keresztesi，1983)。

观叶植物和圣诞树

使用装饰植物这一传统在许多温带国家历史悠久。观叶植物和圣诞树(主要是欧洲云杉幼树和冷杉属不同树种)的生产方式，从仅作为常规森林实践的有利补充，发展到有自己独特风格的高度专业化的产业。

在欧洲的一些地方，将树木（如，美国扁柏 *Chamaecyparis lawsoniana*，加州铁杉 *Tsuga heterophylla*，铅笔柏 *Thuja plicata*）的低枝卖给花农，将疏伐下的欧洲云杉的顶部用作圣诞树出售，均可获利。

丹麦大量生产壮丽冷杉（*Abies procera*）和高加索冷杉（*A. nordmanniana*）特选品种色系（蓝绿、绿）特色叶（Barner 等，1980）。法国和英国专门种植桉树，生产有蓝色和白色树胶点缀的蓝绿色或浅蓝色漂亮幼叶。人们有时将圣诞树套植于常规森林中，获得的早期财务回报可以抵消造林成本，或者只将圣诞树种交通便利的小块地上。当把获取绿植或圣诞树作为营林的主要目标时，必须特别注意抑制食叶害虫。采收叶片意味着立地大量养分的流失，影响枯落物的循环。改善这种流失状况，通常需要施肥以维持产量（Holstener-Jørgensen，1977）。

树　皮

很多树种在造材前应去皮。去掉的树皮经粉碎后作为覆盖材料或土壤调节剂（soil conditioner）以及建筑板材的生产原料出售。这些都是将废弃物变废为宝的盈利手段（Aaron，1982）。鞣料制革（tan bark）产业在许多温带国家曾至关重要。在欧洲大部分地区，该产业以欧州栎（*Quercus robur*）作为原料基础。

地中海地区栓皮栎（*Q. suber*）的一种重要树皮产品是软木（cork，图 16-5）。de Oliveira 和 de Oliveira（1991）对该树种栽培的方法、用途和性能进行了详细研究。软木是树木外皮，当林龄为 20～30 年时，将外皮从树干剥离，有时是从较大但位置较低的树枝上剥离，该树种生产年限为 100 年左右，其间每 9 年或 10 年剥一次。栓皮栎的种植通常与养猪相连，栎实用作猪饲料。人们也把它当作行道树在葡萄园内种植。尽管欧洲南部许多栓皮栎林正因枯梢病而减少，但有关该树种的经营和林分遗传改良研究一直在进行（Anon，1992；Pereira，1995）。

软木的主要性能是漂浮性、可压缩性，以及对水分和其他液体渗透的弹性；它摩擦力强，导热系数低，减振能力及稳定性好。虽然合成材料（如，聚苯乙烯和玻璃纤维）已经在许多用途方面取代了软木，但软木市场仍供不应求。因为它们的“自然”外观，其复合材料的使用也在增加，这改进了对软木的应用。

图 16-5 葡萄牙为获取软木制品而种植的栓皮栎(*Quercus suber*)

食 物

水果、干果和饲料

在世界一些地方，树木的果实、种子和叶子在人类和动物的饮食中重要性巨大。然而，在温带地区，除了果园中特殊栽培种和花园等地方的树木外，树木的果实、种子和叶子的重要性不大。

在各类珍贵用材树种中，核桃(*Juglans regia*)是温带地区重要且常见的坚果树种。核桃在意大利和法国的种植历史悠久(Prigord 和 Dauphiné)，已优选很多高产核桃品种。在欧洲，核桃以单株方式栽培在农家宅院或果园中。许多核桃果园同时追求果实和木材产量：修枝至树干 2~4m 高度，在果实收获期末获得优质高价良材。黑核桃(*Juglans nigra*)是匈牙利和美国两国重要的用材树种，其干果外壳厚而坚硬，因而其重要性不及核桃。

有些板栗树种是重要的食物来源。甜栗(*Castanea sativa*)作为木本粮食作物，在欧洲南部的栽培史已有数世纪之久，曾是罗马时期的一种主食。其干果是人们的面粉来源，也被用来喂养动物。干果富含淀粉和糖类，但油脂含量相对较少，因此营养价值与谷物类似。法国和意大利的板栗园是知名的“蜜栗(marrons glacés)”产区，这些栗子产自嫁接树，果实品质和规格有严格要求。许多地区传统板栗栽培都在减少，但秋季时，采摘栗子仍是南欧地区的一项常见活动。

松树种子(尤其是欧洲南部的石松)也可用作食物，世界一些地方还以之为甜点果。

菌 类

培养食用菌对正常的森林经营的影响很小，原因是许多食用菌都属于森林树木的菌根群丛(mycorrhizal associates)。一些是腐烂木材上的一些腐生菌(saprophates)，其中的蜜环菌(*Armillaria* spp.)等是病原体。最著名和最具价值的真菌是块菌(*Tuber melanosporum*)，它是栎树(*Quercus*)、榛(*Corylus avellana*)、鹅耳枥(*Carpinus betulus*)上的菌根种。松露(块菌，truffles)在法国和意大利的价值不菲，因此已经开发了为生产松露而对苗圃苗木接种的专用技术(Gregori 和 Tocci，1990)，现在的松露生产在专门的果园里进行。

多用途森林经营(multi-use forest management)

虽然人们经常把木材生产作为人工林经营的主要目标，但对普遍存在的环境问题的担心已明显影响到了森林经营。公众一般认为：森林是“自然”的系统，成熟人工林也是“自然”的系统。通常来说，人们对森林的多种需求源于大量各种各样的利益。同时，人们也期望森林能同时解决本章中提到的诸多问题：为农作物或动物提供保护，美化市容，方便人居，优化景观，保护生物多样性，为人们徒步旅行、骑自行车、射击提供条件，并提供其他产品(如，真菌和浆果)。经营这种“多功能”森林正成为常态。它不仅需要森林培育学和经济学知识，而且要求具备将所有需求纳入考虑范围，妥善处理各种利益关系(Bland 和 Auclair，1996)。更多信息可以查阅 Insley(1988)，Hibberd(1989)，Bazin(1992)。

正如 Grayson(1993)在他的西欧森林政策回顾中所指出的那样，关于林业增长点的辩论，应围绕满足更美丽、更多样化、野生动植物更丰富的森林经营目标进行。应在收入受影响群体和以审美、道德或其他非经济方面为利益目标的群体之间，做出权衡取舍。人工林培育将在提供多重效益方面继续发挥重要作用。

参考文献

Aaron J R, 1982. Conifer bark: its properties and uses. Forestry Commission Forest Record, 110, HMSO, London.

Adams, S N., Dickson, D A., and Cornforth, I S, 1971. Some effects of soil water tables on the growth of Sitka spruce in Northern Ireland. Forestry, 45, 129 – 133.

Agestam, E, 1985. A growth simulator for mixed stands of pine, spruce and birch in Sweden. Department of Forest Yield Research, Swedish University of Agriculture Sciences, Garpenberg, Report No. 15.

Agrios, G N, 1978. Plant pathology. New York.

Agyeman, J, 1996. Involving communities in forestry... through community participation. Forestry Practice Guide, 10. Forestry Commission, Edinburgh.

Alder, D, 1980. Forest volume estimation and yield prediction. FAO Forestry Paper, 22/2.

Aldhous, J R, 1989. Standards for assessing plants for forestry in the United Kingdom. Forestry, 62 (suppl.), 13 – 19.

Aldhous, J R, and Mason, W L. ed. 1994. Nursery practice. Forestry Commission Bulletin, 111. HMSO, London.

Alexandrian, D, and Gouiran, M, 1990. Les causes d'incendie: levons le voile. Revue Forestière Française, 42, No. special, 33 – 41.

Anderson, M L, 1961. The selection of tree species (2nd edn). Oliver & Boyd, London.

Andersson, S O, 1963. Yield tables for plantations of Scots pine in north Sweden. Meddelanden från Statens skogsforsknings institut, 44. Stockholm.

Anon, 1973. [The Göttingen Conference on forest and storm damage, February 1973.] Forstarchiv, 44, 41 – 75.

Anon, 1976. Water balance of the headwater catchments of the Wye and Severn. Institute of Hydrology Report, 33. NERC, Wallingford, UK.

Anon, 1992. EEC Symposium on cork biology. Scientia Gerundensis, 18. Universitat Girona, Spain.

Anon, 1993. Windbreaks and agroforestry. Hedeselskabet, Viborg, Denmark.

Anon, 1994. Skogsruårdstagen. Swedish Board of Forestry.

Armstrong, W., Booth, T C., Priestley, P., and Read D J, 1976. The relationship between soil aeration, stability and growth of Sitka spruce. Journal of Applied Ecology, 13,

585 –91.

Arnold, J E M, 1983. Economic considerations in agroforestry projects. Agroforestry Systems, 1, 399 –411.

Arnold, J E M, 1991. Community forestry: ten years in review. Community Forestry Note, 7. FAO, Rome.

Arnold, J E M, and Stewart, W C, 1991. Common property resource management in India., Tropical Forestry Papers, 24. Oxford Forestry Institute, Oxford.

Ascher, W and Healy, R G, 1990. Natural resource policy making in developing countries. Duke University Press, Durham, NC.

Assmann, E, 1955. Die Bedentung des'erweiterten Eichhorn'schen Gesetzes'fur die Konstruktion von Fichten-Ertragstafeln. Forstwissenschaftliches Centralblatt, 74, 321 –30.

Assmann, E, 1970. The principles of forest yield study. Pergamon Press, Oxford.

Assmann, E, and Franz, F, 1965 Vorläufige Fichten-Retragstafel fur Bayern. Forstwiss, 84, 13 –43.

Auclair, D, 1995a. Agroforesterie: Intégration et entretien de la production ligneuse dans l'exploitation agricole. In Sixteenth COLUMA conference, International meeting on weed control. Annales ANPP, Vol, I/III, 135 –44.

Auclair, D, 1995b. Alternative agricultural land-use with fast-growing trees: Technical research and development of a biologically-based economic modelling system for Europe. In Agroforestry and land-use in industrialized nations (ed. E. Welte, I. Szabolcs, and R. F. Hüttl), pp. 251 –73. Goltze-Druck, Göttingen.

Auclair, D and Bouvarel, L, 1992. Intensive or extensive cultivation of short rotation hybrid poplar coppice on forest land. Bioresource Technology, 42, 53 –9.

Auclair, D and Cabanettes, A, 1987. Short rotation poplar coppice production compared to traditional coppice. In Biomass for energy and industry (ed. G, Grassi, B. Delmon, J. F. Molle, and H. Zibetta), pp. 551 –5. Elsevier, London.

Auclair, D., Bédéneau, M., Cabanettes, A., and Pontailler, J Y, 1988. Quelques aspects du fonctionnement des taillis. In Les phénomènes de réitération chez les végétaux, lère réunion du Groupe d'Étude de l'Arbre, Grenoble, CEA, Centre d'Etudes Nucléaires de Grenoble, pp. 26 –42.

Auclair, D., Tombleson, J., and Milne, P, 1991. A growth model for Pinus radiata timberbelts. N. Z. Ministry of Forestry, Forest Research Institute, Rotorua.

Baker, F S, 1934. Theory and practice of silviculture. McGraw-Hill, London.

Baker, H G, 1974. The evolution of weeds. Annual Review of Ecology and Systematics, 5, 1 –24.

Ballard, R, 1986. Fertilization of plantations. In Nutrition of plantation forests (ed. G. D.

Bowen and E. K. S. Nambiar), pp. 327 –60. Academic Press, London.

Barbier, E B, 1987. The concept of sustainable economic development. Environmental Conservation, 14, 101 –10.

Barner, H., Rouland, H., and Qvortrup, S A, 1980. [Abies procera seed supply and choice of provenance.]Dansk Skovforeniizgs Tidsskrjft, 65, 263 –95.

Barnes, D F, and Olivares, J, 1988. Sustainable resource management in agriculture and rural development projects: a review of bank policies, procedures and results. World Bank, Washington DC, USA.

Barnes, R D, and Mullin, L J, 1989. The multiple population breeding strategy in Zimbabwe-five year results. In Breeding tropical trees (ed. G. L. Gibson, A. R. Griffin, and A. C, Matheson), pp. 148 –58, Oxford Forestry Institute and Winrock International.

Barthod, C., Buffet, M., and Sarrauste de Menthière M, 1990. Le contexte technico économique de l'emploi des herbicides en forêt, In Journées internationales d'études sur la tutte contre les mauvaises herbes. Annales A. N. P. P. No. 3, 845 –60. Paris.

Bastien, J C, and Demarcq, P, 1994. Choix d'espaces pour les reboisements d'altitude dans le Massif Central. Office National des Forêts, Bulletin Technique, 27.

Baule, H. and Fricke, C. (1970). The fertilizer treatment of forest trees. BLV Verlagsgesellschaft mbH, Munich, Germany.

Bazin, P. (1992). Boiser une terre agricole. IDF, Paris.

Bazin, P. (1993). Situation of hedgerows and shelterbelts in the EEC. In Windbreaks and agroforestry, pp. 129 –132. Hedeselskabet, Viborg, Denmark.

Bazin, P. and Schmutz, T. (1994). La mise en place de nos bogages en Europe et leur déclin. Revue Forestière Française, 46, 115 –18.

Beaton, A., Burgess, P., Stephens, W., Incoll, L. D., Corry, D. T, and Evans, R. J. (1995). Silvoarable trial with poplar. Agroforestry Forum, 6, 14.

Bédéneau, M. and Auclair, D. (1989). A comparison of coppice and single-stem root distribution using spiral trenches. Acta Œcologica, Œcologia. Applicata, 10, 293 –220.

Behan, R. W. (1990). Multiresource forest management: a paradigmatic challenge to professional forestry. Journal of Forestry, 88, 12 –18.

Belyi, G. D. (1975). [Stand density and its regulation in the control of Fomes annosus.] Leso Vodstvo i agrolesnzelioratsiya, 40, 28 –35.

Bergez, J. É, Auclair, D., and Bouvarel, L. (1989). First year growth of hybrid poplar shoots from cutting or coppice origin, Forest Science, 35, 1105 –13.

Bevan, D. (1984). Coping with infestations. Quarterly Journal of Forestry, 78, 36 –40.

Bevege, D. I. (1984). Wood yield and quality in relation to tree nutrition, In Nutrition of plantation forests (ed. G. D. Bowen and E. K. S. Nambiar), pp. 293 – 326, Academic Press, London.

Bingham, C. W. (1985). Rationale for intensive forestry investment: a 1980s view. In Investment in forestry (ed. R. A. Sedjo), pp. 21 – 31. Westview Press, Boulder, CO, USA.

Binns, W. O. (1962). Some aspects of peat as a substrate for tree growth. Irish Forestry, 19, 32 – 55.

Binns, W. O. (1975). Fertilizers in the forest: a guide to materials. Forestry Commission Leaflet, 63. HMSO, London.

Binns, W. O. and Crowther, R. E. (1983). Land reclamation for trees and woods. Reclamation, 83, 23 – 8.

Binns, W. O., Mayhead, G. J., and Mackenzie, J. M. (1980). Nutrient deficiencies of conifers in British forests. Forestry Commission Leaflet, 76. HMSO, London.

Bland, F, and Auclair, D. (1996). Silvopastoral aspects of Mediterranean forest management. In Temperate and Mediterranean silvopastoral systems of western Europe (ed. M. Étienne), pp. 125 – 42, Colloques de l'INRA, Versailles, France.

Blatner, K. A. and Greene, J. L. (1989). Woodland owner attitudes toward timber production and management. Resource management and optimization, 6, 205 – 23.

Boggie, R, (1972). Effect of water-table height on root development of Pinus contorta on deep peat in Scotland. Oikos, 23, 304 – 12.

Boggie, R. and Miller, H. G. (1976), Growth of Pinus contorta at different water-table levels in deep blanket peat. Forestry, 49, 123 – 31.

Boland, D. J. (ed.). (1989). Trees for the tropics. ACIAR, Canberra, Australia.

Bollen, W. B., Chen, C. S., et al, (1967). Influence of red alder on fertility of a forest soil. Microbial and chemical effects. Research Bulletin Oregon Forest Research Laboratory, 12.

Bonneau, M. (1978). L'analyse foliaire. La Forêt Privée, January, pp. 31 – 5.

Bonneau, M. (1986). Fertilisation ù la plantation. Revue Forestière Française, 38, 293 – 300.

Booth, T. H. (1995). Where will it grow? How well will it grow? Australian Centre for International Agricultural Research, RN 16.

Bornebusch, C. H. (1937). [Report on the incidence of storm damage in the spruce thinning plots in Hastrup Plantation.] Forstlige Forsøgsvaesen i Danmark, 14, 161 – 72.

Boudru, M. (1986). Forêt et sylviculture 1. Sylviculture appliquée. Les Presses Agronomiques de Gembloux.

Boudru, M. (1989). Forêt et sylviculture 2, Traitement des forêts. Les Presses

Agronomiques de Gembloux.

Bowen, G. D. (1984). Tree roots and the use of soil nutrients. In Nutrition of plantation forests (ed. G. D. Bowen, and E. K. S. Nambiar), pp. 147 – 79 Acaderuic Press, London.

Braastad, H. (1974). [Diameter increment functions for Picea abies]. Meddelelser fra Norsk Institutt for Skogforskning, 31 (1), 1 – 74.

Braastad, H, (1978). [Thinning intensity and frequency of damage. Report on snow and wind damage in research plot 918.]Norsk Skogbruk, 24, 20.

Braastad, H. (1980). [Growth model computer program for Pinus sylvestris]. Meddelelser fra Norsk Institutt for Skogforskning, 35 (5), 265 – 359.

Bradley, R. T. (1963), Thinning as an instrument of forest management. Forestry, 36, 181 – 94.

Bradley, R. T., Christie, J. M., and Johnston D. R. (1966). Forest management tables. Forestry Commission Booklet, 16. HMSO, London.

Bradshaw, A. D. and Chadwick, M. J. (1980). The restoration of land. Blackwell, Oxford.

Brazier, J. D, and Mobbs, I. D. (1993). The influence of planting distance on structural wood yields of unthinned Sitka spruce. Forestry, 66, 333 – 52.

Brinar, M. (1972). [Investigation of the hereditary characters of a particular selected spruce.]Gozderski Vestnik, 30, 37 – 45.

Brouard, N. R. (1967). Damage by tropical cyclones to forest plantations with particular reference to Mauritius. Government Printer, Mauritius.

Brünig, E. F. (1973). [Storm damage as a risk factor in wood production in the most important wood-producing regions of the earth.] Forstarchiv, 44, 137 – 40. (trans. W. Linnard, Commonwealth Forestry Bureau, Oxford No. 4339).

Brunton, D. P. (1987). Financing small-scale rural manufacturing enterprises. In Small-scale forest-based processing enterprises, pp. 117 – 48. Forestry Paper 79. FAO, Rome.

Bryant, J. P., Chapin, F. S., and Klein, D. R. (1983). Carbon/nutrient balance of boreal plants in relation to vertebrate herbivory. Oikos, 40, 357 – 68.

Bucknell, J. (1964). Climatology—an introduction. Macmillan, London.

Burcschel, P. and Huss, J. (1987). Grundriss des waldbaus. Verlag Paul Parey, Hamburg.

Burdett, A. N. (1978). Root form and mechanical stability in planted lodgepole pine in British Columbia. In Proceedings of the root form of planted trees symposium. British Columbia Ministry of Forests/Canadian Forestry service Joint Report, 8. (ed. E. van

Eerdenan and J. M. Kinghorn), pp. 161 –5.

Burdett, A. N. (1979). Juvenile instability in planted pines. Irish Forestry, 36, 36 –47.

Burdon, R. D. (1989). When is cloning on an operational scale appropriate? In Breeding tropical trees (ed. G. L. Gibson, A. R. Griffin, and A. C. Matheson), pp. 9 –27. Oxford Forestry Institute and Winrock International.

Burgess, C. M., Britt, C. P., and Kingswell, G. (1996). The survival and early growth, in a farm woodland planting, of English oak from bare rooted and cell grown stock planted over five dates from September to May. Aspects of Applied Biology, 44, 89 –94.

Burke, M. J., Gusta, L. V., Quamme, H. A., Weiser, C. J., and Li, P. H. (1976). Freezing and injury to plants. Annual Review of Plant Physiology, 27, 507 –28.

Burke, W. (1967). Principles of drainage with special reference to peat. Irish Forestry, 24, 1 –7.

Burley, J. (1965). Genetic variation in Picea sitchensis. Commonwealth Forestry Review, 44, 47 –59.

Burschel, P. and Huss, J. (1987). Grundriß des Waldbaus—Ein Leitfaden für Studium und Praxis. Verlag Paul Parey, Hamburg.

Büsgen, M., Münch, E., and Thomson, T. (1929). The structure and life of forest trees. Chapman and Hall, London.

Butin, H. and Shigo, A. L. (1981). Radial shakes and 'frostcracks' in living oak trees. USDA Forest Service Research Paper NE –478.

Byron, R. N. and Waugh, G. (1988). Forestry and fisheries in the Asian-Pacific region: issues in natural resource management. Asian-Pacific Economic Literature, 2, 46 –80.

Cabanettes, A. (1987). Production de biomasse ligneuse dans les taillis traditionnels (France). In Biomass for energy and industry (ed. G. Grassi, B. Delmon, J. F. Molle, and H. Zibetta), pp. 556 –61. Elsevier, London.

Caborn, J. M. (1965). Shelterbelts and windbreaks. Faber and Faber, London.

Cajander, A. K. (1913). Studien über die Moore Finlands. Acta Forestalia Fennica, 2, 1 –208.

Calabri, G. and Ciesla, W. M. (1992). Global wildland fire statistics 1981 –1990. FAO Forest Resources Division, Rome.

Caldwell, L. K. (1990). Between two worlds. Cambridge University Press.

Callaham, R. Z. (1964). Provenance research: investigation of genetic diversity; associated with geography. Unasylva, 18, 40 –50.

Cameron, J. L. and Penna, I. W. (1988). The wood and the trees. Australian Conservation Foundation, Melbourne.

Cannell, M. G. R. (1980). Productivity of closely spaced young poplar on agricultural soils in Britain. Forestry, 53, 1 – 21.

Cannell, M. G. R. (1988). The scientific background. In Biomass forestry in Europe: a strategy for the future (ed. F. C. Hummel, W. Palz, and G. Grassi), pp. 83 – 140. Elsevier, London.

Cannell, M. G. R. and Smith, R. I. (1980). Yields of minirotation closely spaced hardwood: temperate regions: review and appraisal. Forest Science, 26, 415 – 28.

Carbonnier, C. (1954). [Yield studies in planted spruce stands in southern Sweden]. Meddelanden fran Statens Skogsforskningsinstitut, 44, No. 5. Stockholm.

Carre, J. and Lemasle, J. M. (1987). Production of syngas by lignocellulosic biomass gasification. In Biomass for energy and industry (ed. G. Grassi, B. Delmon, J. F. Molle, and H. Zibetta), pp. 263 – 7. Elsevier, London.

Cassells, D. S. and Valentine, P. S. (1990). From conflict to consensus—towards a framework for community control of the public forests and wildlands. Australian Forestry, 51, 47 – 56.

Chambers, R. and Leach, M. (1989). Trees as savings and security for the rural poor. World Development, 17, 329 – 42.

Charles, P. J. and Chevin, H. (1977), Note sur le genre Acantholyda, et plus particulièrement sur Acantholyda hieroglyphica. Revue Forestière Française, 29, 22 – 6.

Chavasse, C. G. R. (1979). The means to excellence through plantation establishment: the New Zealand experience. In Forest Plantations: the shape of the future. Proceedings of Weyerhaeuser Science Symposium Tacoma, Washington, 30 April-3 May 1978 (ed. D. D. Lloyd), pp. 119 – 37.

Cheliak, W. M. and Rogers, D. L. (1990). Integrating biotechnology into tree improvement programs. Canadian Journal of Forest Research, 20, 452 – 63.

Cheney, N. P. (1971). Fire protection of industrial plantations. FO: SF/ZAM5, Technical Report 4. FAO, Rome.

Cheney, N. P. (1990). La gestion actuelle des incendies de forêts en Australie. Revue Forestière Française, 42, N° sp., 368 – 74.

Chevrou, R., Delabraze, P., Malagnoux, M., and Velez, R. (ed.) (1995). Forest fires in the Mediterranean region. Options Méditerranéennes, série A, 25.

Christersson, L. (1994). The future of European agriculture: food, energy, paper and the environment. Biomass and Bioenergy, 6, 141 – 4.

Christersson, L., Sennerby-Forsse, L., and Zsuffa, L. (1993). The role and significance of woody biomass plantations in Swedish agriculture. Forestry Chronicle, 69, 687 – 93.

Christiansen, E. and Bakke, A. (1971). Feeding activity of the pine weevil Hylobius abietis L. during a hot period. Norsk Entomologisk Tidsskrift, 18, 109 – 11.

Clutter, J. L., Fortson, J. C., Pienar, L. V., Brister, G. H., and Bailey, R. L. (1983). Timber management: a quantitative approach. Wiley, New York.

Cocklin, C. R. (1989). Methodological problems in evaluating sustainability. Environmental Conservation, 16, 343 – 51.

Cole, D. W. (1986). Nutrient cycling in world forests. In Forest site and productivity (ed. S. P. Gessel), pp. 103 – 15. Martinus Nijhoff, Netherlands.

Cole, D. W. and Rapp, M. (1981). Elemental cycling in forest ecosystems. In Dynamic properties of forest ecosystems (ed. D. E. Reichle), pp. 449 – 76. Cambridge University Press.

Colin, F, Houllier, F., Joannes, H„ and Haddaori A (1993). Modélisation du profil vertical des diamètres, angles et nombres de branches pour trois provenances d'Épicéa commun. Silvae Genetica, 42, 4 – 5.

Commission Nationale du Peuplier (1995). État et perspectives de la populiculture. Comptes Rendus de l'Académie d'Agriculture de France, 81, 1 – 272.

Conway, G. (1981). Man versus pests. In Theoretical ecology (2nd edn) (ed. R. M. May), pp. 356 – 86. Blackwell, Oxford.

Cook, C. C. and Grut, M. (1989). Agroforestry in sub-Saharan Africa. World Bank Technical Paper No. 112. World Bank, Washington, DC.

Cooke, A. (1983). The effects of fungi on food selection by Lumbricus terrestris. In Earthworm ecology (ed. J. E. Satchell), 365 – 73. Chapman & Hall, London.

Cooper, A. B. and Mutch, W. F. S. (1979). The management of red deer in plantations. In Ecology of even-aged forest plantations (ed. E. D. Ford, D. C. Malcolm, and J. Atterson), pp. 453 – 62. Institute of Terrestrial Ecology, Cambridge.

Costigan, P. A., Bradshaw, A. D., and Gemmell, R. P. (1982). The reclamation of acidic colliery spoil. III Problems associated with the use of high rates of limestone. Journal of Applied Ecology, 19, 193 – 201.

Cotterill, P. P. (1986). Genetic gains expected from alternative breeding strategies including simple low cost options. Silvae Genetica, 35, 212 – 23.

Countryside and Forestry Commissions (1991). Forests for the community. Countryside Commission, London.

Coutts, M. P. and Armstrong, W. (1976). The role of oxygen transport in the tolerance of trees to waterlogging. In Tree physiology and yield improvement (ed. M. G. R. Cannell and F. T. Last), pp. 361 – 85. Academic Press, London.

Coutts, M. P. and Grace, J. (ed.) (1995). Wind and trees. Selected papers from a conference held at Heriot-Watt University, Edinburgh, July 1993. Cambridge University

Press.

Coutts, M. P. and Philipson, J. J. (1978a). Tolerance of tree roots to waterlogging: I. Survival of Sitka spruce and lodgepole pine. New Phytologist, 80, 63 –9.

Coutts, M. P. and Philipson, J. J. (1978b). Tolerance of tree roots to waterlogging: II. Adaptation of Sitka spruce and lodgepole pine to waterlogged soil. New Phytologist, 80, 71 –7.

Craib, I. J. (1939). Thinning, pruning and management studies on the main exotic conifers grown in South Africa. Department of Agriculture and Forestry Science Bulletin, 196. Government Printer, Pretoria.

Crawford, R. M. M. (1982). Physiological responses to flooding. In Physiological plant ecology II (ed. O. L. Lange, P. S. Nobel, C. B. Osmond, and H. Ziegler), pp. 454 –77. Springer-Verlag, Berlin.

Cremer, J. W., Myers, B. J., Duys, F. van der, and Craig, I. E. (1977). Silvicultural lessons from the 1974 windthrow in radiata pine plantations near Canberra. Australian Forestry, 40, 274 –92.

Critchfield, W. B. (1957). Geographic variation in Pinus contorta. Maria Moors Cabat Foundation Publication 3. Harvard University Press.

Crooke, M. (1979). The development of populations of insects. In Ecology of even- aged forest plantations (ed. E. D. Ford, D. C. Malcolm, and J. Atterson), pp. 209 –17. Institute of Terrestrial Ecology, Cambridge.

Crowe, S. (1978). The landscape of forests and woods. Forestry Commission Booklet, 44. HMSO, London.

Crowther, R. E. and Evans, J. (1984). Coppice, (2nd edn). Forestry Commission Leaflet, 83. HMSO, London.

Dallas, W. G. (1962). The progress of peatland afforestation in Northern Ireland. Irish Forestry, 19, 84 –93.

Dargavel, J. (ed.). (1990). Prospects for Australian plantation forests. Centre for Resource and Environmental Studies, Australian National University, Canberra.

Davidson, J. (1987). Bioenergy tree plantations in the tropics: ecological impacts and their implications. International Union for the Conservation of Nature Commission on Ecology, Paper No. 12. Gland, Switzerland.

Davies, R. J. (1984). The importance of weed control and the use of tree shelters for establishing broadleaved trees on grass-dominated sites in England. In proceedings ECE/FAO/ILO Seminar Techniques and machines for the rehabilitation of low-productivity forest. Turkey, May 1984.

Davis-Case, D. (1989). Community forestry: participatory assessment, monitoring and evaluation. Community Forestry Note 2. FAO, Rome.

Dawkins, H. C. (1958). The management of natural tropical high-forest with special reference to Uganda. Imperial Forestry Institute Oxford, Paper 34.

Dawkins, H. C. (1963). Crown diameters: their relation to bole diameter in tropical forest trees. Commonwealth Forestry Review, 42, 318 – 33.

Dawson, W. M. and MeCracken, A. R. (1995). The performance of polyclonal stands in short rotation coppice willow for energy production. Biomass and Bioenergy, 8, 1 – 5.

Day, W. R. and Peace, T. R. (1946). Spring frosts. Forestry Commission Bulletin 18. HMSO, London.

Décourt, N. (1965). Le pin sylvestre et le pin laricio de Corse en Sologne. Annales des Sciences Forestières, 12, 259 – 318.

Décourt, N. (1971). Tables de production provisoires pour 1' épicéa commun dans le nord-est de la France. Annales des Sciences Forestières, 29, 49 – 65.

Décourt, N. (1973). Tables de production pour l'épicéa commun et le Douglas dans l'ouest du Massif Central. Revue Forestière Française, 25, 99 – 104.

Delabraze, P. (ed.) (1990a). Espaces forestiers et incendies. Revue Forestière Française, 42, No. sp.

Delabraze, P. (1990b). Quelques concepts sylvicoles et principes d'aménagement, de prévention et de prévision du risque incendie. Revue Forestière Française, 42, No. sp. 182 – 7.

Dickson, D. A. (1971). The effect of form, rate and position of phosphatic fertilizers on growth and nutrient uptake of Sitka spruce on deep peat. Forestry, 44, 17 – 26

Dickson, D. A. (1977). Nutrition of Sitka spruce on peat-problems and speculations. Irish Forestry, 34, 31 – 9

Dohrenbusch, A. and Frochot, H. (1993) Forest vegetation management in Europe. International Conference on Forest Vegetation Management Auburn Proceedings, pp. 20 – 9.

Douglas, J. J (1983). A re-appraisal of forestry development in developing countries. Martinus Nijhoff / Dr W Junk, The Hague, Netherlands.

Douglas, J. J (1986). Forestry and rural people: new economic perspectives. In Proceedings, Division 4, 18th International Union of Forestry Research Organisations World Congress, PP. 62 – 71. Ljubljana, Yugoslavia.

Drew, J. T. and Flewelling, J. W. (1977). Some recent Japanese theories of yield-density relationships and their application to Monterey pine plantations. Forest Science, 23, 517 – 34.

Driessche. R. van den (1980). Effects of nitrogen and phosphorus fertilization on Douglas fir nursery growth and survival after outplanting. Canadian Journal of Forest Research,

10, 65 - 70.

Driessche. R. van den (1980). Relationship between spacing and nitrogen fertilization of seedlings in the nursery, seedling size and outplanting performance. Canadian Journal of Forest Research, 12, 865 - 75.

Driesscbe, R. van den (1983). Growth, survival and physiology of Douglas fir seedlings following root wrenching and fertilization. Canadian Journal of Forest Research, 13, 270 - 8.

Driessche, R. van den (1984). Relationships between spacing and nitrogen fertilization of seedlings in the nursery, seedling mineral nutrition and outplanting performance. Canadian Journal of Forest Research, 14, 431 - 6.

Du Boullay, Y. (1986). Guide pratique du désherbage et du débroussaillement chimiques. Institut pour le Développement Forestier, Paris.

Dubroca, E. (1983). Évolution saisonnière des réserves dans un taillis de châtaigniers, Castanea sativa Mill., avant et après la coupe. Thesis, Université de Paris-Sud.

Dupraz, C. (1994). Le chêne et le blé: l'agroforesterie peat-eile interesser les exploitations européennes des grandes cultures? Revue Forestière Française, 46, No. sp. Agroforesterie en zone temperee, 84 - 95.

Dupraz, C., Guitton, J. L., Rapey, H., Bergez, J. E., and De Montard, F. X. (1993). Broad-leaved tree plantation on pastures: the tree shelter issue. In Proceedings of the 4th International Symposium on Windbreaks and Agroforestry, 106 - 111. Hedeselskabet, Viborg, Denmark.

Duvigneaud, P. (1985). Le cycle biologique dans l'écosystème forêt. ENGREF, Nancy, France.

Dykstra, D. P. (1984). Mathematical programming for natural resource management. McGraw-Hill, New York.

Edwards, P. N. (1980). Does pre-commercial thinning have a place in plantation forestry in Britain? In Biologische, technische und wirtschaftliche Aspekte der Jungbestandflege (ed. H. Kramer), Vol. 67, pp. 214 - 23. Scbriften Forstlichen Fakultät, Universität Göttingen.

Edwards, P. N. and Christie. J. M. (1981). Yield models for forest management. Forestry Commission Booklet 48. (Plus numerous optional loose-leaf tables). Forestry Commission, Edinburgh, UK.

Effenterre, C. Van (1990). Prévention des incendies de forêt; statistique et politiques. Revue Forestière Française, 42, No. Sp, 20 - 32.

Eichhorn, F. (1904) Beziehungen zwischen Bestandshohe und Bestandsmasse. Allgemeine Forst-und Jagdzeitung, 45 - 9.

Eide, E. and Langsaeter, A. (1941) Produktions undersökelser i granskog (produktionsuntersuchungen von Fichtenwald) Meddelelser fra Norsk Institutt for Skogforskning, 26. Oslo.

Eidmann, H. H. (1979) Integrated management of pine weevil (Hylobius abietis L.) populations in Sweden. USDAFS General Technical Report WO-8, pp. 103-9.

Eis, S. (1978). Natural root forms of western conifers. In Proceedings of the root form of planted trees symposium (ed. E. van Eerden and J. M. Kinghorn), pp. 23-7. British Columbia Ministry of Forests/Canadian Forestry Service Joint Report 8.

Ekö, P. M. (1985). [A growth simulator for Swedish forests based on data from the national forest survey]. Department of Silviculture, Swedish University of Agricultural Sciences, Umeå Report 16.

Elfving, B. and Norgren, O. (1993). Volume yield superiority of lodgepole pine compared to Scots pine in Sweden. In Pinus contorta from untamed forest to domesticated crop. Department of Genetics and Plant Physiology, Swedish University of Agricultural Sciences, Umea, Report 11, pp. 69-80.

Elliott, D. A., James, R. N., McLean, D. W., and Sutton, W. R. J. (1989). Financial returns from plantation forestry in New Zealand. In Proceedings 13th Commonwealth Forestry Conference, 6C. Rotorua, New Zealand.

Eriksson, H. (1976). [Yield in Norway spruce in Sweden]. Skogshogskolan, Institutionen for skogsproduktion, Rapporter och Uppsatser No. 41 Stockholm.

Eriksson, H. and Johansson, U. (1993). Yields of Norway spruce in two consecutive rotations in southwestern Sweden. Plant and Soil, 154, 239-47.

Etienne, M. (ed.) (1995). Silvopastoral systems in the French Mediterranean region. INRA, Avignon.

Etverk, I. (1972). [Factors affecting the resistance of stands to storms.] Metsanduslikud Uurimused, Estorian SRR 9, 222-36.

Evans, H. (1996). Entomological threats to British forestry. Institute of Chartered Foresters News, 3, 5-7.

Evans, J. (1976). Plantations: productivity and prospects. Australian Forestry, 39, I50-63.

Evans, J. (1982a). Silviculture of oak and beech in northern France: observations and current trends. Quarterly Journal of Forestry, 76, 75-82.

Evans, J. (19826). Sweet chestnut coppice. Forestry Commission Research Information Note 770/82.

Evans, J. (1983). Choice of Eucalyptus species for cold temperate atlantic climates. In Frost resistant eucalypts. International Union of Forestry Research Organisations/ Association Forêt-Cellulose Symposium, Bordeaux, France.

Evans, J. (1984). Silviculture of broadleaved woodland. Forestry Commission Bulletin, 62. HMSO, London.

Evans, J. (1992). Plantation forestry in the tropics. Clarendon Press, Oxford.

Evans, J. (1994). Long-term experimentation in forestry and site change. In Long-term experiments in agricultural and ecological sciences (ed. R. A. Leigh and A. E. Johnston), pp. 83 – 94. CAB International.

Evans, J. (1996). The sustainability of wood production from plantations: evidence over three successive rotations in the Usutu Forest, Swaziland. Commonwealth Forestry Review, 75, 234 – 9.

Evans, J. and Hibberd, B. G. (1990). Managing to diversity forests. Arboricultural Journal, 14, 373 – 8.

Event, F. (1971). Spacing studies-a review. Canadian Forest Service. Forest Management Institute Information Report FMR-X-37.

Faber, P. J. and Burg, J. van den. (1982). [The production of woody biomass.] Nederlands Bosbouw Tijdschrift 54, 198 – 205.

Faber, p, J. and Sissingh, G. (1975). Stability of stands to wind. I. A theoretical approach. II. The practical viewpoint. Nederlands Bosbouw Tijdschrift, 47, 179 – 93.

FAO (Food and Agriculture Organization) (1967). Actual and potential role of man-made Forests in the changing world pattern of wood consumption. In World symposium of man-made forests and their industrial importance. Vol. 1. pp. 1 – 15. Canberra, Australia. FAO, Rome.

FAO (Food and Agriculture Organization) (1980). Poplars and willows in wood production and land use. FAO Forestry Series No. 10. FAO, Rome.

FAO (Food and Agriculture Organization) (1985). Tree growing by rural people. Forestry Paper 64. FAO, Rome.

Feeny, P. (1976). Plant apparency and chemical defense. In Recent advances in Phytochemistry (ed. J. W. Wallace and R. L. Mansell), Vol. 10, pp. 1 – 40. Plenum Press, New York.

Felker, P. (1981). Uses of tree legumes in semi-arid areas. Economic Botany, 35, 174 – 86.

Fenton, R. T. (1967). Rotations in man-made forests. In World symposium on man-made forests and their industrial importance. Vol. 1. Canberra, Australia. FAO, Rome.

Ferris-Kaan, R. (ed.) (1995). The ecology of woodland creation. Wiley & Sons, Chichester.

Finnigan, J. J. and Brunet, Y. (1995). Turbulent airflow in forest. In world symposium on flat and hilly terrain. In Wind and trees (ed. M. Coutts and J. Grace). Cambridge University press.

Ford, E. D. (1980). Can we design a short rotation silviculture for windthrow-prone area? In Research strategy for silviculture (ed. D. C. Malcolm), pp. 25 – 34. Institute of Foresters of Great Britain, Edinburgh.

Ford, E. D. (1982). Catastrophe and disruption in forest ecosystems and their implications for plantation forestry. Scottish Forestry, 36, 9 – 24.

Ford-Robertson, F. C. (1971). Terminology of forest science, technology, practice and products. Multilingual Forestry Terminology Series No. 1. Society of American Foresters, Washington, DC.

Forestry Commission (1993). Forests and water. Guidelines (3rd edn). HMSO, London.

Forestry Commission (1994). Forest landscape design. Guidelines (2nd edn). HMSO, London.

Forestry Commission (1995). Forests and archaeology: Guidelines. HMSO, London.

Forestry Commission of Tasmania (1989). Forest practices code. Forestry Commission of Tasmania, Hobart, Tasmania.

Forestry Department, Brisbane (1963). Technique for the establishment and maintenance of plantations of hoop pine, pp. 22 – 8. Government Printer, Brisbane.

Forestry Department, Queensland (1981). Exotic conifer plantations. In Research Report 1981, pp. 37 – 41. Department of Forestry, Brisbane, Queensland.

Formby, J. (1986). Approaches to social impact assessment. Working Paper 1986/8, Centre for Resource and Environmental Studies, Australian National University, Canberra.

Fox, J. E. D. (1984). Rehabilitation of mined lands. Forestry Abstracts (review article), 45, 565 – 600.

Fox, J. F. (1983). Post-fire succession of small-mammal and bird communities. In The role of fire in northern circumpolar ecosystems (ed. R. W. Wein and D. A. MacLean), pp. 155 – 80. Wiley, New York.

Franklin, E. C. (1989). Selection strategies for eucalypt tree improvement—four generations of selection in Eucalyptus grandis demonstrates valuable methodology. In Breeding tropical trees (ed. G. L. Gibson, A. R. Griffin, and A. C. Matheson), pp. 197 – 209. Oxford Forestry Institute and Winrock International.

Fraser, A. I. (1964). Wind tunnel and other related studies on coniferous trees and tree crops. Scottish Forestry, 18, 84 – 92.

French, D. W. and Schroeder, D. B. (1969). The oak wilt fungus, Ceratocystis fagacearum, as a selective silvicide. Forest Science, 15, 198 – 203.

Frochot, H. (1988). Techniques particulières de reboisement sur les délaissés: concurrence avec la végétation herbacée. In 19ème congrès de l'union européenne des forestiers, Nîmes-Nancy, pp. 65~6.

Frochot, H. (1990). Weed control in French forests. In Tendencias mundiales en el control de la vegetacion accesoria en los monies. Universidad politecnica de Madrid and Asociacion ingenieros montes, Madrid.

Frochot, H. (1992). Economic and ecological aspects of forest vegetation management in France. In International Union of Forestry Research Organisations Centennial, p. 260. Berlin.

Frochot, H. and Lévy, G. (1986). Facteurs du milieu et optimisation de la croissance initiale en plantations de feuillus. Revue Forestière Française, 38, 301—6.

Frochot, H. and Trichet, P. (1988). Influence de la compétition herbacée sur la croissance de jeunes pins sylvestres. In 8ème colloque international sur la biologie, l'écologie et la systématique des mauvaises herbes, annales A. N. P. P. No. 3, pp. 509 - 15.

Frochot, H., Dohrenbusch, A., and Reinecke, H. (1990). Forest weed management: recent developments in France and Germany. In International Union of Forestry Research Organisations 19th world congress, Montreal, pp. 290 - 9.

Frochot, H., Lévy, G., Lefèvre, Y., and Wehrlen, L. (1992). Amélioration du démarrage des plantations de feuillus précieux: cas du frêne en station à bonne réserve en eau. Revue Forestière Française, 44, 61 - 5.

Fryer, J. D. and Makepeace, R. J. (1977). Weed control handbook, Vol. 1: Principles (6th edn). Blackwell, Oxford.

Fu, X. K. (1993). The effect of shelterbelt net on biomass of crops and vegetation in Northern China. In Windbreaks and agroforestry, pp. 47 - 9. Hedeselskabet, Viborg, Denmark.

Funk, D. T. (1979). Stem form response to repeated pruning of young black walnut trees. Canadian Journal of Forest Research, 9, 114 - 16.

Gama, A., Frochot, H., and Delabraze, P. (1987). Phytocides en sylviculture, Note technique No. 53. CEMAGREF, Nogent-sur-Vernisson.

Garbaye, J. (1990). Pourquoi et comment observerl' état mycorhizien des plants forestiers? Revue Forestière Française, 42, 35 - 47.

Garbaye, J. (1991). Les mycorhizes des arbres et plantes cultivées. In Lavoisier (ed. D. G, Strullu), pp. 197 - 248. Paris.

Gardiner, B. and Stacey, G. (1996). Designing forest edges to improve wind stability. Forestry Commission Technical Paper 16.

Gauthier, J. J. (1991). Les bois de plantation dans le commerce mondial des produits forestiers. In L'emergence des nouveaux potentiels forestiers dans le monde, pp. 9 – 20. Association Forêt-Celluiose, Paris.

Gerischer, G. F. R, and Villiers, A. M. de (1963). The effect of heavy pruning on timber properties. Forestry in South Africa, 3, 15 – 41.

Gibson, I. A. S. and Jones, T. (1977), Monoculture as the origin of major forest pests and diseases. In Origins of pest, parasite, disease and weed problems (ed. J. M. Cherritt and G. R. Sagar), pp. 139 – 61. Blackwell, Oxford.

Gibson, I. A. S., Burley, J., and Speight, M. R. (1982). The adoption of agricultural-practices for the development of heritable resistance to pests and pathogens in forest crops. In Resistance to diseases arid pests in forest trees (ed. H. M. Heybroek, B. R. Stephan, and J. von Weissenberg), pp. 9 – 21. Centre for Agricultural Publishing and Documentation, Wageningen, Netherlands.

Giertych, M. M. (1976). Summary results of the International Union of Forestry Research Organisations 1938 Norway spruce provenance experiment height growth. Silvae Genetica, 25, 154 – 64.

Gill, C. J. (1970). The flooding tolerance of woody species—a review. Forestry Abstracts (review article), 31, 671 – 88.

Gilmour, D. A., King, G. C., and Hobley, M. (1989). Management of forests for local use in the hills of Nepal. 1. Changing forest management paradigms. Journal World Forest Resource Management, 4, 93 – 110.

Gilmour, D. A., King, G. C., Applegate, G. B., and Mohns, B. (1990), Silviculture of plantation forests in central Nepal to maximize community benefits. Forest Ecology and Management, 32, 173 – 86.

Gondard, P. (1988). Land use in the Andean region of Ecuador. Land Use Policy, 65, 341 – 8.

Goor, C. P. van (1970). Fertilization of conifer plantations. Irish Forestry, 27, 68 – 80.

Gordon, G. T. (1973). Damage from wind and other causes in mixed white fir-red fir stands adjacent to clear cuttings. Research Paper Pacific Southwest Forest and Range Experiment Station PSW – 90. USDA Forest Service.

Goulet, F. (1995). Frost heaving of forest tree seedlings: a review. New Forests, 9, 67 – 94.

Grace, J. (1977). Plant responses to wind. Academic Press, London.

Grace, J. (1983). Plant-atmosphere relationships. Chapman and Hall, London.

Grassi, G., Delmon B., Molle J. F., and Zibetta H. (ed.) (1987). Biomass for energy and industry, 4th EC conference. Elsevier, London.

Grayson, A. J. (1993). Private forest policy in western Europe. CAB International, Wallingford, UK.

Gregori, G. L, and Tocci, A. (1990). La trufficulture dans les pays méditerranéens: l'exemple de l'Italie. Forêt Méditerranéenne, 12, 143 -52.

Greig, B. J. W, (1995). Butt-rot of Scots pine in Thetford Forest caused by Heterobasidion annosum: a local phenomenon. European Journal of Forest Pathology, 25, 95 -9.

Grieve, I. C. (1978). Some effects of the plantation of conifers on a freely drained lowland soil, Forest of Dean, UK. Forestry, 51, 21 -8.

Gryse, J. J. de (1955). Forest pathology in New Zealand. New Zealand Forest Service Bulletin, 11.

Guitton, J. L. (ed.) (1994). Agroforesterie en zone tempérée. Revue Forestière Française, 46.

Guyot, G. Ben Salem, B., and Delecolle, R. (1986). Brise-vent et rideaux-abris avec référence particulière aux zones sèches. Cahier FAO conservation No. 15. FAO, Rome.

Habjørg, A. (1971). Effects of photoperiod on temperature growth and development of three longitudinal and three altitudinal populations of Betula pubescens. Meldinger fra Norges landbrukshogskole, 51.

Hagen, L. J. (1976). Windbreak design for optimum wind erosion control. In Shelterbelts on the Great Plains. In Great Plains Agricultural Publication, (ed. R. W. Tinus), 78, pp. 31 -6.

Hägglund, B. (1974). Site index curves for Scots pine in Sweden. Rapporter och Uppsatser, No. 31.

Hägglund, B. (1981). Forecasting growth and yield in established forests. Department of Forest Measuration, Swedish University of Agricultural Siences, Umea, Report 31.

Hall, D. O. (1983). Food versus fuel, a world problem? In Energy from Biomass (ed. A. Strub, P. Chartier, and G. Schleser), pp. 43 -62. Applied Science Publishers, London.

Hämäläinen, J. (1990). Advantages of different site preparation methods on planting results and costs in southern Finland, Metsäteho report 402.

Hamilton, G. J. (1976a). The Bowmont Norway spruce thinning experiment 1930 -1974. Forestry, 49, 109 -19.

Hamilton, G. J. (ed.) (1976b). Effects of line thinning on increment. In Aspects of thinning. Forestry Commission Bulletin, 55, pp. 37 -45. HMSO, London.

Hamilton, G. J. (1980). Line thinning. Forestry Commission Leaflet, 77. HMSO, London.

Hamilton, G. J. (1981). The effect of high intensity thinning on yield, Forestry, 54, 1 -15.

Hamilton, G. J. and Christie, J. M. (1971). Forest management tables (metric). Forestry Commission Booklet, 34. HMSO, London.

Hänell, B. (1988). Postdrainage forest productivity of peatlands in Sweden. Canadian Journal of Forest Research, 18, 1443 –56.

Hansen, E. A. (1988). SRIC yields: a look to the future. In Economic evaluations of short rotation biomass energy systems. IEA Report 88 (2). pp. 197 –207. Forest products laboratory, USDA Forest Service, Madison, Wis, USA.

Harley, J. L. (1971). Fungi in ecosystems. Journal of Applied Ecology, 8, 627 –42.

Harley, L. J. and Smith, S. E. (1983). Mycorrhizal symbioses. Academic Press, London.

Harper, J. L. (1977). Population biology of plants. Academic Press, London.

Harper, J. L. (1982). The concept of population in modular organisms. In Theoretical ecology (2nd edn) (ed. R. M. May), pp. 53 –77. Blackwell, Oxford.

Heal, O. W., Swift, M. J., and Anderson, J. M. (1982). Nitrogen cycling in United Kingdom forests: the relevance of basic ecological research, Philosophical Transactions of the Royal Society Series, B296, 427 –44.

Heikurainen, L. (1979). Peatland classification in Finland and its utilization for forestry. In Classification of peat and peatlands. International Peat Society, Helsinki, pp. 135 –46.

Heikurainen, L. and Parkarinen, P. (1982). Mire vegetation and site types. In Peatlands and their utilzation in Finland (ed. J. Laine). Finnish Peatland Society, International Peat Society, Finnish National Committee of the International Peat Society, Helsinki, pp. 14 –23.

Heilman, P., Dao, T., Cheng, H. H., Webster, S. R., and Christensen, L. (1982a). Comparison of fall and spring applications of 15N-labelled urea to Douglas fir: II. Fertilizer nitrogen recovery in trees and soil after two years. Soil Science Society of America Journal, 46, 1300 –4.

Heilman, P. Dao, T., Cheng, H. H., Webster, S. R., and Harper, S. S. (1982b). Comparison of fall and spring applications of 15N-labelled urea to Douglas fir: I. Growth responses and nitrogen levels in foliage and soil. Soil Science Society of America Journal, 46, 1293 –9.

Helles, F. and Linddal, M. (1996). Afforestation in Nordic countries. The Nordic Council 1996: 15, Copenhagen.

Hellum, A. J. (1978). The growth of planted spruce in Alberta. In Proceedings of the root form of planted trees symposium (ed. E. van Eerden and J. M. Kinghorn), pp. 191 –6.

Hengst, E. and Schulze, W. (1976). [Examples of spatial organization as a means of increasing the security of production in Picea abies forests.] Wissenschaftliche Zeitschrift der Technischen Universität, Dresden, 25, 313 -14.

Henman, D. W. (1963). Pruning conifers for the production of quality timber. Forestry Commission Bulletin, 35. HMSO, London.

Heybroek. H. M. (1981). Possibilities of clonal plantations in the 1980s and beyond. Commonwealth Forestry Institute Occasional Papers. 15 (ed. J A. Longman), pp. 21 - 2.

Hibberd, B. G. (1985). Restructuring of plantations in Kielder Forest District. Forestry, 58, 119 -29.

Hibberd, B. G. (1989). Farm woodland practice. Forestry Commission Handbook, 3. HMSO, London.

Hibberd, B. G. (1991). Forestry Practice. Forestry Commission Handbook, 6. HMSO, London.

Higuchi, T., Ito, T., Umezawa, T., Hibino, T., and Shibata. D. (1994). Red - brown color of lignified tissues of transgenic plants with antisense CAD gene: wine - red lignin from coniferyl aldehyde. Journal of Biotechnology, 37, 151 -8.

Hill, H. W. (1979). Severe damage to forests in Canterbury, New Zealand resulting from orographically reinforced winds. In Symposium of forest meteorology, pp. 22 -40. World Meteorological Organization 527. Canadian Forest Service, Canada.

Hinson. W. H., Pyatt, D. G., and Fourt, D. F. (1970). Drainage studies. In Report on forest research 1970. pp. 90 -1. Forestry Commission, HMSO, London.

Hodge, S. J. (1995). Creating and managing woodland around towns. Forestry Commission Handbook, 11. HMSO, London.

Holloway, C. W. (1967). The protection of man-made forests from wildlife. In FA0 World symposium on man-made forests and their industrial importance, Vol. 1, pp. 697 -715. Canberra, Australia.

Holmes, G. D. (1980). Weed control in forestry-achievements and prospects in Britain. In proceedings of the conference on weed control in forestry, 1-2 April1980, University of Nottingham, pp. 1 -11.

Holmsgaard, E., Holstener-Jørgensen, H., and Yde-Andersen, A. (1961). [Soil formation, increment and health of first-and second-generation stands of Norway spruce.]. Forstlige Forsøgsvaesen i Danmark, 27 (1).

Holstener-Jørgensen, H. (1977). Plant nutrient balance in decoration greenery cultivation. Silvae Fennica. 1, 230 -3.

Hubert, M. and Courraud, R. (1987). Elagage et taille de formation des arbres forestiers. Institute pour le Développement Forestier, Paris.

Hugon, D. (1994). L'élagage à grande hauteur. Silva Belgica, 101, 35 -40.

Hummel, F. C. (1991). Comparisons of forestry in Britain and mainland Europe. Forestry, 64, 141 -55.

Hummel, F. C., Palz, W., And Grassi, G. (ed.) (1988). Bionmass forestry in Europe: A strategy for the future. Elsevier, London.

Hutchinson, C. E. (1965). The ecology theater and the evolutionary play. Yale University Press, Newhaven, CT, USA.

Hütte, P. (1968). Experiments on windthrow and wind damage in Germany: site and susceptibility of spruce forests to storm damage. Forestry, 41, (suppl.), 20 -6.

Hüttl, R. F., Nilsson, L. O., and Johansson, U. T. (ed.) (1995). Nutrient uptake and cycling in forest ecosystems. Plant and Soil, 168 - 169. Many papers.

Huuri, O. (1978). Effect of various treatments at planting and of soft containers in the development of Scots pine. In Proceedings of the root form of planted trees symposium (ed. E. van Eerden and J. M. Kinghorn), pp. 101 - 18. British Columbia Ministry of Forests/Canadian Forestry Service Joint Report 8.

Hyman, E. L. and Stiftel, B. (1988). Combining facts and values in environmental impact assessment. Social Impact Assessment Series No. 16. Westview Press, Boulder, CO, USA.

IDF (1981). La réalisation pratique des haies brise-vent et bandes boisées. Institut pour le Développement Forestier, Paris.

Incoll, L. D., Corry, D. T., Wright, C., Hardy, D., Compton, S. G., Naeem, M., and Klaa, K. (1995). Silvoarable experiment with quality timber production hedges. Agroforestry Forum, 5, 14 - 15.

Ingestad, T. (1991). Nutrition and growth of forest trees. Tappi Journal, 74, 55 -62.

Innes, J. L. (1993). Forest health: its assessment and status. CAB International, Wallingford, UK.

Insley, H. (1982). The influence of post planting maintenance on the growth of newly planted broadleaved trees. In proceedings of Conference of Horticultural Education Association, 5 -8th April 1982 Bridgewater, UK, pp. 74 -80.

Insley, H. (1988). Farm woodland planning. Forestry Commission Bulletin, 80. HMSO, London.

ITTO (1990). ITTO guidelines for the sustainable management of natural tropical forests. International Tropical Timber Council, Technical Series, 5. Yokohama, Japan.

ITTO (1991). Draft report of Working Group on ITTO guidelines for the establishment and sustainable management of planted tropical forests. International Tropical Timber Council, Yokohama.

Jack, W. H. (1965). Experiments on tree growing on peat in N. Ireland. Forestry, 38,

220 - 40.

Jane, G. T. (1986). Wind damage as an ecological process in mountain beech forests of Canterbury, New Zealand. New Zealand Journal of Ecology, 9, 25 - 39.

Jarvis, P. G. and Leverenz, J. W. (1983). Productivity of temperate, deciduous and evergreen forests. In Physiological Plant Ecology IV (ed. O. L. Lange, P. S. Nobel, C. B. Osmond, and M. Ziegler), pp. 233 - 80. Springer-Verlag, Berlin.

Jinks, R. L. (1994). Container production of tree seedings. In Nursery practice (ed. J. R. Aldhous and W. L. Mason), pp. 122 - 34. Forestry Commission Bulletin, 111. HMSO, London.

Jobling, J. (1990). Poplars for wood production and amenity. Forestry Commission Bulletin, 92. HMSO, London.

Johnson, V. J. (1984). Prescribed burning. Journal of Forestry, 82, 82 - 90.

Johnston, D. R., Grayson, A. J., and Bradley, R. T. (1967). Forest planning. Faber and Faber, London.

Jones, E. W. (1965). Pure conifers in central Europe - a review of some old and new work. Journal of the Oxford University Forestry Society. 13, 3 - 15.

Jones, H. E., Quarmby, C., and Harrison, A. F. (1991). A root bioassay test for nitrogen deficiency in forest trees. Forest Ecology and Management, 42, 267 - 82.

Jørgensen, K. (1993). Legislation in Denmark in 100 years, or aid scheme for shelterbelt planting in Denmark. In Windbreaks and agroforestry, pp. 123 - 5. Hedeselskabet, Viborg, Denmark.

Jouanin, L., Brasileiro, A. C. M., Lepié, J. C., pilate, G., and Cornu, D. (1993). Genetic transformation: a short review of methods and their applications, results and perspectives for forest trees. Annales des Sciences Forestiéres, 50, 325 - 36.

Kanowski, P. J. (1995). The complex future of plantation forestry. In CRC for Temperate Hardwood Forestry, pp. 483 - 7. International Union of Forestry Research. Organisations, Hobart, Tasmania.

Kanowski, P. J. and Savill, P. S. (1992). Forest plantations: towards sustainable practice. In plantation politics (ed. C. Sargent and S. Bass), pp. 121 - 55. Earthscan Publications, London.

Kanowski, P. J., Savill, P. S., Adlard, P. G., Burley, J., Evans, J., Palmer, J. R., and Wood, P. J. (1992). Plantation forestry. In Managing the world's forests (ed. N. P. Sharma), pp. 375 - 402. Kendall/Hunt, Iowa, USA.

Karim, A. B. and Savill, P. S. (1991). Effect of spacing on growth and biomass production of Gliricidia sepium in an alley cropping system in Sierra Leone. Agroforestry systems, 16, 21 3 - 22.

Karlman, M. (1981). The introduction of exotic tree species with special reference to Pinus contorta in northern Sweden, review and background. Studia Forestalia Suecica, 158, 1 -25.

Karlman, M., Hansson, P., and Witzell, J. (1994). Scleroderris canker on lodgepole pine introduced in northern Sweden. Canadian Journal of Forest Research, 24, 1948 -59.

Keller, R. and Thiercelin, F. (1984). L'élagage des plantations d'épicea commun et de Douglas. Revue Forestière Française, 36, 289 -301.

Kendrew, W. G. (1961). The climates of continents. Clarendon Press, Oxford.

Kennedy, C. J. E. and Southwood, T. R. E. (1984). The number of species associated with British trees. Journal of Animal Ecology, 53, 455 -78.

Keresztesi, B. (1983). Breeding and cultivation of black locust in Hungary. Forest Ecology and Management, 6, 217 -44.

Kerr, G, and Evans, J. (1993). Growing broodleaves for timber. Forestry Commission Handbook, 9. HMSO, London.

Kerr, G. and Jinks, R. L. (1994). A comparison of cell-grown and bare-rooted oak and beech seedlings one season after out-planning. Forestry, 67, 297 -312.

Khanna, P. J. (1981). Soil analyses for evaluation of forest nutrient supply. In Proceedings of Australian forest nutrition workshop: productivity in perpetuity, Australia, 10 - 14 August 1981, pp. 231 -8. CSIRO Division of Forest Research.

Kilgore, B. M. (1987). The role of fire in wilderness: a state-of-knowledge review. In Proceedings National Wilderness Research Conference: issues, state-of-knowledge, future directions(ed R. C. Lucas), pp. 70 - 103. US Forest Service General Technical Report INT -220.

Kilian, W. (1981). Site classification systems used in forestry. In Proceedings of the workshop on land evaluation for forestry (ed. P. Laban). pp. 134 -51.
International Institute for Land Reclamation and Improvement Publication 28. Wageningen, The Netherlands.

Kilpatrick, D. J., Sanderson, J. M. and Savill, P. S. (1981). The influence of five early respacing treatments on the growth of Sitka spruce. Forestry, 54, 17 -29.

Kira, T. (1975). Primary production in forests. In Photosynthesis and productivity in different environments (ed. J. P. Cooper), pp. 5 -40. Cambridge University Press.

Kira. T. and Shidei, T. (1967). Primary production and turnover of organic matter in different forest ecosystems of western Pacific. Japanese Journal of Ecology, 17, 80 -7.

Kirkland, A. (1989). The rise and fall of multiple-use management in New Zealand. New Zealand Forestry, 33, 9 -12.

Kivinen, E. and Pakarinen, P. (1981). Geographical distribution of peat resources and major peatland complex types in the world. Ann Acad Sci Fenn Ser A III Geol Geogr, 132, 1 -28.

Kleinschmit, J. (1986), État actuel et perspectives d'avenir de l'amélioration des arbres forestiers. Revue Forestiére Française, 38, No. sp. Amélioration génétique des arbres forestiers, 198 -200.

Kleinschmit, J. and Otto, H. -J. (1974). [Rehabilitation of the gale-damage of forests of Lower Saxony.]Forst und Holzwirt, 29, 1 -12.

Knopp, T. B. and Caldbeck, E. S. (1990). The role of participatory democracy in forest management. Journal of Forestry, 88, 13 -18.

Knowles, R. L. (1991). New Zealand experience with silvopastoral systems: a review. Forest Ecology and Management, 45, 251 -67.

König, E. and Gossow, H. (1979). Even-aged stands as habitat for deer in central Europe. In Ecology of even-aged forest plantations (ed. E. D. Ford, D. C. Malcolm, and J. Atterson), pp. 429 -51. Institute of Terrestrial Ecology, Cambridge.

Koster, R. (1981). [The cultivation of 'energy forest' in Sweden.]Nederlands Bosbouw Tijdschritf, 54, 206 -13.

Kozlowski, T. T. and Ahlgren, C. F. (ed.) (1974). Fire and ecosystems. Academic Press, New York.

Kramer, H. (1980). Tending and stability of Norway spruce stands. In Stability of spruce ecosystems, pp. 1 21 -33. University of Agriculture, Brno, Czechoslovakia.

Kramer, H. and Bjerg, N. (1978). [Biological aspects of tending young stands of Norway spruce.] Forestry Faculty, University of Göttingen, West Germany, No. 55.

Kramer, H. and Spellmann, H. (1980). Beitrage zur Bestandesbegrundung der Fichte. Forestry Faculty University of Göttingen, No. 64.

Kremer, A. , Savill, P. S. , and Steiner, K. C. (1993). Genetic of oaks. Annales des Sciences Forestières, 50, suppl. 1.

Kroth, W. , Loffler, H. D. , Plochman, R. , and Rader-Roitch, J. E. (1976). Forestry problems and their implications for the environment in member states of the EC. Study PE 168 Vol. III, Munich, West Germany.

Labaznikov, B. V. (1982). [Geographical variation in the protein content of grain crops in fields protected by shelterbelts.]Lesnoe Khozaistvo, 8, 30 - 1. (Cited from Forestry Abstracts (1983) 44, FA 6786).

Label, P. , Sotta, B. , and Miginiac, E. (1989). Endogenous levels of abscisic acid and indole-3-acetic acid during in vitro rooting of wild cherry explants produced by micropropagation. Plant Growth Regulation, 8, 325 -33.

Lagercrantz, U. and Ryman, N. (1990). Genetic structure of Norway spruce: concordance of morphological and allozymic variation. Evolution, 44, 38 –53.

Lahde, F. (1969). Biological activity in some natural and drained peat soils with special reference to oxidation-reduction conditions. Acta Forestalia Fennica, 94.

Lancaster, D. F., Walters, R. S., Laining, F. M., and Foulds, R. T. (1974). A silvicultural guide for developing a sugarbush. USDA Forest Service Research Paper NE –286.

Lanier, L. (1986). Precis de sylviculture. ENGREF, Nancy, France.

Leaf, A. L., Rathakette, P., and Solan, F. M. (1978). Nursery seedling quality in relation to planation performance. In Proceedings of the root form of planted trees symposium (ed. E. van Eerden and J. M. Kinghorn), pp. 45 –51.

Le Tacon, F. and Bouchard, D. (1991). Les possibilités de mycorhization controlee en sylviculture remperee. Forêt Entreprise, 74, 29 –41.

Le Tacon, F., Garbaye, J., Bouchard, D., Chevalier, G., Olivier, J. M., Guimberteau, J., Poitou, N., and Frochot, H. (1998). Field results from ectomychorrhizal inoculation in France. In Proceedings of the Canadian workshop on mycorrhizae in forestry (ed. M. LaConde and Y. Piche), pp. 57 –74. Université Laval, Quebec.

Leban, J. M., Houllier, F., Goy, B., and Colin, F. (1991). La qualité du bois d'Épicéa common en liason avec les conditions de croissance. Forêt Entreprise, 80, 11 –27.

Lee, S. J. (1990). Potential gains from genetically improved Sitka spruce. Research Information Note 190. Forestry Commission, Edinburgh.

Lees, J. C. (1972). Soil aeration response to drainage intensity in basin peat. Forestry, 45, 135 –43.

Lefevre, F., Villar, M., and Bonduelle, P. (1994). Peupliers. In L'amélioration génétique des essences forestières. Forêt Entreprise, 96, 76 –8.

Lelu, M. A., Bastien, C., Klimaszewska, K., Ward, C., and Charest, P. J. (1994a). An improved method for somatic plantlet production in hybrid larch (Larix × leptoeuropaea). Plant Cell, Tissue and Organ Culture, 36, 107 –27.

Lelu, M. A., Klimaszewska, K., and Charest, P. J. (1994b). Somatic embryogenesis from immature and mature zygotic embryos and from cotyledons and needles of somatic plantlets of Larix. Canadian Journal of Forest Research, 24, 100 –6.

Lembcke, G., Knapp, E., and Dittmar, O. (1981) Die neue DDR-Kiefern-ertragstafel 1975. Beitrage fur die Forstwirtschaft, 15, 55 –64.

Leslie, A. J. (1987). Economic feasibility of natural management of tropical forests. In Natural management of tropical moist forests (ed. F. R. Mergen and J. R. Vinvent), pp. 177 –98. School of Forestry and Environmental Studies, Yale University, New Haven, CT, USA.

Leuschner, W. A. (1984). Introduction to forest resource management. Wiley, New York.

Levitt, J. (1972). Responses of plants to environmental stress. Academic Press, New York.

Lévy, G., Frochot, H., and Becker, M. (1990). Installation des peuplements de chenes et facteurs du milieu. Revue Forestière Française, 42.

Leyton, L. (1958). The mineral requirements of forest plants. Handbuch der pflanzenphysiologie, 6, 1026 – 39.

Leyton, L. (1972). Forests, flooding and soil moisture. In Proceedings Piene: Loro Previsione e difesa del suolo, Rome, 23 – 30 November 1969, 327 – 37. Academia Nazionale dei Lincei, 1972.

Leyton, L. (1975). Fluid behaviour in biological systems. Oxford University Press.

Li, C. Y., Lu, J. C., Trappe, J. M., and Bollen, W. B. (1967). Selective nitrogen assimilation by Poria weiru. Nature, 213, 814.

Likens, G. E. and Boremann, F. H. (1995). Biogeochemistry of a forested ecosystem, (2nd edn). Springer-Verlag, New York.

Lindholm, T. and Vasander, H. (1987). Vegetation and stand development of mesic forest after prescribed burning. Silva Fennica, 21, 259 – 78.

Lines, R. (1967). The planning and conduct of provenance experiments. Forestry Commission Research and Development Paper, 45. HMSO, London.

Lines, R. (1984). Species and seed origin trials in the industrial Pennines. Quarterly Journal of Forestry, 78, 9 – 13.

Lines, R. (1985). The Macedonian pine in the Balkans and Great Britain. Forestry, 58, 27 – 40.

Lines, R. (1987). Choice of seed origins for the main forest species in Britain. Forestry Commission Bulletin, 66. HMSO, London.

Lines, R. (1996). Experiments on lodgepole pine seed origins in Britain. Forestry Commission Technical Paper, 10.

Litvina, I. V. and Takle, E. S. (1993). Designing shelterbelts by use of a turbulence model. In Windbreaks and agroforestry (ed. Hedeselskabet), pp. 24 – 7. Viborg, Denmark.

Lorimer, C. G. (1977). The presettlement forest and natural disturbance cycle of northeastern Maine. Ecology, 58, 130 – 48.

Lucas, O. W. R. (1983). Design of landform and planting. Forestry Commission Research and Development Paper, 132, pp. 24 – 36.

Luscher, P., Pelissier, D., and Bartoli, M. (1991). L'elagage des résineux de l'Aude.

Études technique et économique. Bulletin technique, 19, pp. 35 – 44. Office National des Forest, Paris.

MacLaren, P. (1983). Chemical welfare in the forest: a review of allelopathy with regard to New Zealand. New Zealand Journal of Forestry, 28, 73 – 92.

Malcolm, D. C. (1979). The future development of even-aged plantations: silvicultural implications. In Ecology of even-aged forest plantations (ed, E. D. Ford, D. C. Malcolm, and J. Atterson), pp. 481 – 504. Institute of Terrestrial Ecology, Cambridge.

Marrs, R. H., Owen, L. D. C., Roberts, R. D., and Bradshaw, A. W. (1982). Tree lupin an ideal nurse crop for land restoration and amenity plantings. Arboricultural Journal, 6, 161 – 74.

Marx, D. H. (1977). The role of mycorrhizae in forest production. TAPPI conference, Annual meeting. Atlanta, pp. 151 – 61.

Maser, C. (1990). The redesigned forest. Stoddart, Toronto.

Mason, W. L. (1990). Reducing the cost of Sitka spruce cuttings. In Super Sitka for the 90s. Forestry Commission Bulletin, 103, pp. 25 – 41. HMSO, London.

Mason, W. L. and Jinks, R. L. (1994). Vegetative propagation. In Nursery practice (ed. J. R. Aldhous and W. L. Mason), pp. 135 – 47. Forestry Commission Bulletin, 111. HMSO, London.

Matthew, J. D. (1989). Silvicultural systems. Oxford University Press.

Mague, J-P. (1986). La culture modern du pin maritime dans les lands de Gascogne. Forêt-Enterprise, 37, 1 – 28.

Mauge, J. -P. (1987). Le pin maritime. Institute pour le Développement Forestier, Paris.

Mayer, H. (1989). Windthrow. Philosophical Transactions of the Royal Society of London, B324, 267 – 81.

Mayhead, G. J. (1973). Some drag co-efficients for British forest trees derived from wind tunnel studies. Agricultural Meteorology, 12, 123 – 30.

Mayhead, G. J., Gardiner, J. B. H., and Durrant, D. W. (1975). A report on the physical properties of conifers in relation to plantation stability. Forestry Commission Research and Development Division Paper (unpublished).

McAllister, J. S. V. and Savill, P. S. (1977). Effects of pig and cow slurry on the growth of Sitka spruce on oligotrophic peat and gley soils in Northern Ireland. Irish Forestry, 34, 77 – 84.

McCracken, A. R. and Dawson, W. M. (1996). Interaction of willow (Salix) clones grown in polyclonal stands in short rotation coppice. Biomass and Bioenergy, 10, 307 – 11.

McDonald, M. A., Malcolm, D. C., and Harrison, A. F. (1991). The use of ^{32}P root bioassay to indicate the phosphorus status of forest trees. Canadian Journal of Forest Research, 21, 1180 – 93.

McElroy, G. H. (1981). Energy from biomass/novel sources of cellulose. In Annual Report Loughgall Horticultural Centre, pp. 68 – 71. Department of Agriculture, Northern Ireland.

McGaughey, S. E. and Gregersen, H. M. (1988). Investment policies and financing mechanisms for sustainable forestry development. Inter-American Development Bank, Washington, DC.

Mcintosh, R. (1983). In Forestry Commission Report on Forest Research 1983. HMSO, London.

McKay, H. M., Aldhous, J. R., and Mason, W. L. (1994). Lifting, storage, handling and dispatch. In Nursery practice (ed. J. R. Aldhous and W. L. Mason), pp. 198 – 222. Forestry Commission Bulletin, 111. HMSO, London.

McMahon, T. A. (1975). The mechanical design of trees. Scientific American, 233, 92 – 102.

Mengel, K. and Kirkby, E. A. (1978). Principles of plant nutrition. International potash institute, Bern, Switzerland.

Meredieu, C., Arrouays, D., Goulard, M., and Auclair, D. (1996). Short range soil variability and its effect on red oak growth (Quercus rubra L.). Soil Science, 161, 29 – 38.

Miles, J. (1981). Effects of trees on soils. In Forest and woodland ecology (ed. F. T. Last and A. S. Gardiner), pp. 85 – 8. Institute of Terrestrial Ecology, Cambridge.

Miller, H. G (1979). The nutrient budgets of even-aged forests. In Ecology of even-aged forest plantations (ed. E. D. Ford, D. C. Malcolm, and J. Atterson), pp. 221 – 56. Institute of Terrestrial Ecology, Cambridge.

Miller, H. G. (1981a). Nutrient cycles in forest plantations, their change with age and the consequence for fertilizer practice. In Proceedings of Australian forest nutrition workshop: productivity in perpetuity, pp. 187 – 99. Canberra, Australia, 10 – 14 August 1981. CSIRO Division of Forest Research.

Miller, H. G. (1981b). Forest fertilization: some guiding concepts. Forestry, 54, 157 – 67.

Miller, H. G. (1981c). Aspects of forest fertilization practice and research in New Zealand. Scottish Forestry, 35, 277 – 88.

Miller, H. G. (1984). Nutrition of hardwoods. In Report of fifth meeting of National Hardwoods Programme, pp. 17 – 29. Commonwealth Forestry Institute, Oxford.

Miller, H. G. (1995). The influence of stand development on nutrient demand, growth and allocation. In Nutrient uptake and cycling in forest eco-systems (ed. R. F. Hüttl, L. O. Nilsson, and U. T. Johansson). Plant and Soil, pp. 168 – 9.

Miller, H. G., Williams, B. L., Millar, C. S., and Warin, T. R. (1977). Ground vegetation and humus nitrogen levels as indicators of nitrogen status in an established sand dune forest. Forestry, 50, 93 – 101.

Miller, H. G., Miller, J. D., and Cooper, J. M. (1981). Optimum foliar nitrogen concentration in pine and its change with stand age. Canadian Journal of Forest Research, 11, 563 – 72.

Miller, J. F. (1985). Windthrow hazard classification. Forestry Commission Leaflet, 85. HMSO, London.

Miller, K. F., Quine, C. P., and Hunt, J. (1987). The assessment of wind exposure for forestry in upland Britain. Forestry, 60, 179 – 92.

Mills, D. H. (1980). The management of forest streams. Forestry Commission leaflet, 78, HMSO, London.

Mitchell, A. F. (1988). A field guide to the trees of Britain and northern Europe. Collins, London.

Mitchell, C. P., Ford-Robertson, J. B., Hinckley, T., and Sennerby-Forsse, L. (ed.) (1992). Ecophysiology of short rotation forest crops. Elsevier, London.

Mitscherlich, E. A. (1921). Das wirkungsgesetz der Wachstumfaktoren. Landwirtschaft Jahrbuch Bog, 11 – 5.

Mitscherlich, G. (1973). [Forest and wind.] Allgemeine Forst-und Jagdzeitung, 144, 76 – 81.

Moffat, A. J. (1987). The geological input to the reclamation process in forestry. In Planning and engineering geology (ed. M. G. Culshaw, F. G. Bell, J. C. Cripps, and M, O Hara), pp. 541 – 8. Engineering Geology Special Publication, 4, Geological Society, London.

Moffat, A. J. and McNeill, J. D. (1994). Reclaiming disturbed land for forestry. Forestry Commission Bulletin, 110. HMSO, London.

Moffat, A. J. and Roberts, C. J. (1989). Use of large-scale ridge and furrow landforms in forestry reclamation of mineral workings. Forestry, 62, 233 – 48.

Møller, C. M. (1933). Boniteringstabeller og bonitetsvise tillväxtoversikter for Bog, Eg og Rödgran i Danmark. Dansk Skogforenings Tidskrift No. 18.

Møller, C. M. (1960). The influence of pruning on the growth of conifers. Forestry, 33, 37 – 53.

Molnar, A. (1989). Community forestry-a review. Community Forestry Note 3. FAO, Rome.

Monaco, L. C. (1983). Bioenergy in the north-south dialogue. In Energy from Biomass (ed. A. Strub, P. Chartier, and G. Schleser), pp. 36 -42. Applied Science Publishers, London.

Moore, P. D. (1984). Why be an evergreen? Nature, 312, 703.

Moran, G. F. and Bell, J. C. (1987). The origin and genetic diversity of Pinus radiata in Australia. Theoretical and Applied Genetics, 73, 616 -22.

Moreno, J. M. and Oechel, W. C. (ed.) (1994). The role of fire in Mediterranean-type ecosystems. Ecological studies, 107. Springer-Verlag, New York.

Moss, D. (1979). Even-aged plantations as a habitat for birds. In Ecology of even-aged forest plantations (ed. E. D. Ford, D. C. Malcolm, and J. Atterson), pp. 413 -27. Institute of Terrestrial Ecology, Cambridge.

Muller-Starck, G. and Ziehe, M. (ed.) (1991). Genetic variation in European populations of forest trees. J. D. Sauerland's Verlag, Frankfurt am Maine, Germany.

Mullin, R. E. (1974). Some planting effects still significant after 20 years. Forestry Chronicle, 50, 191 -3.

Murray, J. S. (1979). The development of populations of pests and pathogens in even-aged plantations-fungi. In Ecology of even-aged forest plantations (ed. E. D. Ford, D. C. Malcolm, and J. Atterson), pp. 193 - 208. Institute of Terrestrial Ecology, Cambridge.

Nair, P. K. R. (1993). An introduction to agroforestry. Kluwer Academic, London.

Nambiar, E. J. S, (1981). Ecological and physiological aspects of the development of roots: from nursery to forest. In Proceedings of the Australian forest nutrition workshop, Canberra, ACT, Australia, pp. 117 -29.

Namkoong, G. (1989). Systems of gene management. In Breeding tropical trees (ed. G. L. Gibson, A. R. Griffin, and A. C. Matheson), pp. 1 -8. Oxford Forestry Institute and Winrock International.

National Research Council (USA) (1991). Managing global genetic resources-tropical forest trees. Commonwealth Forestry Institute, University of Oxford, (Washington, DC: Tropical Forestry Papers No. 16. National Academy Press).

Naveh, Z. (1975). The evolutionary significance of fire in the Mediterranean region. Vegetatio, 29, 199 -208.

Neckelmann, J. (1981). [Stabilization of edges and internal shelter zones in stands of Norway spruce on sandy soil.] Dansk Skovforenings Tidsskrift, 66, 196 -314.

Neckelmann, J. (1982). [Stabilizing measures in Norway spruce-and the hurricane of November 1981.] Dansk Skovforenings Tidsskrift, 67, 77 -86.

Nelson, D. G. and Quine, C. P. (1990). Site preparation for restocking. Forestry Commission Research Information Note, 166. Farnham, Surrey, UK.

Nepveu, G. and Blachon, J. L. (1989). Largeur de cerne et aptitude à l'usage en structure de quelques conifères: Douglas, pin sylvestre, pin maritime, épicéa de Sitka, épicéa commun, sapin pectiné. Revue Forestière Française, 41, 497 – 506.

Nepveu, G. and Velling, P. (1983). Variabilit génétique individuelle de la qualité du bois de Betula penduta. Silvae Genetica, 32, 37 – 49.

Nepveu, G., Bailly, A., and Coquet, M. (1985). [The susceptibility of Picea excelsa to wind damage may be explained by the wood density being too low.] Revue Forestière Française, 37, 305 – 8.

Neustein, S. A. (1964). Windthrow on the margins of various sizes of felling area. In Forestry Commission Report on Forest Research 1964, pp. 166 – 71. HMSO, London.

Newman, S. M. (1994). An outline comparison of approaches to silvo-arable research and development with fast-growing trees in India, China, and the UK with emphasis on intercropping with wheat. Agroforestry Forum, 5, 29 – 31.

Newnham, R. M. (1965). Stem form and the variation of taper with age and thinning regime. Forestry, 38, 218 – 24.

Norgren, O. (1995). Growth differences between Pinus sytvestris and Pinus contorta. Dissertation, Department of Silviculture, Swedish University of Agricultural Sciences, Umea.

O'Carroll, N. (1978). The nursing of Sitka spruce: Japanese larch. Irish Forestry, 35, 60 – 5.

O'Carroll, N., Carey, M. L., Hendrick, E., and Dillon, J. (1981). The tunnel plough in peatland afforestation. Irish Forestry, 38, 27 – 40.

O'Driscoll, J. (1980). The importance of lodgepole pine in Irish forestry. Irish Forestry, 37, 7 – 22.

Office National des Forts (1989). Manuet d'aménagement. Office National des Forêts, Paris.

Ogilvie, J. F. and Taylor, C. S. (1984). Chemical silviculture (chemical thinning and respacement). Scottish Forestry, 38, 83 – 8.

Olesen, F. (1979). [Planting Shelterbelts.] Laeplanting, Denmark. Landhusholdnings selskabet, Copenhagen.

Olesen, F. (1993). Investigations of shelter effect and experience with wind protection in Danish agriculture. In Windbreaks and agroforestry, pp. 210 – 13. Hedeselskabet, Viborg, Denmark.

Oliveira, M. A. de and Oliveira, L. de (1991). Le liège. Amorim, Spain.

Oliver, C. D. and Larson, B. C. (1996). Forest stand dynamics. Wiley, New York.

Örlander, G. , Gemmel, P. , Hunt, J. (1990). Site preparation: a Swedish overview. British Columbia Ministry of Forestry, Canada.

Örlander, G. , Halsby, G. , Gemmel, P. , and Wilhelmsson, C. Inverting site preparation improves survival and growth of lodgepole pine and Norway spruce. Canadian Journal of Forest Research (in press).

Oswald, H. (1980). Une experience d'espacement de plantation de Sapin de Vancouver (Abies grandis). Revue Forestière Frangaise, 32, 60 – 77.

Oswald, H. and Pardé, J. (1976). Une expérience d'espacement de plantation de Douglas en forêt domaniale d'Amance. Revue Forestière Française, 28, 185 – 92.

Otto, H. -J. (1976). [Forestry experience and conclusions from the forest catastrophes in Lower Saxony.]Forst und Holzwirt 15, 285 – 95. (British Lending Library Translation RTS 1 1890).

Otto, H. -J. (1982). Measures to reduce forest fire hazards and restoration of damaged trees in Lower Saxony. In Fire prevention and control (ed. T. van Nao), pp. 173 – 9. Martinus Nijhoff/W Junk, The Hague.

Paavilainen, E. and Päivänen, J, (1995). Peatland forestry: ecology and principles. Springer-Verlag, Berlin Heidelberg.

Papesch, A. J. G. (1974). A simplified theoretical analysis of the factors that influence windthrow of trees. In 5th Australasian Conference on Hydraulics and Fluid mechanics, pp. 235 – 42. University of Canterbury, New Zealand.

Pardé, J. (1980). Forest biomass. Forestry Abstracts (Review Article), 41, 343 – 62.

Pardé, J. and Bouchon, F. 1. (1988). Dendrométrie. ENGREF, Nancy, France.

Parsons, A. D. and Evans, J. (1977). Forest fire protection in the Neath district of south Wales. Quarterly Journal of Forestry, 71, 186 – 98.

Pawsey, C. J. (1972). Survival and early development of Pinus radiata as influenced by size of planting stock. Australian Forestry Research, 5, 13 – 24.

Pepper, H. W. (1978). Chemical repellents. Forestry Commission Leaflet, 73. HMSO, London.

Pereira, H, (1995). Silvicultural management of cork-oak stands towards improved cork production and quality. In Non-food, bio-energy and forestry (ed. C. Mangan, B. Kerckow, and M. Flanagan), pp. 286 – 7. European Commission. EUR 16206EN, Brussels.

Pereira, H. and Santos Pereira, J. (1988). Short rotation biomass plantations in Portugal. In Biomass forestry in Europe: a strategy for the future (ed. F. C. Hummel, W. Palz, and G. Grassi), pp. 509 – 39. Elsevier, London.

Perry, D. A. (1979). Variation between and within tree species. In Ecology of even-aged forest plantations (ed. E. D. Ford, D. C. Malcolm, J. Atterson), pp. 71 -98. Institute of Terrestrial Ecology, Cambridge.

Persson, A. (1980). Pinus contorta as an exotic species. Department of Forest Genetics, Swedish University of Agricultural Sciences, Garpenberg. Research Notes, 30, p. 15.

Persson, O. A. (1992). [A growth simulator for Scots pine in Sweden]. Department of Forest Yield Reseach, Swedish University of Agricultural Sciences, Garpenberg. Report No. 31.

Persson, P. (1975). [Windthrow in forests: its cause and the effect of forestry measures.] Rapporter och Uppsater, Institutionen för Skogsproduktion No. 36.

Peterken, G. F. (1981). Woodland conservation and management. Chapman and Hall, London.

Peterken, G. F. (1996). Natural woodland. Cambridge University Press.

Pettersson, F. (1994). Predictive functions for calculating the total response in growth to nitrogen fertilization, duration and distribution over time. Skog Forsk Report No. 4. Oskarshamn, Sweden.

Petty, J. A. and Worrell, R. (1981). Stability of coniferous tree stems in relation to damage by snow. Forestry, 54, 115 -28.

Philipson, J. J. and Coutts, M. P. (1978). The tolerance of tree roots to waterlogging: m. Oxygen transport in lodgepole pine and Sitka spruce roots of primary structure. New Phytologist, 80, 341 -9.

Philipson, J. J. and Coutts, M. P. (1980). The tolerance of tree roots to waterlogging. IV. Oxygen transport in woody roots of Sitka spruce and lodgepole pine. New Phytologist, 85, 489 -94.

Poore, D. and Sayer, J. (1987). The management of tropical moist forest lands: ecological guidelines. International Union for the Conservation of Nature, Gland, Switzerland.

Potter, M. (1991). Treeshelters. Forestry Commission Handbook, 7. HMSO, London.

Price, C. (1989). The theory and application of forest economics. Basil Blackwell, Oxford.

Price, C. (1993). Time, discounting and value. Basil Blackwell, Oxford.

Prior, R. (1983). Trees and deer. B. T. Batsford, London.

Pritchett, W. L. (1979). Properties and management of forest soils. Wiley, New York.

Pyatt, D. G. (1990). Forest drainage schemes. Forestry Commission Research Information Note, 196. Farnham, Surrey, UK.

Pyatt, D. G. and Craven, M. M. (1979), Soil changes under even-aged plantations. In Ecology of even-aged forest plantations (ed. E. D. Ford, D. C. Malcolm, and J. Atterson), pp. 369 -86. Institute of Terrestrial Ecology, Cambridge.

Pyne, S. J. (1984). Introduction to wildland fire: fire management in the United States. Wiley, New York.

Quimby, P. C. (1982). Impact of diseases on plant populations. In Biological control of weeds with plant pathogens (ed. R. Charudattan and H. L. Walker), pp. 47 –60. Wiley, New York.

Quine, C. P. (1989). Description of the storm and comparison with other storms. In Forestry Commission Bulletin, 87, pp. 3 –8. HMSO, London.

Quine, C. P. (1992). Windthrow as a constraint on silviculture. In Whither silviculture. Proceedings of a symposium 28 –29 November 1991, pp. 21 –9. Institute of Chartered Foresters, Edinburgh.

Quine, C. P. and Miller, K. F. (1990). Windthrow—a factor influencing the choice of silvicultural system. In Silvicultural systems (ed. P. Gordon), pp. 71 –81. Institute of Chartered Foresters, Edinburgh.

Quine, C. P. and White, I. M. S. (1993). Revised windiness scores for the windthrow hazard classification: the revised scoring method. Forestry Commission Research Information Note, 230, Farnham, UK.

Quine, C. P., Burnand, A. C., Coutts, M. P., and Reynard, B. R. (1991). Effects of mounds and stumps on the root architecture of Sitka spruce on a peaty gley restocking site. Forestry, 64, 385 –401.

Quine, C. P., Coutts, M. P., Gardiner, B. A., and Pyatt, D. G. (1995). Forests and wind: management to minimize damage. Forestry Commission Bulletin, 114. HMSO, London.

Rackham, O. (1976). Trees and woodland in the British landscape. J. M. Dent and Sons, London.

Raintree, J. B. (1987). The state of the art of agroforestry diagnosis and design. Agroforestry Systems, 5, 219 –50.

Randall, A. (1987). Resource economics, (2nd edn.). Wiley, New York.

Ranger, J. and Nys, C. (1996). Biomass and nutrient content of extensively and intensively managed coppice stands. Forestry, 69, 83 –102.

Ranger, J., Barnéoud, C., and Nys, C. (1988). Production ligneuse et rétention d'éléments nutritifs par des taillis à courte rotation de peuplier 'Rochester': effet de la densité d'ensouchement. Acta Œcologica, 9, 245 –69.

Ranger, J., Nys, C., and Barnéoud, C. (1986). Production et exportation d'éléments nutritifs de taillis de peuplier à courte rotation. In Annales AFOCEL 1986, pp. 183 –223.

Ranger, J., Robert, M., Bonnaud, P., and Nys, C. (1991). Les minéraux-tests: une approche expérimentalein situ de l'altération biologique et du fonctionnement des écosystèmes forestiers. Effets des types de sols et des essences feuillues et résineuses. Annales des Sciences Forestières, 47, 529 - 50.

Rapey, H. (1994). Les vergers à bois précieux en prairie pâturée: objectifs, principes et références. Revue Forestière Française, 46, 61 - 71.

Rapey, H., Montard, F. X. de, and Guitton, J. L. (1994). Ouverture de plantations résineuses au pâturage: implantation et production d'herbe dans le sous-bois après éclaircie. Revue Forestière Française, 46, 19 - 29.

Ratcliffe, P. R. (1987). The management of red deer in upland forests. Forestry Commission Bulletin, 71. HMSO, London.

Ratcliffe, P. R. and Mayle, B. A. (1992). Roe deer biology and management. Forestry Commission Bulletin, 105. HMSO, London.

Raymer, W. G. (1962). Wind resistance of conifers. Report, 1008. National Physical Laboratory Aerodynamics Division, UK.

Rees, D. J. and Grace, J. (1980a). The effects of wind on the extension growth of Pinus contorta. Forestry, 53, 145 - 53.

Rees, D. J. and Grace, J. (1980b). The effects of shaking on extension growth of Pinus contorta. Forestry, 53, 155 - 66.

Reineke, L. H. (1933). Perfecting a stand-density index for even-aged forests. Journal of Agricultural Research, 46, 627 - 38.

Richter, J. (1975). [Gale damage to spruce in Sauerland.] Forst-und Holzwirt, 30, 106 - 8.

Rickman, R. (1991). What's good for woods. Policy Study No. 129. Centre for policy studies, London.

RICS (Royal Institution of Chartered Surveyors) (1996). Lowland forestry on traditional estates. Royal Institution of Chartered Surveyors, London.

Rigolot, E. (1993). Le brûlage dirigé en région méditerranéenne Française. In Rencontres forestiers—chercheurs en forêt méditerranéenne, les Colloques No. 63, (ed. H. Oswald), pp. 223 - 50. INRA, Paris.

Ritchie, G. A. and Dunlap, J. R. (1980). Root growth potential: its development and expression in forest tree seedlings. New Zealand Journal of Forestry Science, 10, 218—48.

Rodwell, J. and Patterson, G. (1994). Creating new native woodlands. Forestry Commission Bulletin, 112. HMSO, London.

Rollinson, T. J. D. (1983). Mensuration. In Forestry Commission Report on Forest Research1983, pp. 44 - 45. HMSO, London.

Rosenberg, N. J. (1974). Microclimate: the biological environment. Wiley, New York.

Ross, S. M. and Malcolm, D. C. (1982). Effects of intensive forestry ploughing practices on an upland heath soil in south-east Scotland. Forestry, 55, 155 – 71.

Rothermel, R. C. (1982). Modelling the development of fire in a forest environment. In Forest fire prevention and control (ed. T. van Nao), pp. 77 – 84. Martinus Nijhoff/W Junk, The Hague, Netherlands.

Rowe, J. S. (1983). Concepts of fire effects on plant individuals and species. In The role of fire in northern circumpolar ecosystems (ed. R. W. Wein and D. A. MacLean), pp. 135 – 54. Wiley, New York.

Sanders, F. E. and Tinker, P. B. (1973). Phosphate flow in mycorrhizal roots. Pesticide Science, 4, 385 – 95.

Sanderson, P. L. and Armstrong, W. (1978). Soil waterlogging, root rot and conifer windthrow: oxygen deficiency or phytotoxicity? Plant and Soil, 49, 185 – 90.

Saracino, A. and Leone, V. (1994). The ecological role of fire in Aleppo pine forests: overview of recent research. In Forest fire research, 2nd International Conference, 2, pp. 887 – 97. University of Coimbra, Portugal.

Sargent, C. (1990). The Khun Song Plantation Project. International Institute for Environment and Development, London.

Sargent, C. and Bass, S. (1992). Plantation politics. Earthscan Publications, London.

Saur, E. (1993). Interactive effects of P-Cu fertilizers on growth and mineral nutrition of maritime pine. New Forests, 7, 93 – 105.

Savill, P. S. (1976). The effects of drainage and ploughing of surface water gleys on rooting and windthrow of Sitka spruce in Northern Ireland. Forestry, 49, 133 – 41.

Savill, P. S. (1983). Silviculture in windy climates. Forestry Abstracts (Review Article), 44, 473 – 88.

Savill, P. S. (1991). The silviculture of trees used in British forestry. CAB International, Wallingford, UK.

Savill, P. S. and Mather, R. A. (1990). A possible indicator of shake in oak: relationship between flushing dates and vessel sizes. Forestry, 63, 355 – 62.

Savill, P. S. and McEwen, J. E. (1978). Timber production from Northern Ireland 1980 – 2004. Irish Forestry, 35, 115 – 23.

Savill, P. S. and Sandels, A. J. (1983). The influence of spacing on the wood density of Sitka spruce. Forestry, 56, 109 – 20.

Savill, P. S. and Spilsbury, M. J. (1991). Growing oaks at closer spacing. Forestry, 64, 373 – 84.

Savill, P. S., Dickson, D. A., and Wilson, W. T. (1974). Effects of ploughing and drainage on growth and root development of Sitka spruce on deep peat in Northern Ireland. In Proceedings International Union of Forestry Research Organisations Symposium on Forest Drainage, Helsinki.

Saxena, N. C. (1991). Marketing constraints for Eucalyptus from farm lands in India. Agroforestry Systems, 13, 73 – 86.

Sayer, J. A. and Whitmore, T. C. (1991). Tropical moist forests: destruction and species extinction. Biological Conservation, 55, 199 – 213.

Schlaepfer, R. (ed.) (1993). Long-term implications of climatic change and air pollution on forest ecosystems. Progress report of the International Union of Forestry Research Organisations task force 'Forest, climate change and air pollution'. International Union of Forestry Research Organisations World Series, Vol. 4. International Union of Forestry Research Organisations Secretariat, Vienna.

Schlich, W. (1899). Manual of forestry, Vol. I. Bradbury, Agnew and Co., London.

Schmutz, T. (1994). Quinze ans de replantations en France. Revue Forestière Française, 46, 119 – 24.

Schoenweiss, D. F. (1981). The role of environmental stress in disease of woody plants. Plant Diseases, 65, 308 – 14.

Schulze, E. -D. (1982), Plant life forms and their carbon, water and nutrient relations. In Physiological plant ecology II (ed. O. L. Lange, P. S. Nobel, C. B. Osmond, and H, Ziegler), pp. 615 – 76. Springer-Verlag, Berlin.

Schwappach, A. (1902). Waschstum und Ertrag normaler Fichtenbästande in Preussen. Mitteilungen aus dem forstlichen Versuchswesen Preussens. Neudamm.

Seligman, R. M. (1983). Biofuels in the European Community—a view from the European Parliament. In Energy from biomass (ed. A. Strub, P. Chartier, and G. Schleser), pp. 16 – 22. Applied Science Publishers, London.

Sendak, P. E. (1978). Birch sap utilization in the Ukraine. Journal of Forestry, 76, 120 – 21.

Sennerby-Forsse, L. and Johansson, H. (ed.) (1989). Handbook for energy forestry. Swedish University of Agricultural Sciences, Uppsala, Sweden.

Seuna, P. (1981). Long-term influence of forestry drainage on the hydrology of an open bog in Finland. Publication, 43, pp. 3 – 14. Water Research Institute, Finland.

Sheehan, P. G., Lavery, P. B., and Walsh, B. M. (1982). Thinning and salvage strategies in plantations prone to storm damage. New Zealand Journal of Forestry Science, 12, 169 – 80.

Sheldrick, R. and Auclair, D. (1995). The development of non-tropical agroforestry systems. Agroforestiy Forum, 6, 58 – 61.

Shell/WWF (1993). Tree plantation review. Shell International Petroleum Co. Ltd. and World Wide Fund for Nature.

Shellard, H. C. (1976). Wind. In The climate of the British Isles (ed. T. J. Chandler and S. Gregory), pp. 39 -73. Longman, London.

Shin, D. I. , Podila, G. K. Huang, Y. , Karnosky, D. F. and Huang, Y. H. (1994). Transgenic larch expressing genes for herbicide and insect resistance. Canadian Journal of Forest Research, 24, 2059 -67.

Shirley, H. L. (1945). Reproduction of upland conifers in the Lake States as affected by root competition and height. American Midland Naturalist, 33, 537 -61 1.

Simpson, J. (1900). The new forestry. Pawson and Brailsford, Sheffield.

Skidmore, E. L. (1976). Barrier-induced microclimate and its influence on growth and yield of winter wheat. In Shelterbelts on the Great Plains (ed. R. W. Tinus). Great Plains Agricultural Publication, 78, pp. 57 -63.

Slodicak, M. (1987). Resistance of young spruce stands to snow and wind damage in dependence on thinning. Communicationes Instituti Forestalis Cechosloveniae, 15, 75 -86.

Smith, H. C, and Gibbs, C. B. (1970). A guide to sugarbush stocking. USDA Forest Service Research Paper NE-171.

Soderberg, U. (1986). [Functions for forecasting of timber yields]. Report No. 14 Department of Measuration and Management, Swedish University of Agricultural Sciences, Umeå.

Söderström, V. (1976). Markvärme-en minimifaktor vid plantering [Soil temperature: a minimum factor when planting]. Skogsarbeten, Redogörelse, 6, 16 -22.

Sol, B. (1990). Estimation du risque météorologique d'incendies de forêts dans le sud-est de la France. Revue Forestière Française, 42, No. sp, 263 -71.

Southwood, T. R. E. (1981). Bionomic strategies and population parameters. In Theoretical ecology (2nd edn) (ed. R. M. May), pp. 30 -52. Blackwell, Oxford.

Speight, M. R. (1983). The potential of ecosystem management for pest control. Agriculture, Ecosystems and Environment, 10, 183 -99.

Speight, M. R. and Wainhouse, D. (1989). Ecology and management of forest insects. Clarendon Press, Oxford.

Spilsbury, M. J, (1990). Modelling the development of mixed deciduous woodland ecosystems. Department of Plant Sciences, University of Oxford, unpublished DPhil thesis.

Stassen, H. E. M. (1982). [Energy from wood and wood waste; technologies and perspectives.]Nederlands Bosbouw Tijdschrift, 54, 172 -8.

Steele, R. C. (1972). Wildlife conservation in woodlands. Forestry Commission Booklet, 29. HMSO, London.

Stein, W. I. (1978). Naturally developed seedling roots of five western conifers. In Proceedings of the root form of planted trees symposium (ed. E. van Eerden and J. M. Kinghorn), pp. 28 -35. British Columbia Ministry of Forests/Canadian Forestry Service Joint Report 8.

Stephan, J. M. (ed.) (1994). Feux de forêt: bilans 93 -94. Ministère de l' Agriculture, Ministere de l I'ntérieur, DERF, Paris.

Stewart, A. J. A. and Lance, A. N. (1983). Moor-draining: a review of impacts on land use. Journal of Environmental Management, 17, 81 -99.

Stewart, P. J. (1987). Growing against the grain. Council for the Protection of Rural England, Oxford.

Stocker, G. C, (1976). Report on cyclone damage to natural vegetation in the Darwin area after cyclone Tracey, 25 December 1974. Forestry and Timber Bureau Leaflet, 127. Canberra.

Streets, R. J. (1962). Exotic forest trees in the British Commonwealth. Clarendon Press, Oxford.

Sutton, R. F. (1993). Mounding in site preparation. A review of European and north American experience. New Forests, 7, 151 -92.

Sutton, W. R. J. (ed.) (1970). Pruning and thinning practice. In Proceedings of New Zealand Forest Service, Forest Research Institute Symposium, Vol. 2.

Sutton, W. R. J. (1984). Economic and strategic implications of fast-growing plantations. In International Union of Forestry Research Organizations Symposium on site and productivity of fast-growing plantations, Vol. 1, pp. 417 -31. Forest Research Institute, Pretoria, South Africa.

Sweet, G. B. and Waring, P. F. (1966). The relative growth rate of large and small seedlings in forest tree species. Forestry (supplement), 39, 110 -7.

Symonds, H. H. (1936). Afforestation in the Lake District. J. M. Dent and Sons, London.

Tabbush, P. M. (1987). Effect of desiccation on water status and forest performance of bare-rooted Sitka spruce and Douglas fir transplants. Forestry, 60, 31 -43.

Tabbush, P. M. (1988). Silvicultural principles for upland restocking. Forestry Commission Bulletin, 76. HMSO, London.

Tabbush, P. M. and Williamson, D. R. (1987). Rhododendron ponticum as a forest weed. Forestry Commission Bulletin, 73. HMSO, London.

Tadaki, Y. (1966). Some discussions on the leaf biomass of forest stands and trees. Bulletin of the Government Forest Experiment Station, Meguro, 84, pp. 135 -61.

Talamucci, P. (1989). Choix des espèces ligneuses et leur production fourragère en Italie. In Les espèces ligneuses à usages multiples des zones arides méditerranéenne (ed. R.

Morandini), pp. 40 – 58. Commission of the European Communities report EUR 11770, Luxemburg.

Taylor, C. M. A. (1991). Forest fertilization in Britain. Forestry Commission Bulletin, 95. HMSO, London.

Taylor, G. G. M. (1970). Ploughing practice in the Forestry Commission. Forestry Commission Forest Record, 73. HMSO, London.

Taylor, J. A. (1976). Upland climates. In The climate of the British Isles (ed. T. J. Chandler and S. Gregory), pp. 264 – 87. Longman, London.

Templeton, G. E. (1981). Status of weed control with plant pathogens. In Biological control of weeds with plant pathogens (ed. R. Charudattan and H. L. Walker), pp. 29 – 44. Wiley, New York.

Tessier du Cros, É. (1994). Génétique et amélioration des arbres forestiers. Forêt Entreprise, 96, 15 – 16.

Thomas, J. W., Miller, R. J., Black, H., Rodiek, J. E., and Maser, C. (1976). Guidelines for maintaining and enhancing wildlife habitat in forest management in the Blue Mountains of Washington and Oregon. Transactions of the north American Wildlife and Natural Resources Conference, 41, 452 – 76.

Thompson, D. A. (1979). Forest drainage schemes. Forestry Commission Leaflet, 72. HMSO, London.

Thompson, D. A. (1984). Ploughing of forest soils. Forestry Commission Leaflet, 71. HMSO, London.

Toleman, R. D. L. and Pyatt, D. G. (1974). Site classification as an aid to silviculture in the Forestry Commission of Great Britain. Paper for 10th Commonwealth Forestry Conference, UK, 1974.

Tombleson, J. (1993). Timber production from shelterbelts—The New Zealand experience. In Windbreaks and agroforestry, pp. 39 – 43. Hedeselskabet, Viborg, Denmark.

Tombleson, J. and Inglis, C. S. (1988). Comparison of radiata pine shelterbelts and plantations. In Agroforestry symposium proceedings (ed. P. MacLaren), pp. 261 – 78. New Zealand Ministry of Forestry, Forest Research Institute, Bulletin, 139.

Trabaud, L. (1981). Man and fire: impacts on Mediterranean vegetation. In Mediterranean-type shrublands (ed. F. di Castri, D. W. Goodall, and R. L. Specht), pp. 523 – 37. Elsevier, Amsterdam.

Trabaud, L. (1989). Les feux de forêt-mécanismes, comportements et environnement. France sélection, Aubervilliers, France.

Tranquillini, W. (1979). Alpine timberline. Springer-Verlag, Berlin.

Tribun, P. A., Gavrilyuk, M. V., Yukhimchuk, G. V., and Lopareva, E. B. (1983).

[Biochemical features of young spruce trees in stands of different density.]Lesnoi Zhurnal, 3, 23 -6.

Troedsson, T. (1980). Long-term changes of forest soils. Annales Agriculturae Fenniae, 19, 81 -4.

Tuley, G. (1983). Shelters improve the growth of young trees. Quarterly Journal of Forestry, 77, 78 -87.

Tuley, G. (1985). The growth of young oak trees in shelters. Forestry, 58, 181 -95.

UN-ECE/FAO (United Nations-ECE/Food and Agriculture Organization) (1992). The forest resources of the temperate zone. United Nations, New York.

Upton, C. and Bass, S. (1995). The forest certification handbook. Earthscan Publications, London.

Valadon, A. (1996). Évolution de la populiculture, période 1992 - 1995. Rapport national de la France. In International poplar commission, 20th meeting, Hungary.

Valette, J. C. (1990). Inilammabilités des espèces forestières méditerranéennes. Conséquences sur la combustibilité des formations forestières. Revue Forestière Française, 42, No. sp. , 76 -92.

Vannière, B. (ed) (1984). Tables de production pour les forêts françaises. Ecole Nationale du Génie Rural et des Eaux et Forêts, Nancy, France. (2nd edn).

Vincent, J. R. and Binkley, C. S. (1992). Forest-based industrialization: a dynamic perspective. In Managing the world's forests (ed. N. P. Sharma). Kendall/Hunt Publishing Company, Iowa, 93 - 137.

Viro, P. J. (1969). Prescribed burning in forestry. Communicationes Instituti Forestalis Fenniae.

Vuokila, Y. and Valiaho, H. (1980). [Growth and yield models for conifer cultures in Finland]. Communicationes Instituti Forestale Fenniae, 99 (2).

Walshe, D. E. and Fraser, A. I. (1963). Wind tunnel tests on a model forest. Report 1078, National Physical Laboratory Aerodynamics Division, UK.

Wang, T. -T. , Pai, N. -Y. , Peng, P. L. F. , Lin, T. -S. , and Shih, C. -F. (1980). The effect of pruning on the growth of Cryptomeria. Biologische, technische und wirtschaftliche Aspekte der Jungbestand ege (ed. H. Kramer). Schriften Forstlichen Fakultät, 67, 92 - 106. Universität Göttingen, Germany.

Watts, S. B. (1983). Forestry handbook for British Columbia. University of British Columbia, Canada.

Webber, J. F. and Gibbs, J. N. (ed.) (1996). Water storage of timber: experience in Britain. Forestry Commission Bulletin, 117. HMSO, London.

Wein, R. W. and MacLean, D. A. (ed.) (1983). The role of fire in northern circumpolar ecosystems. Wiley, New York.

Westoby, J. C. (1962). The role of forest industries in the attack on economic underdevelopment. In: Westoby, J. C. (1987). The purpose of forests. Basil Blackwell, Oxford, pp. 3 – 70.

Westoby, J. C. (1987). In *The purpose of forests.* Basil Blackwell, Oxford.

White, T. L. (1987). A conceptual framework for tree improvement programs. New *Forests*, 1, 325 – 42.

Whitehead, D. (1981). Ecological aspects of natural and plantation forests. Forestry Abstracts, (Review article), 43, 615 – 24.

Whiteside, I. D. (1989). Economic advances made in New Zealand radiata pine plantation forestry since the early 1980s. In *Proceedings 13th Commonwealth Forestry Conference*, 6C. Rotorua, New Zealand.

Whyte, A. G. D. (1988). Radiata pine silviculture in New Zealand: its evolution and future prospects, *Australian Forestry*, 51, 1 85 – 96.

Wickens, D. , Rumfitt, A. , and Willis, R. (1995). *Survey of derelict land in England* 1993. Department of the Environment, HMSO, London.

Wiedermann, E. (1923). [*Regress in increment and growth interruptions of spruce in middle and lower altitude of the Saxon State forests.*] Translation No. 301, United States Forest Service, 1936.

Wiedermann, E. (1937). *Die Fichte.* Mitteilungen aus Forstwirtschaft und Forstwissenschaft, 1936.

Wiedermann, E. (1948). *Die Kiefer.* Waldbautiche und ertragskundliche Untersuchungen. Verlag M & H Schaper, Hannover.

Wiedermann, E. (1949). *Ertragstafeln der Wichtigen Holzarten.* Verlag M & H Schaper, Hannover.

Williamson, D. R. (1990). The use of herbicides in UK forestry. In *Tendencias mundialesen el control de la vegetacion accesoria en los montes.* Universidad politecnica de Madrid and Asociacion ingenieros montes, Madrid.

Willoughby, I. and Dewar, J. (1995). *The use of herbicides in the forest.* Forestry Commission Field Book, 8. HMSO, London.

Wilson, C. L. (1969). Use of plant pathogens in weed control. *Annnal Review of Phytopathology*, 7, 411 – 34.

Wilson, K. and Pyatt, D. G. (1984). An experiment in intensive cultivation of an upland heath. *Forestry*, 57, 117 – 41.

Wilson, R. V. (1989). Financial returns from plantation forestry in Australia. In *Proceedings* 13*th Commonwealth Forestry Conference*, 6C. Rotorua, New Zealand.

Winer, N. (1980). The potential of the carob. *International Tree Crops Journal*, 1, 15 – 26.

Winpenny, J. T. (1991). *Values for the environment.* HMSO, London.

Wolstenholme, R., Dutch, J., Moffat, A. J., Bayes, C. D., and Taylor, C. M. A. (1992). *A manual of good practice for the use of sewage sludge in forestry.* Forestry Commission Bulletin, 107. HMSO, London.

Wright, H. A. and Bailey, A. W. (1982). *Fire ecology.* Wiley, New York.

Wright, L. L. (1988). Are increased yields in coppice systems a myth? *Finnish Forest Research Institute Bulletin*, 304, 5 1 – 65.

Yoda, K., Kira, T., Ogawa, H., and Hozumi, J. (1963). Self-thinning in overcrowded pure stands under cultivated and natural conditions. *Journal of Biology Osaka City University*, 14, 107 – 29.

Yoho, J. G. (1985). Continuing investments in forestry: private investment strategies. In *Investment in forestry* (ed. R. A. Sedjo). Westview Press, Boulder, CO, USA.

Ziller, W. G. (1967). *The tree rusts of Western Canada.* Canadian Forest Service Publication, 1329. Department of the Environment, Victoria.

Zobel, B. J. and Talbert, J. (1984). *Applied forest tree improvement.* Wiley, New York.

Zobel, B. J., Campinhos, E., and lkemori, Y. (1983). Selecting and breeding for desirable wood. *Tappi*, 70 – 4.

Zobel, B. J., Wyk, G. van, and Stahl, P. (1987). *Growing exotic forests.* Wiley, New York.

索 引

译者后记

从事林业工作30多年，从林业大学的讲堂到中央政府、地方政府的林业行政管理，到国际非政府组织森林项目管理，再到目前的森林经营科研岗位，常思考一个问题：中国林业与国外先进林业国家的差距到底多大，填补中国林业与先进国家之间的营林知识差距从何做起？

逐渐了解到，中国的现代林学，包括作为核心学科的森林培育学和森林经理学，大致始于120年前清朝末年洋务运动派青年学子到西方"师夷长技"，凌道扬、陈嵘、梁希等老一辈林学家最早接受西方现代林科教育，引进树木分类、森林生态、水土保持等理念，为之后中华民国时期中央大学森林系等编制林学教材、开展现代林业实践奠定基础。中华人民共和国成立后的森林经营体制深受苏联模式的影响，直至20世纪80年代以来世行贷款造林、研发等方面的国际合作使中国林业逐渐与国际全面接轨。由此，当代中国持续引进森林可持续经营技术，大体与全国改革开放同步，大约40年。这为先进技术的引进提供了时序框架。

欧洲国家是现代林业科学的发源地，他们最早利用早期工业革命成果，通过资源经济、农业化学、遗传学、应用数学、机械制造等理念和方法开发工业原料林，满足天然林资源开始枯竭后对于木材需求的增长。1713年卡洛维茨(H. Carlowitz)提出的"环境平衡"(environmental equilibrium)、经济安全(economic security)和社会正义(social justice)"森林可持续经营原型，1826年洪德斯哈根(J. Hundeshagen)提出的"法正林"学说以及1898年盖耶尔(J. Gayer)提出的"近自然林业"，对现代林业产生了根本性的影响。目前主要的三个森林经营单位面积蓄积量超过每公顷300立方米的国家——德国、奥地利和瑞士，都位于欧洲。相比之下，中华人民共和国成立以来的中国林业，历经大规模工业采伐、持续造林增加森林资源，到当今"把森林经营作为现代林业建设核心和永久主题"三个阶段。人工造林4700多万公顷，居全球各国首位，但全国乔木林中质量好的只占约20%，60%以上的森林面积是树种结构单一的中幼龄林，单位面积生长量仅约每年每公顷6立方米，单位面积蓄积量不到每公顷60立方米。长期推行大面积纯林皆伐作业模式，导致人工林生态系统的健康水平、抗逆性和环境服务功能低下。根据国家有关规划，“十三五”期间，全国森林覆盖率将从21.66%提高到23.04%，森林蓄积量151亿立方米提高到165亿立方米，混交林的比例将从39%提高到45%。单从发现人工纯林皆伐的弱势并实施规模化混交改造这一点，中国森林经营与西方林业发达国家之间的差距，应在80年以上。这些为先进营林技术的引进提出了方向要求。

定然，实现林业发展水平与先进国家比肩，不必等待80年，一如改革开放中国国力突飞猛进，经济腾飞超出预期那样。我国幅员辽阔，劳动力丰富，立地条件相对优越，树种多样，政治体制给力，还是世界公认最早实施规模化造林、人工造林技术世界先进的国家之一(譬如，1500年前的《齐民要术》)。目前的努力方向是，针对中央提出的“稳步扩大森林面积，提升森林质量，增强森林生态功能”的要求，加强森林经营技术的引进吸收和国产化应用，建立适应发展和市场需求、有中国特色的经营技术管理体系，支撑国民对日益上升的对于森林生态服务和优质林产品的需求。森林经营以森林和林地为对象，包括了造林更新、抚育保护(森林中期管理)、森林收获等涉及森林质量效益的全部活动，是整个林业工作的龙头。当今世界森林经营的总体趋势，是建立结构更加复杂、适应性更强、功能效益多样的健康的森林生态系统，应对全球气候变化，满足人类可持续发展的需要。这意味着，持续一个多世纪以来的单一树种法正林轮伐经营的指导思想必须适应，生态学、系统科学、信息技术乃至社会学等对于林学的业务指导作用必须加强，我国林业从木材生产为主向生态服务为主的战略转变面临新挑战。从现状来看，混交育林、景观生态恢复、退化林改造、多利益相关方参与设计、碳汇林和游憩林经营、水生产等可持续经营新技术，在国内的标准化应用上基本空白。尽快缩小这些方面的中西差距，需要我国决策者、森林和林地所有者、企业家及其他利益相关方联合起来，持之以恒致力于森林质量提升和森林价值福利最大化，特别改观我国木材消费以进口为主、森林生态服务严重不足的落后局面。

出于上述考虑，我从2011年完成北京林业大学森林培育学博士论文开始，就着手引进体现中国森林经营需求和中西林业差距的林学专著。最后甄选四本，翻译形成《现代森林经营技术》丛书(以下称《丛书》)：

——《欧洲人工林培育》(Plantation Silviculture in Europe)原著于1997年出版，作者P. Savill、J. Evans、D. Auclair和J. Falck，内容体现欧洲温带林业为主的现代人工林的理念、作业技术措施和多功能人工育林。

——《大规模森林恢复》(Large Scale Forest Restoration)，原著于2014年出版，作者David Lamb，内容体现景观层面天然次生林、人工林经营，改善森林生态服务的时代背景、策略选择和良好实践。

——《营林作业法》(Silvicultural Systems)原著于1991年出版，作者J. D. Matthews，内容介绍了20种经典的森林经营作业技术模式的应用及其理论依据。

——《多龄林经营》(Multiaged Silviculture：Managing for Complex Stand Structure)原著于2014年出版，作者Kevin L. O’Hara，内容涉及建立含有不同龄级结构混交林的理据、同龄林转化为多龄级森林的方法，多龄级森林的生产力、面临的风险和发展前景。

《丛书》提供了人类培育森林的历史经验，提出了指导森林可持续经营的理论指导，介绍了不同类型森林的经营路径和方法，分析了全球森林营林发展的趋势和依据，勾画了现代森林经营的理论和实践框架，对于树立科学育林意识，借鉴全球经验做法、以发展视野审视分析森林经营遇到的问题并形成生产思路，推进森林高效可持续经营，具有参考借鉴价值。作为改革开放后国内首次出版的专题介绍国外森林经营技术的系列出版物，《丛书》适合林业管理人员、科研人员、教师、营林生产一线人员和其他对陆地生态系统感兴趣的人士阅读。

《丛书》是一个团队成果。六年来，北京林业大学硕士研究生张泽强、靳楚楚、刘艳芳、徐冉、申通、迟淑辉、殷进达、张辛欣、王学丽、鞠恒芳、靳筱筱、王芳、万静柯、杨李静、刘艳君、闫少宁、王晞月、薛颖、朱镜霓、任继珍等，结合他们的毕业论文或国际学术活动完成部分章节的翻译，期间我作为导师，与他(她)们结下忘年学友情谊，也是我致力培养科学翻译、主动传译、高效表达、适应用户的新型译员的一次尝试。此外，中国科学院唐守正院士为《丛书》提供了营林作业法的技术咨询；德国哥丁根大学林学系的Torsten Vor帮助解读了近自然作业技术背景；中国林科院资源信息所陆元昌研究员百忙中帮助选定原著并审阅了部分文稿，雷相东研究员帮助解析了部分数学模型。北京林业大学娄瑞娟副教授完成了译稿统稿和初审。国家林草局世行中心万杰教授级高工、“中国人工林可持续经营技术与管理研修班”的学员审阅部分内容。本人校定全稿后提交出版社，因此对译文质量负责。

世界自然基金会北京代表处“中国人工林可持续经营项目(编号10000759)”，中德合作“多功能森林经营创新技术研究(编号Lin2Value&CAFYBB2012013)”和国家林业和草原局“全国森林经营样板基地典型经营模式成效监测研究与示范(编号1692016)”、“国家储备林经营制度研究(编号130042)”等为《丛书》的翻译出版提供了资助，中国林业出版社科技分社何鹏副编审等帮助完成了版权交接、封面制作、编辑排版等任务。对以上单位和个人提供的支持表示由衷的感谢和敬意！

《丛书》翻译涉及多个学科、多种语言、多国林情，工作量巨大，涉及很多新理念新技术的理解和命名。为此，特别将原著的全部词汇表、索引一并翻译，对新术语、用语加注原文，以在体现忠实原文之翻译原则的同时，便于读者直接提出批评意见，使译者能在将来的工作中加以改进。

王　宏

2018年秋于中国林科院资源所